JN090462

南極探検とペンギン

忘れられた英雄とペンギンたちの知られざる生態

A Polar Affair

Antarctica's Forgotten Hero and the Secret Love Lives of Penguins

Lloyd Spencer Davis

ロイド・スペンサー・デイヴィス　夏目大 訳

青土社

南極探検とペンギン

目次

第五部　南極のあと　375

南極探検とペンギン

忘れられた英雄とペンギンたちの知られざる生態

私の歌を完成させてくれる
ウィーブキーに

プロローグ

一九一一年一〇月一三日のことだ。その日の南極は寒かった。南極は本来、寒いところだが、その南極としても寒い日だった。海氷は、突き出た陸地の先端、つまり、アダレ岬のリドリー・ビーチから遠くの水平線に至るまで広がっていた。一面真っ白な風景は絵画のようかもしれないが、吹き荒れるブリザードのせいで、そこは完全に荒涼たる場所になっていた。強風は、まさにその天候のせいで見えなくなっている山々を激しく押すように吹いていた。これ以上、生き物を拒む場所は他にないのではないかと思えた。だが、それでも、男が目を細めて前方をよく見ると、そこに黒と白の小さな生き物がいるのがわかった。ペンギンだ。ペンギンは、風の吹いてくる方向に身を傾け、懸命に目的地に向かって前進していた。リドリー・ビーチに向かっているのだ。ペンギンにとっては今この時季しかない。今、持って生まれた力を最大限に発揮しなくてはいけないのだ。

男は複雑な思いでペンギンを見ていた。予定では、今頃こんなところに留まっているはずではなく、そりを引いて移動中のはずだった。だが、男はここに置き去りにされていた。目の前に広がっている場所はサッカー場よりもはるかに広かったが、間もなくそこには、同じように黒と白の連中が、何千とやって来るのだ。今はどこかの雪か氷の上にいるが、皆、間違いなく、男の方へと向かって来る。男は寒さに耐えられるよう厚着をしていたが、顔だけはむき出しで外気にさらされていた。暗い冬を過ごしたあとにもかかわらず、男の顔はまだ黒く日に焼けたままだった。しかし、男を知る人であれば、その顔を見間違えることはあり得なかった。男はイギリス人だ。その夜、外に比べれば暖かい小屋の中で、彼はため息をついた。少しいらだってもいたが、同時に少し嬉しさもあった。男は万年筆を手に取り、青い表紙のノートに「最初のペンギン到着。一〇月一三日」と書いた。しかも、ブルーブラックのインクでアンダーラインまで引いた[1]。それこそが世界で最初の本格的なペンギン研究の始まりだった。

一九一二年一月一四日のことだ。その日の南極は寒かった。本来寒いはずの南極としても寒い日だった。何人かの男たちが、風の吹いてくる方向に身を傾け、荷物満載のそりを引いて、氷に覆われた平らで何もない風景の中を重い足取りで目的地に向かって前進していた。男たちには使命があり、それを果たすために持てる能力を最大限、発揮しなくてはいけなかった。南極点に向かうのだ。それが男たちの宿命だった。イギリス人としての義務だった。

一九一二年三月二九日、一一週間近く過ぎた。南極点へと向かった五人の男たちのうち、生き残ったのは三人だけだった。三人は、カリブーの毛皮でできた寝袋に入り、互いに体を押しつけて温め合った。風は、彼らのいるテントを引きちぎるように容赦なく吹きつけていた。雪はテントの中に大量に入り込んでいた。どうやら三人の命を早く奪いたくてしかたがないようだった。テントの外に出れば即、死が訪れることになるが、テントの中にいても、結局ゆっくりと死んでいくことになる。丸顔のイギリス人が鉛筆を手に取った。彼は動かなくなった仲間たちの身体を見た。二人はもう死んでしまったのだろうか。彼は黒い表紙の小さなノートに、最期の言葉を書き記した。

もちろん、最後の最後まであきらめるべきではないのだろうが、身体は衰弱していっている。終わりの時はそう遠くないのだろう。残念だが、私にはもうこれ以上、何も書けないだろう[2]。

これは、あのロバート・ファルコン・スコットの言葉だ。スコットは、世界初の南極点到達に挑んだものの失敗し、帰路に死亡して英雄となった。勇気と、苦境にも負けない忍耐力を兼ね備えた人。イギリスでは国中から愛されて尊敬を集めている人だ。死後に見つかった「残される人たちに神のご加護がありますように」というスコットの言葉も、死にゆく男が愛する妻や息子を思って書いた言葉というより、イギリス国民全員の幸福を願っての言葉だと解釈されがちである。

スコットの凍結した遺体は、寝袋から半分出た状態で発見された。その腕は、親友の医師、エドワード・ウィルソンの身体に回されていた。小さな黒い表紙のノートは、スコットの肩の下にあった。ノートには"R. Scott"という走り書きの署名があった。"Robert"でも、"Robert Scott"でもなく、"R. Scott"と書かれていたのだ。何とも堅苦しい。何があっても、死が間近に迫っていても、彼はどこまでもイギリス人だったようだ。

同じ一九一二年三月二九日、スコットのテントから北へ三五〇キロメートルほど離れた場所に、もう一人、イギリス人がいた。ペンギンの研究をしていた人物だ。彼も医師で、スコットの南極遠征隊の隊員の一人だった。五人の仲間たちとともに南極で越冬することになり、雪の吹き溜まりを掘って洞窟を作りその中で暮らすことになったのだ。その日、彼は雪の洞窟の中で寝袋に入った。鉛筆を手に取り、「風が一日中、吹き荒れていた」と書いた。[3] 驚くべき冒険物語の始まりだった。彼は洞窟の中で一冬を過ごし、生還する。命を落とした者を含め、数々の冒険家たちに語られてきた物語のどれと比べてもひけを取らないとてつもない物語だ。スコットのテラノバ遠征に参加した、陰の英雄の物語である。世界初のペンギン生物学者にもなった彼だが、その偉業は、目的を果たせずに倒れたスコットへの称賛と同情にかき消され、忘れ去られてしまった。
本書は、彼、ジョージ・マレー・レビックのことを書いた本である。

第一部　南極の誘惑

同性愛

「自然は、牙と爪を血に染める」と言われることがある。それだけ厳しい生存競争があるということだが、特に性に関しての競争は熾烈を極めている。オスは少しでも多くのメスと交尾をすべく、激しく競争する。ゾウアザラシのオスがメスに比べてはるかに大きいのはそのためだし、アカシカのオスに角があるのも同じ理由からだ。ダーウィンの進化論によればそういうことになる。オスにとって適者生存の「適者」とはつまり、「最も多くのメスとセックスをした者」ということである。多くのメスとセックスをし、多くの子孫を残した者が適者だ。この場合の「生存」は必ずしも、「長生き」ではない。子孫を残し、その子孫がまた子孫を残し、そのまた子孫が、というように、血統が続いていくことだ。異性愛はライフスタイルではなく、生きることそのものであり、長く血統が続くための必須条件のはずだ—少なくとも私たちの知る限り、そのはずである。だから、同性間のセックスは、長らく「不自然」なものと考えられてきた。自然選択によって進化が起きるのだと仮定すれば、それはあるはずのないものだったのだ。子孫ができる可能性のないセックスをするのは、進化戦略としては最悪であり、そんな戦略が残るわけはないと考えられた。その論理では、同性愛は文化を持つ人間だけのものということになる。生物として必然的な行為ではなく、あくまで人間が文化として意図的に選び取った行為ということだ。ヴィクトリア朝時代のイギリスで生まれ育った人間にとって、男色とは、卑しむべき、言葉にすることすらはばかられる不道徳な行為だった。そして当然、野生動物が絶対にするはずのないことだった。

しかし、ジョージ・マレー・レビックは、まさにそのあるはずのない行為を思いがけず自分の目で見ることになった。

第一章　ヴィクトリア朝時代の価値観

一九九六年一〇月二八日、その日は、南極としては好天だった。空の半分は雲で覆われていたけれど、視界が遮られることはまったくなく、遠く地平線に巨大な山々がヒマラヤの迷子たちのように立っているのが入江越しに見えるほどだった。気温は華氏一四度（摂氏マイナス一〇度）で、北からの風は弱く、海氷にはさまれた小さなダーク・ブルーの海面も波立たない。海氷が無数に並ぶさまはまるで、山々の方にまで広がるとてつもなく大きなジグソーパズルにも見える。

私は、ロス島、バード岬のコロニーに生息するアデリー・ペンギン*の群れのそばに座っていた。そこは、エヴァンズ岬の小屋からヘリコプターで三〇分ほどのところだ。ロバート・ファルコン・スコット大佐率いる探検隊が、人類ではじめての南極点到達を目指して旅立った場所である。結局、その旅でスコット大佐は命を落とすことになる。私自身の冒険は、彼らのものほど危険とは言えないし、一見、退屈に思えるかもしれない。そもそも手足や命を失う恐れはまずないからだ。私が南極で屋外に出て何時間もの間、座っていたのは、周囲にいるペンギンたちの繁殖行動を観察、記録するためだった。その観察は絶え間なく交代で行われており、その時は私の番だったわけだ。私たちのチームの行っていた調査により、ペンギンたちの「ベッドでのふるまい」は、一般に思われているものとはかなり違っていることがわかった。従来、ペンギンは「小さな人間」のように思われ、一度、つがいになった相手とは基本的に生涯、添い遂げるものとされてきた。いかにもキリスト教右派に好まれそうな、一夫一婦制の宣伝ポスターに使われそうな動物だったのだ。それが退屈で良くないとは私は思わないが、そういう考えを持った人がこの本を読むときっと驚くだろうと思う。

一羽のペンギンが別のペンギンに近づいていく。二羽は互いに向かって深々とおじぎをする。これは、ほぼ間違いなく、求愛行動の前兆だ。しかし、この時は少し通常とは異なっていた。二羽のペンギンがどちらもオスだったからだ。オスのペンギンが別のオスのペンギンに近づき、マウントしたのである。これだけではさほど驚かない人もいるかもしれない。ただ話はこれで終わりではない。興味深いのは、他のオスにマウントされたオスがそれに応え、メスの役割を演じたことだ。相手が出した精液を自らの性器で受け止める。そのやり方は、オスとメスのペンギンの間で行われる通常の交尾とまったく同じだった。

この日、ペンギン学者である私、ロイド・スペンサー・デイヴィスは、ペンギンの生態に関して新しい発見をした。それまでの多くの書籍やテレビのドキュメンタリー番組、科学論文などとは食い違う事実を知ったのだ。一夫一婦制で同じ相手と一生添い遂げる「上品で堅い」イメージと現実のペンギンは違っていた。ペンギンを人間の結婚、貞節さを評価する基準のように考えていた人は、どうやらペンギンをその目的に使うことは考え直した方が良さそうだ。

少なくとも私自身はそう考えている。

＊ アデリー・ペンギンは、フランスの探検家、ジュール・デュモン・デュルヴィルが発見した。アデリー・ペンギンの名は、彼の妻、アデル（Adèle）に由来する。本来は「アデル・ペンギン」のはずだが、英語の文献でこの名が使われると、「アデリー」と読まれてしまうことが多かった。一九九二年、第二回国際ペンギン会議において、研究者たちはペンギンの種の通称について話し合い、何種類かの通称について合意をした。その際、「アデリー・ペンギン」という名前は標準の通称として認められた。

*

一五年後、「鳥類の卵と巣のシニア・キュレーター」という珍しい肩書を持ち、イギリス自然史博物館の学芸員でもあるダグラス・ラッセルは、博物館の保管庫や、トリングの研究施設の書棚に置かれた複製書類のファイリング・ボックスを調べていた。その時ラッセルは、それまでに見たことのない三ページから成る印刷された論文を発見した。論文の最初には「公開しないこと」という文字が見える。「アデリー・ペンギンの性的習癖（The Sexual Habits of the Adélie Penguin）」と題されたその論文は、イギリス海軍の軍医だったジョージ・マレー・レビックの書いたものだ。レビックはスコット大佐とともに南極に行っている。探検隊で医師として働くだけでなく、動物学者、カメラマンとしての役目も担った。

ラッセルは、一九一五年にレビックがペンギンの性的習癖について書いた論文のおそらく最後に残った一部（一〇〇部印刷されたと思われる）を偶然にも発見したことになる。この論文は書かれてから印刷まではされたのだが、どういう理由からかは定かではないが、公開が止められてしまったのだ。

ロバート・ファルコン・スコット大佐の最後の南極遠征（「テラノバ遠征」と呼ばれる）は、南極点到達を目指す冒険旅行であると同時に、科学研究のための旅でもあった。遠征のあと、研究の成果を世の中に公表することは、生還した隊員にとっては当然の義務であった。マレー・レビックは、アダレ岬滞在中にアデリー・ペンギンの観察をし、一九一四年には『南極のペンギンたち：その社会習慣の研究（*Antarctic Penguins: A Study of Their Social Habits*）』と題した著書を正式に出版している。ペンギンについて書かれた本が出版されたのはそれが歴史上はじめてのことだった。

私がレビックの本と出会ったのは一九七七年だった。私自身が南極でアデリー・ペンギンの研究を始めた頃だ。私が、ヘンリー・デヴィッド・ソローやウォルト・ホイットマンの著書たちとともに南極に持っていた三冊のペンギンの本のうちの一冊がそれだった。レビックの本が、私がアデリー・ペンギンの行動を観察する上での一つの基準になっていたことは間違いない。ただ一方で、アデリー・ペンギンという生き物の習性の描き方がいかにも古風だなと感じてもいた。

それから三五年ほどの間、私は自分なりの方法で研究を続けてきて、その中で思いがけず、ペンギンの性行動の真実について「発見」することになった。ダグラス・ラッセルが、アデリー・ペンギンの性行動についてのレビックの論文を、彼自身とあと二人のペンギン研究者、ビル・スレーデン、デヴィッド・エインリーの注釈つきでポーラー・レコード誌に発表した時には、その論文が書かれた時から一世紀近くの時間が経過していた。

私は夜遅く、自分の研究室のコンピュータに向かい、長い時間をおいてようやく発表されたレビックの論文を読んだ。建物には人気がなかった。皆、もう帰宅してしまっていたのだ。私自身も、もう帰ろうと思っていた。しかし、論文を読み始めると赤いロッキングチェアに身体が固定されたようになり、まったく動けなくなった。レビックは、これまでに信じられていたものから大きく逸脱した奔放なペンギンの性行動の例を数多くその論文で紹介していた。

驚いた。愕然とした。頭を強く殴られたような気分だった。非常に戸惑ったけれども、同時に不思議なほど興奮もしていた。私がペンギン研究者としてこれまでしてきたことの大半は、単にレビックがすでに知っていたことの再発見にすぎなかったのだ、という事実に打ちのめされはしたが。自分自身で発表することができなかったジョージ・マレー・レビックが私に憑依していたような気もした。レビックの発見がどのようなものだったかは、論文の次のくだりを読めば明らかにわかる。

私はオスのペンギンとメスのペンギンが交尾をするのを見ていた。だが、交尾が終わって二羽が離れてからよく見たら、メスだと思っていたペンギンは実はオスだったことがわかった。しかも、その後、二羽は立場を逆にして、元は「メス」だったはずのペンギンが今度は、元は「オス」だったペンギンの上に乗った。その後は当然のように、先ほどと同様の行為の繰り返しである。[1]

これは、私がバード岬で目撃したのとほとんど同じような場面だったのだと思う。そして私は自分の見たことを論文に書き、レビックの発見から八三年後にそれを発表したことになる。

私は椅子の背に身体を預けた。手ではクローム製のアームを握っている。そして椅子を回転させて後ろの書棚を見た。棚にはペンギンに関する書籍の他、ペンギン関連の研究資料の複製を収めたファイリング・ボックスが大量に並べてある。ファイリング・ボックスには、資料の著者名（姓）を書いたラベルが貼ってあり、アルファベット順に並んでいる。棚にあるペンギンの研究論文だけでおそらく二〇〇〇は超えているだろう。現在のペンギン研究がどのようになっているのか、極めて特異でしかも多くの人を惹きつける魅力を備えたこの生物について現在、人間が何を知っているのかはだいたいそれでわかるはずだった。初期の探検家が残したわずかなメモを別にすれば、一九一五年よりも古い日付のついた科学論文は実質的に一本も存在していなかった。書棚の下二段には、カバーに私自身の名前が記されたものも含めれば、ペンギンについての書籍が四〇冊ほど並んでいた。その中には、先に触れたレビックの著書『南極のペンギンたち：その社会習慣の研究』もある。緑色のカバーがぼろぼろに傷んだその本が出版されたのが一九一四年である。その一冊を除けば、書棚には近い時代に出版された本すら一冊もない。

ジョージ・マレー・レビック――本人はマレー・レビックと呼ばれるのを好んだようだが――が、「ペンギン生物学の父」と呼ぶにふさわしい人物であることに議論の余地はない。真のペンギン生物学者と呼べる人は彼以前にはいなかったからだ。最初に体系的にペンギンを研究したのは間違いなくレビックである。私の研究室の書棚にある書籍や資料も、すべて彼以降の時代に生まれている。そして、私がその時、はじめてすべてを読んだレビックの論文は、一九一五年に書かれたものであり、二〇一二年まで発表はされなかったが、私の書棚を飾る他の科学者たちが一〇〇年かかってようやく発見したことをその時点ですでに知っていたわけだ。

私は椅子に座ったまま回転した。遊園地のメリーゴーランドに乗る子供のようだったかもしれない――嬉しいと同時にとても混乱していたのだ。ともかくまずは頭を整理しようと思った。私は暗くなった窓に映る自分の姿を見た。私を見返してくる私自身の姿の中で白髪がよく目立った。三五年ほどの間、私は自分の進むべき道を進んできたと信じている。ペンギンの交尾時の習性について真実を明らかにするため科学的研究を積み重ねてきた。だが実のところ、私のしてきたことは、単に先人の足跡をたどっていただけなのかもしれない。時の流れや、何者かによる検閲のせいで、その足跡は消し去られていたので、私自身は目にはしてないのだが、それでも、その足跡をたどっていた可能性は否定できない。

レビックが、目の見えない幽霊のように私の前を歩いていたのだと知ったからには、私が何をすべきかは明らかだろう。まずはレビックがどういう人で、何をしたのかをよく知らなくてはいけない。姿は見えないし、話もしてはくれないが、彼が私のシェルパなのであれば、そうするのが最善だろう。そもそもなぜ、レビックは沈黙させられたのだろう。書いた論文が検閲され、自分がペンギンについて知っている真実を公表することを禁じられたのはなぜか。禁じたのは誰で、理由は何だったのだろうか。あるいは、レビック本人が、自分の発見を公表せず、沈黙することを選んだのだろうか。ダグラス・ラッセルも自身の著書『極地の生物学（*Polar Biology*）』で示唆しているが、どうやら研究結果の発表の見送りに、レビック本人が加担した可能性があるのだ。というのも、レビックは、現地調査の記録ノートの中で、特に「刺激的」と思われる箇所をギリシャ文字を使って暗号化し、読みにくくしているからだ。なぜそんなことをしたのか。

私は知りたい。レビックは私にとって大いなる謎である。彼がペンギンの本を書いたことを私はもちろん知っている。しかし、私はそれ以外にほとんど何も知らない。インターネットで検索をしてみると、どうやらそれは私だけではないらしいとわかる。レビックに関して残されている記録がまず乏しいようだ。

レビックは一八七六年、イングランドのニューカッスル・アポン・タインという街で生まれた。彼は医学を学び、イギリス海軍に入った。そしてスコットとともにテラノバ遠征に向かった。彼は北隊の一員としてイネクスプレシブル島に掘った雪洞で越冬した。第一次世界大戦に参加し、その後は医師として名声を得た。また、イギリス学校探検協会という団体を創立した。一九五六年に死去している。

私は車で自宅へと向かいながら、帰りが遅くなったことをどう謝ろうかと考えていた。その時、ふと思いついた。ここは探偵のようになるべきなのではないか。そうすれば、マレー・レビックがどういう人物なのか真実が明らかになるのではないだろうか。だとすればまず、ゼロから始める必要がある。偶然にも近々、イギリスに行く予定がある。ついでにニューカッスル・アポン・タインに行ってみればいい。レビックについて調査を始めるには絶好の場所だ。そこに行けば、なぜレビックが私があとを追うべき人物になったのかその理由もわかるかもしれない。

＊

マレー・レビックはヴィクトリア朝時代に生まれた人である。一八七六年七月三日にニューカッスル・アポン・タインで生まれているから、まさにヴィクトリア朝真っ只中ということになる。人間は生まれてから年齢を重ねるにつれ、一定の段階を追って次第に高い水準の道徳を身に着けていくもの、と信じられている社会で育ったわけだ。人間が道徳を身に着けることは、子供の乳歯が抜けて永久歯に生え変わるのと同じように、ごく当たり前で完全に予測できることとされていた。ただ歯の場合は歳を取ると抜け落ち、なくなってしまう場合もあるのだが、道徳にはそういうことはないしあってはならないとされていた。この時代、セックスはヘテロセクシュアルのカップルだけのものとされ、しかも、できるのは結婚している二人に限られるとされた。

ただヴィクトリア朝時代であっても、例外なくどの場合も同じことが言えるのかといえば、そうとは限らない。ニューカッスルという街は、イングランド北東部の端の方に位置し、工業都市として知られる一方で、数々の相当な放蕩者たちがいた歴史も持っている。炭鉱によって栄えたが、炭鉱の閉山によって衰退した。炭塵によって常に黒く汚れた街だった。英語には「ニューカッスルに石炭を持っていく（taking coals to Newcastle）」という表現があるくらいだ。余計なことをする、という意味だ。七〇〇年以上前には、ニューカッスルは本当にグレート・ブリテンの石炭の首都であり、産業革命の時代にはこの街が文字どおりに機関室となった。ただ、それよりずっと昔には、石炭とはまた違った別の理由で

「汚れている」ことで有名だった時代もある。

ニューカッスルの街にはじめて着いた時は、明るく輝く超モダンな都市だなという印象を受けた。タイン川の脇に穏やかに佇む街である。川の両岸をつないでいるのは、ゲーツヘッド・ミレニアム橋だ。巨大なアーチの美しい、「建築による詩」と呼びたくなるような橋である。ホテルもやはりモダンで、部屋の窓からは川を眺めることができた。ただ、しばらく街を見ていると、モダンな表面の下には、古代から変わらない街の本質がまだ残っていることがわかってきた。何千年とは言わないまでも、何百年の間、変わらずに続いている街の鼓動が聞こえてくるような気がした。

ローマ人は、タイン川の北岸に砦と居留地を築き、そこを「ポンス・アエリウス」と名付けた。当時、そこはハドリアヌスの長城の東の端だった。アエリウスは、ハドリアヌス帝の氏族名である。ハドリアヌス帝は紀元一二二年頃にブリテン島を訪れ、長城の建設を命じている。五世紀のはじめ、ローマ人は街―当時は「モンクチェスター」と呼ばれていた―を捨て、その地を去った。その後、街を支配したのはデーン人で、さらにその後にノルマン人に支配されることになった。街のその後長く続く性質を決定づけ、そして街に今の名前を与えたのは、ウィリアム征服王の長男、ロベール二世だ。ロベール二世が一〇八〇年に城を築き、それ以来、この地は「ニューカッスル（New Castle＝新しい城）」と呼ばれるようになった。

マレー・レビックはどうやら、ペンギンの少々「奔放」な行動についての記述をギリシャ文字のヴェールで隠す必要を感じたらしい。なぜ、そう感じたのか不思議ではあるし、納得のできる理由を知りたいと思う。ペンギンと同様の奔放な行動は、ロベール二世とウィリアム征服王にもあったようだ。ウィリアム征服王は、別名「庶子王ウィリアム」とも呼ばれている。どちらもあまり彼を称賛する意図のない名前だ。彼は実際に庶子であり、また検地の結果を記録した「ドゥームズデイ・ブック(Domesday Book)」と呼ばれる世界初の土地台帳でも有名だ。一〇六六年にイングランドに侵攻し、ノルマン朝の王となるまでは、フランスのノルマンディー公だった。息子のロベール二世は、何人もの庶子をもうけ、フランスの広範囲の土地を荒廃させた。父と二人の弟とは絶えず喧嘩していた。喧嘩と言っても普通の家族とは違い、それぞれに軍隊を持っているから戦争になってしまう。ロベール二世は自分自身で戦闘中に父親を負傷させ殺しかけたことがある。ウィリアム征服王は結局、家族ではなく、他人との戦いで命を落とすことになり、ロベール二世は父のあとを継いでノルマンディー公となった。だがイングランド王になったのは、ロベール二世ではなく、その上の弟で「赤顔王」と呼ばれたウィリアム二世であり、さらにそのあと、下の弟ヘンリー一世がイングランド王になった。自分を差し置いて弟が王位についたことに怒ったロベール二世は反乱を起こすが戦いに敗れてしまう。約四〇年にもわたり、強姦、略奪、戦争を繰り返す人生を送った彼は六〇歳近くなってとうとうヘンリー一世輩下の者に捕らえられ、その後人生の最後の四分の一ほどの期間を幽閉されて過ごすことになる。

奔放な性行動、兄弟間の争い、他人の非人道的な扱いなどは、過去の歴史ではごく普通に見られたことである。それに比べれば、ペンギンの奔放さなどはまだおとなしいと思えるほどだ。だが、ヴィクトリア朝に育ち、教育を受けたレビックにとってはどうやらそうではなかったらしい。生まれた時代の価値観の影響で、彼には、たとえ人間でなく、ペンギンのことであっても、自慰行為や同性愛への言及はとてもできなかったようだ。

マレー・レビック誕生の一四〇年後には、ニューカッスルという街の価値観は再び過去へと戻ったようだ。現在の街は、ヴィクトリア朝のレビックが知っていたものよりも、ロベール二世が知っていたものに近いだろう。

私がタイン川のほとりまで足を伸ばす頃にはもう夜のとばりが下り始めていた。ゲーツヘッド・ミレニアム橋の美しいアーチにはかすかに光が当てられていたが、対岸では、モダンで同様に曲線的なデザインのアーツ・センターが明るい光に照らされていた。その光のためにニューカッスルのすべての石炭が燃やされているのではないかと思うほどだった。光は川面に反射していて、まるで巨大なネオンの絵画のようになっていた。周囲には大勢の人がいたが、橋のアーチを見物している歩行者たちの大半はどうやら私の方に向かって歩いてくるようだ。タイン川の私がいた側の岸には、いくつものバーが並んでいたので、それをめがけて多数の男女が集まって来るらしい。それは繁殖期はじめのペンギンにも似ていた。レビックと私が研究対象にしているペンギンたちと同じように繁殖には熱心なのだろう。

私は「ピッチャー&ピアノ」というバーに入った。すべてが直線からできた現代的なデザインのバーで、ガラスとアルミニウムだけで作られている。ジーンズにTシャツという格好の若い男性がいた。少々、膨らんだお腹をどうにか覆い隠せるくらいのサイズの小さなTシャツを着ている。その男性が私にぶつかった。どうもピンクのドレスを着た女性に気を取られていたらしい。ドレスはとても短く、Tシャツと呼ぶにも短すぎるのではないかというほどだった。私はその店と他に三軒のバーに行ったが、どこでも人混みを押しのけて歩くことになった。そして、そこにいる人たちは誰もが皆、同じようにもう少しで腹がむき出しになるようなTシャツや、極端に短いドレスを着ていた。音楽と音楽の合間の静かな時に私は地元の人たちに尋ねてみたが、そこにいた中には、マレー・レビックの名を聞いたことがある、という人は一人もいないことが判明した。

私は少々、考え込んでしまった。どうも何か矛盾があるような気がしてならない。ヴィクトリア朝時代には、性選択という現象について記述した、チャールズ・ダーウィンという紳士もいた。この説では、同種のオスとメスの外見が似通っている場合には一夫一婦になることが多いとされている。そして、オスとメスの外見が大きく異なる場合には、一夫多婦になることが多いという。人間の場合には、男と女でひげや胸などに大きな違いがあるし、男の方がビール腹になりやすいなどの違いもある。服装も男女差が大きいのでそれも外見の違いになっていると思われる。一夫多婦だと、特定のオスが複数のパートナーを得て、その他のオスは得られないことになる。しかし、人間の場合は、明らかに外見の性差が大きいにもかかわらず、一夫一婦が正当とされる社会に生きている。教育、宗教などが、一夫一婦を奨励するようになっている。反対にペンギンは、オスメスの外見の差はほとんどない。漫画などに描く時にもオスとメスを区別することはまずないだろう。にもかかわらず、どうやらニューカッスルのバーで私の周りにいた人々と同様、一夫一婦の規範を守って生きているわけではなさそうである。レビックはいち早くそれを発見していたし、かなり遅れて私もそれに気づいた。

マレー・レビックは、ジョージ・レビックとジェニー・レビックの間に生まれた。父親のジョージは土木技術者だった。彼には、ルビー、ローナという二人の姉がいた。マレーが生まれた頃、家族は、ニューカッスルのウィットワース・プレース一二番地に住んでいた。その家がどういうものだったかは私にはよくわからない。私はその場所を訪ねてみたが、彼の生家はとうに取り壊されていて、その代わりによく似たレンガ造りの集合住宅が立ち並んでいたからだ。それはある意味で、現代のニューカッスルを象徴するような建物かもしれない。ニューカッスルの人たちは、あまり品が良いとは言えなかった自分たちの過去を必死で拭い去ろうとしたのだろうか。その結果—橋は例外としても—小綺麗ではあっても深みの感じられない外見の建物ばかりが並ぶようになったのだろうか。

私は、ニューカッスルに行けば、レビックの記念碑くらいはあり、彼の祖先たちが生きてきた痕跡をたどることくらいはできるだろうと単純に考えていた。しかし実際には、ニューカッスルの街中を探しても、彼を記念するものは何もない。銘板の一つもないのだ。私は探偵になると言ったが、これは犯罪捜査で言えば、事件現場が綺麗に掃除され、証拠となり得るものがすべて洗われ、拭い去られたような状態である。

私は方針変更を迫られた。どうやら、マレー・レビックなる人物について知ろうとすれば、また違った方向から追究をする必要がありそうだ。レビックが何か証拠を残していそうな場所の心当たりが少なくとも一つはあることはわかっていた。私はイギリス自然史博物館のトリングの研究施設に行かなくてはいけない。そこで、「鳥類の卵と巣のシニア・キュレーター」と呼ばれるダグラス・ラッセルに会うのだ。

また、自然史博物館の鳥類コレクションもこの調査では重要になるだろうと思った。レビックの家系、生い立ちなどを調べようとしても行き詰まってしまったが、彼自身がだめならば、ペンギンの方を調べるのはどうかと考えたのだ。現在、全世界には九〇〇〇種の鳥類が生息している*とされるが、そのうち、ペンギンはわずか一九種しかいない。トリングに保管されている標本たちは、単に今いる鳥たちの死骸の集まりではない。鳥たちと人間とがどのように関わり合ってきたか、その歴史の記録である。

ペンギンは南半球にしかいない。南アフリカや南アメリカの先住民たちは、数千年前とはいかずとも、数百年前から間違いなくペンギンという鳥の存在を知っていたと思われる。ただ、それを確かめられる文字の記録はまったくない。人類がはじめてペンギンを目撃したという確かな証拠が手に入るのは、ヨーロッパの探検家たちが十分に南まで到達してからのことである。ヴァスコ・ダ・ガマが喜望峰を越えたのは一四九七年、史上初の世界一周を成し遂げたフェルディナンド・マゼランがパタゴニア沖を航行したのが一五二〇年なので、その頃ということだ。ケープ・ペンギン、マゼラン・ペンギンなど、その時代の探検家たちが遭遇したペンギンたちの特徴は、胸は白く、その周囲に黒い帯のような模様が入っていることだ。この種のペンギンを「バンディッド（banded＝帯の入った）」・ペンギンと呼ぶことがある。ペンギンとしては最も低緯度に生息するものたちだ。ガラパゴス・ペンギンのように赤道直下に生息するものまでいる。つまり、バンディッド・ペンギンは、スコット大佐のテラノバ遠征に参加したレビックが出会ったアデリー・ペンギンやエンペラー・ペンギンからは最も遠く離れた場所にいるペンギンということになる。

南極には先住民はいない。南極に生息するアデリー・ペンギンやエンペラー・ペンギンに人類が出会うにはまず、人類が南極まで到達できるようになる必要があった。人類が南極に行けるようになったのはようやく一九世紀になってからである。一八三七年から一九〇一年まで続いたヴィクトリア朝時代のことだ。その時代には、探検航海に博物学者を連れて行くのはごく普通のことだった。彼らの仕事は、航海の途上で必然的に出会う新種の動植物の標本を収集することだった。標本には保存のための処理が施され、それについての記録が残され、分類がなされた。最終的には博物館に収蔵されることが多かった。トリングの博物館もその一つだ。

ヴィクトリア朝時代の人がその時代の人々のために、その時代の価値観に基づいて作った博物館、その時代に発見された標本を集めていた博物館である。南極のペンギンとレビックという人物について調べるのに、これ以上の場所はないのではないか。

＊　これは形態の相違に注目した分類による種数。DNAによる分類では、その二倍以上の種（一万八〇〇〇種以上）がいるとされることもある。

第二章　テラ・アウストラリス

マレー・レビックがニューカッスルのごく普通の家庭に生まれたのは、すでに書いたとおり一八七六年だが、その八年前、イギリスでもおそらく最も裕福な家庭に一人の男の子が生まれた。第二代ロスチャイルド男爵、ライオネル・ウォルター・ロスチャイルドである。彼はレビックと同じように、やはりファースト・ネームのライオネルではなく、ミドルネームのウォルターを好んで名乗っていたが、単にイギリスでも特に裕福な人間というだけでなく、間違いなくとても変わった人でもあった。

身体は大きかったが丈夫ではなく、病的と言えるほどに内気な人でもあった。吃音にも苦しんでいた。そういうこともあり、両親は彼を学校には行かせず、家の中で教育することにした。ただし、その家というのがまったく普通ではなく、レビックが育ったニューカッスルのテラスハウスとはまるで違っていた。その邸宅は、「トリング・パーク・マンション」と呼ばれ、ロンドンから北西に六〇キロメートルほどのところの三五〇〇エーカーを超える広大な敷地に立っていた。

その敷地は、ウィリアム征服王の「ドゥームズデイ・ブック」にすでに記載されており、しばらくの間はウィリアム征服王の孫であるイングランド王スティーブンとその妻、マティルダ・オブ・ブロインの所有となっていた。一七世紀後半には、当時は財務大臣だったサー・ヘンリー・ガイの所有となる。チャールズ二世から家と土地を贈られた彼は、その場所に、サー・クリストファー・レン設計の邸宅を建てた。レンは、セント・ポール大聖堂の修復をするなどした有名な建築家である。ガイは結局、その家よりもはるかに健康に悪いロンドン塔に幽閉されることになってしまう。家の改造にのめり込みすぎて資金がかさみ、ついには公金を不正流用したためだ。そして一八七二年に、ウォルターの祖父であるライオネル・ド・ロスチャイルド男爵が、トリング・パークを購入し、それをウォルターの父、初代ロスチャイルド男爵に贈った。そのため、ウォルターは四歳の時から小さな国くらいの地所で暮らすことになった。そこにはカンガルーや外国の鳥など珍しい生き物が多数、生息していた。

七歳の時、マレー・レビックがまだ母親の子宮の中でようやく身体を動かしはじめたくらいの時期に、ウォルター・ロスチャイルドは両親に対し、「大きくなったら動物博物館の館長になりたい」と言い出した。ウォルターが、ロスチャイルド家の家業である銀行で財務管理をするよりも蝶を収集する方が得意な人間なのは確かだった。結局、両親は折れ、二一歳の誕生日のプレゼントとして、トリングの地所にウォルター・ロスチャイルド動物博物館を建てた。一八九二年に一般に公開された博物館には、二〇〇万点を超える蝶の標本の他、三〇万点を超える鳥類の剥製、無数の哺乳類の剥製などが収蔵されていた。動物たちは銃で撃たれ、あるいは罠で捕らえられて命を奪われた後、特殊な加工を施されて剥製となり、ラベルを貼られる。それはヴィクトリア朝時代人ならではの自然への愛情表現だった。

博物館ができた後、トリングの地所は以前にも増して珍しい生物で満たされるようになった。エミューやレアなどまでいた。ウォルターが特に気に入っていたのはシマウマで、シマウマに引かせた馬車に乗って人前に現れたことも何度かある。バッキンガム宮殿までシマウマ馬車で行ったこともあった。またカンガルーも子供の頃から大人になっても変わらず好きで、オーストラリアから輸入したカンガルーをトリングの地所で放し飼いにしていた。そのカンガルーたちは庭を荒らすこともあったし、庭師たちを驚かせることも多かった。

ロスチャイルド動物博物館の成功は必然だった。動物の標本コレクションは、個人が収集し、所有しているものとしては世界最大だった。しかも、世界でも有数の動物学図書館まである。そのおかげで各国から無数の研究者が訪れた。最終的に、博物館を危機に追い込んだのは、セックス──あるいはウォルターにもマレー・レビックにも染み込んでいたであろう、ヴィクトリア朝時代の人々のセックスというものに対する態度──だった。ウォルターは生涯、結婚しなかったが、愛人は何人かいた。そのうちの一人は裕福な貴族の妻だったが、彼女が二人の情事を世間に知らせると言ってウォルターを脅迫したのだ。ウォルターはすでに、事業よりも動物のことばかりを考える息子が気に入らなかった父親から財産の相続権を奪われていた。しかたなく彼は、博物館の鳥類の標本コレクションの大半をアメリカ自然史博物館に二二万五〇〇〇ドルで売却した。ヴィクトリア朝時代には、そのくらい、セックスに関する醜聞が世間に出ることを恐れたわけだ。醜聞が男爵のものであってもペンギンのものであっても同じだった。

ウォルターは一九三七年に死去した。二年後、トリング・パークとその邸宅を相続した彼の甥が、博物館と残っていたコレクションを大英博物館に寄贈した。

元は大英自然史博物館（British Museum of Natural History）と呼ばれたイギリス自然史博物館（Natural History Museum、一九九二年からこの名称）の表の顔は、ロンドンのサウスケンジントンにある大聖堂のような建物である。しかし、ニューカッスルの街と同じく、この博物館の本質部分は表向きの建物とは別のところにある。この博物館の膨大なコレクションの大半はロンドンの建物ではない他の場所に保管されているからだ。たとえば、鳥類の標本コレクションは、トリングのロスチャイルド博物館に隣接する要塞のような施設に保管されている。そこは、まるで堀のようにロンドンを取り囲むM25モーターウェイという高速道路のすぐ外側だ。

徒歩で博物館に近づいていくと、初代ロスチャイルド男爵が息子へのプレゼントに惜しみなく大金を注ぎ込んだことがすぐにわかる。ウォルター・ロスチャイルド動物博物館は、少しエリザベス朝風でもある美しい建物だ。それに対し、隣接する自然史博物館の収蔵庫と研究施設は、銀行のようにも見えた。外見よりも機能優先と建築家は考えたのだろうし、この場合その考えはまったく正しい。この建物に収蔵されているものは数多いが、中でも七五万にもおよぶ数の鳥類の剥製は素晴らしい。世界の鳥類種の九五パーセントは網羅している。こうした収蔵物を劣化させないためには、注意深く中の状態を管理しなくてはいけない。盗難や破壊から守ることも重要だ。

実際、二〇〇九年六月二三日の夜には、王立音楽院で学んでいた才能あるアメリカ人フルーティスト、エドウィン・リストが窓ガラスを割ってトリングの博物館内に侵入し、鳥類の標本二九九体を盗むという事件が起きている。リストは、音楽だけでなく、サケ釣り用のフライ（毛針）を作る才能にも恵まれていた。二〇〇六年には、「アイリッシュ・オープン」というフライ・タイイング（フライ作り）選手権で銀メダル、銅メダルを獲得している。リストにとってその大会で勝つことは、ゴルファーがオーガスタでマスターズに勝つのにも等しい価値があった。彼はともかく、鳥の羽など色鮮やかなものを釣り針につけることに取り憑かれていたのだ。本来はマスなどの魚を惹きつけるための羽だが、フライを作る人間自身も強く惹きつけるだけの魅力があるわけだ。

これが情熱が昂じたがゆえの犯罪であるのは間違いないが、ただ、一時の出来心でついやってしまった、ということでもなかった。用意周到に計画した上での犯行だったのだ。フライ・タイイングの世界では、美しく珍しい羽が使われていればそれだけ評価が高まり、高値がつく。博物館から盗まれた羽には、「一〇〇万ポンド単位」の値がついたとの情報もある。結局、逮捕されたリストには、イーベイなどで剥製を売却することで得たとされる一二万五一五〇ポンドを返金するよう求められた。売却せず、手元に置いていた剥製は、おそらく次のアイリッシュ・オープンで金メダルを狙うために使うつもりだったのだろう。

トリングのコレクションの価値とさらされている危険の大きさがよくわかる例は他にもある。リストの事件の二年後には、レスター—トリングから一〇〇キロメートルあまり北に位置する都市だ—のダレン・ベネットという男が、博物館に侵入し、二体のサイの剥製が収められているキャビネットを破壊して、サイの角をのこぎりで切断してしまったのだ。彼は闇市場で角を売るつもりだった。うまくすれば二四万ポンドほどの値がつくはずだった。この事件を報じた新聞記事によれば、サイの角にそれほどの高値がつくのは、主にアジアで医療目的で、あるいは媚薬として珍重されているからだという。しかし、大きなリスクを冒したにもかかわらず、ベネットはその角が本物ではなく、石膏で作った偽物であり無価値だということに気づいていなかった。リストの事件のあと、盗難を心配した博物館の職員が、本物と取り替えておいたのである。ベネットはついていなかっただけではなく、ヘマもした。逃げる途中に手袋を落としてしまったのだ。その手袋を、自転車で帰宅中だった職員が見つけた。ベネットはそれまでにも警察の厄介になったことがあったので、血液のサンプルを採取されていた。手袋に付着したDNAを解析すれば、簡単に身元が特定できてしまう。サイの角を腹に隠してシャツが膨らんでいる男を探さなくてもすぐに犯人は見つかるということだ。

二つの事件が起きたことで、自然史博物館のトリングの建物に入る際のセキュリティ・チェックは非常に厳しくなった。私が入ろうとした時も、認証チェックのために長時間、待たされたし、ダグラス・ラッセルを呼び出すのにもさらにまた長い時間を要した。ただ、この長い待ち時間があったおかげで私は隣のロスチャイルド博物館に行くことができ、そこで思いがけない発見もした。

トリングの施設のうち、コレクションを収蔵した要塞のような建物は一般に公開されてはいない――自然史博物館のバックエンドとでも言うべき場所になっている――それに対し、オリジナルのロスチャイルド博物館は一般に公開されており、博物館の宝となっている収蔵品を多数見ることができる。中には、エンペラー・ペンギンの剥製が中心に展示されている箇所があった。これは実は単なる普通のペンギンの剥製ではなかった。あとでラッセル（彼は身長の低い人で、大きなエンペラー・ペンギンと比べると、あまり変わらないなと思ってしまう）に教えてもらったことだ。このエンペラー・ペンギンは人間とはじめて遭遇したうちの一羽だった。採取したのは、博物学者のジョセフ・ダルトン・フッカー。イギリスの海軍将校ジェームズ・クラーク・ロス率いる南極探検に参加した際に採取したものだ。私はその話を聞いてすぐに興味をそそられた。一八三九年から一八四三年にかけて行われたロスの探検は、当時の人類としては最も南まで到達したものだったが、私が興味を惹かれた理由はそれだけではない。彼らの行ったのがちょうど、私が長年ペンギンを研究している場所だったからだ。そこには、彼にちなんで「ロス島」と名づけられた島がある。

エンペラー・ペンギンについて世界ではじめて科学的な説明をしたのは、大英博物館の鳥類セクションの長だったジョージ・ロバート・グレイである。その説明は、おそらく私の目の前にある標本を見てなされたものではないだろうが、ロスの探検の際にフッカーによって標本にされた不運な個体のうちの一つを見ていたことは間違いない。グレイはこの種に〝Aptenodytes forsteri〟という学名を与えた。この名は、ドイツの偉大な博物学者、ヨハン・ラインホルト・フォースターに敬意を表してつけられたものである。フォースターは、出航直前にジョセフ・バンクスと入れ替わり、キャプテン・ジェームズ・クックの第二回の航海に参加した。二回目の航海でクックは、世界の南端にあるらしい謎の陸塊を探索することを目的としていた。それがどういうところか当時はまだおぼろげにしかわかっておらず、希望的に「テラ・アウストラリス・インコグニタ（Terra Australis Incognita＝未知の南方大陸）」という名前で呼ばれていた。地図製作者たちは、北半球と南半球の陸地の量がだいたい同じだとするならば、南には必ず相当な量の未知の陸地が存在するはずだと考えていた。

ジェームズ・クックとジョセフ・バンクスは、どちらも私にとって親しみを感じる存在である。二人の功績については、ニュージーランドでの小中学校時代、授業で何度も繰り返し聞かされてきたからだ。ニュージーランドを正式に地図に載せたのは、その時、「最初の航海（一般にそう呼ばれているが、クックはその時点ですでに二〇年以上も船に乗っていたのだから厳密にはおかしな言い方である）」の途上だったイギリスの海軍大尉クックだったと言われている。一六四二年にはじめてニュージーランドに到達したヨーロッパ人は、オランダの探検家、アベル・タスマンである。ただ、タスマンは地図上のニュージーランドにあたる地点に何本かの曲線を描いたにすぎなかった。あとは、その周辺の海に自分にちなんだ名前をつけただけだ。ニュージーランドがオーストラリアとは別の陸地であることを突き止めたのは―それをありがたいことだと感謝する人もいるだろう―タスマンである。クックは一七六九年にニュージーランドを「再発見」し、その周囲を回り、海岸線を地図に詳細に記した。博物学者として乗船していたバンクスは、その土地に固有の多数の動植物を採取し、それぞれについて詳しく記録することになった。そうした動植物のおかげで、ニュージーランドは彼らにとって、トールキンが物語に描いた「中つ国」よりはるかに不思議な世界に見えただろう。

一七二八年生まれのクックが海に出るようになったのは、一七四六年、石炭運搬船団の見習い船員になった時である。彼が乗り込んだのはタインからロンドンまで石炭を輸送する船だった。それからちょうど一三〇年後に、タイン川のほとりでマレー・レビックが誕生するわけだ。一七五五年、クックは七年戦争参戦への準備をしていたイギリス海軍に志願して入隊する。イギリスの参戦の目的は、北米の植民地がフランスに渡るのを防ぐためだった。もし、フランスに領土を奪われるようなことがあれば、一〇六六年にウィリアム征服王が来て以来ということになる。一七六〇年までに、イギリスはカナダからフランスを追い出すことに成功した。イギリスは当時世界最強と言われた海軍力を改めて見せつけることになった。

海軍艦船ペンブローク号の船長だったクックはケベックの包囲戦に参加した。その頃から彼は、測量と地図製作に際立った才能を発揮していた。セントローレンス川の大部分について、極めて詳細な地図を製作し、ケベック・シティーそばのアブラハムの平原にイギリス軍が奇襲攻撃をかける際には、それが非常に役立つことになった。七年戦争のその後の行方を決定した、岐路となった戦闘である。

イギリスに戻ったジェームズ・クックは、しばらくの間国内に留まり、結婚をするが、その後、五回の探検航海に出る。そしてニューファンドランド島を調査し、海岸線を地図に記した。それが人類史上はじめて三角測量を使用して陸塊の輪郭を特定した大規模な海洋調査だった。クックの地図は非常に正確だったため、ニューファンドランド島周辺の海域を航海する際には、それから二世紀にもわたり、使い続けられることになった。

クックの地図製作者としての功績を最も高く評価していたのは、海軍本部と王立学会だった。彼らはクックに、軍艦エンデバー号の指揮官として太平洋を航海するよう命じた。一七六八年から一七七一年にかけてのこの航海は、後にクックの「第一回航海」として広く知られるようになった。正確には「太平洋への」という但し書きが必要なはずだが、この言葉がつけ加えられることはほとんどない。クックが太平洋に派遣された表向きの目的は、金星の太陽面通過の観測だった。金星の太陽面通過は稀な現象だが、いつ起きるかは予測可能である。地球上の大きく離れた地点から観測すれば、金星が移動する軌道は違って見えるはずである。その違いを基にすれば、地球から太陽までの距離が計算できる。しかしクックは、タヒチからの観測を完了すると、封印された海軍本部からの秘密の指令書を開封した。その指令書には、南へ向かい、謎の陸地テラ・アウストラリスを探査せよと書かれていた。

指令どおり南へ向かったクックは、一七六九年一〇月六日、ニュージーランドに到達する。その周囲を回った結果、存在が想定されていた南の大陸とは別の土地であることがわかった。クックはさらにアベル・タスマン海を航行し、その間に史上はじめて、オーストラリアの東端を地図に描くことになった。その結果、オーストラリアという陸地は大陸と呼べる大きさであることがわかったが、同時に、想定された大陸にしては位置が北すぎるということもわかった。当時、王立学会、特にスコットランド生まれの地理学者、アレクサンダー・ダリンプルは、地球の均衡を保つためには、南半球に大きな大陸が存在していなくてはいけないと考え、その大陸について仮説を立てていたのだが、位置からしてオーストラリアはその大陸ではないと思われたのだ。ただし、正確には、「テラ・アウストラリス・インコグニタ」という概念を最初に提唱したのはダリンプルではない。そういう大陸があると最初に言い出したのはアリストテレスであり、その後も多くの人が同様のことを言っている。

第一回航海は一定の成果をあげたが、明確な結論を出せなかったことが余計に人々の好奇心を刺激した。海軍本部と王立学会はすぐに第二回航海を実現すべく動くことになった。クックは一七七二年に海尉艦長へと昇進し、軍艦レゾリューション号で第二回航海に出発した。今回の任務は、テラ・アウストラリスが想定どおり存在するのか否かを明確にすることだ。一七七五年まで続く第二回航海には、すでに書いたとおり博物学者として、ジョセフ・バンクスに代わってヨハン・ラインホルト・フォースターが参加した。ジョセフ・バンクスは第一回航海のあと、社交界で人気を博したこともあって高慢になり、自ら航海の指揮を取ろうと目論んだために任務から外されることになった。

トリングの博物館で私が見たエンペラー・ペンギンの剥製は、暗く地味な展示の中でどこか寂しそうに見えた。この標本はフォースターが採取したものではない。だが、フォースターがエンペラー・ペンギンと最初に遭遇した人類だった可能性は高いだろうと私は思う。指揮官ジェームズ・クックは、レゾリューション号をそれまでのどの船よりも南へと進めることができた。一七七三年一月一七日には南極圏へと突入し、さらに南下して一年と少し後にはついに南緯七一度一〇分にまで到達した。海氷の間をあと少し進めば南極大陸を発見できたはずだが、なぜかクックはそれを見ていない。フォースターがその時、キング・ペンギンを観察したという記録があるが、彼らがそれだけ南へと到達していたことを考えると、フォースターが見たのは亜南極に生息するキング・ペンギンではなく、それと近い関係にあって南極に生息しているエンペラー・ペンギンであった可能性が高い。キング・ペンギンとエンペラー・ペンギンの外見はよく似ているので、フォースターのような博物学者であっても混同してしまうのは無理もないと考えられる──遠くから見ていればなおさら間違えやすいし、また、まだエンペラー・ペンギンなる生物の存在が知られていない頃だと考えれば、しかたのないことだろう。

クックの第二回航海では、テラ・アウストラリスはどうやら存在しないらしいと判断された。彼らは極端に南の地点まで達したにもかかわらず、小さな島をいくつか見つけただけで、想定されていたような南方大陸はどこにも見当たらなかったからである。

しかし、もっと南へ行きたいという人類の願望はそれでなくなったわけではなかった。それから一四〇年もの間、大変な困難に耐え、とてつもなく大きな危険を冒してまで、過去の誰よりも南へ行こうと挑む人は多数、現れた。その中の何人かは命を落とすことになった。なぜ、それだけ人が南に惹きつけられたのかは不思議なことだ。そして、クックの乗ったレゾリューション号がイングランドへと帰って来てから一世紀と少し後、クックが船員となったまさにその地、タイン川のほとりで誕生した一人の男の子もやがて、同じく南への冒険に出ることになった。

私は、少し色あせているくらいで驚くほどよく保存されているペンギンの前に立っていた。そのペンギンが死んでから一七〇年もの時が経っている。エンペラー・ペンギンの生態のことなら私はかなりよく知っている。しかし、それに比べて、ニューカッスルで生まれた男の子、つまりマレー・レビックの人生についてはほとんど何も知らないのだなと思った。エンペラー・ペンギンがどこで暮らしているのか、どのように繁殖し、仲間どうしどのようにコミュニケーションをするのか、何を食べているのか、私はそれを詳しく知っている。だが、レビックのこととなるとどうだろうか。私は彼について本当に何も知らない。たとえば、まず重要なのは、そもそもなぜ、彼が南を目指す冒険に参加することになったのか、それまでにはどういう経緯があったのかということだが、私はそれさえよく知らなかった。だが、ここはそれを知るのに最適な場所ではないかと思えた。

ダグラス・ラッセルは、まさに「鳥類の卵と巣のシニア・キュレーター」という称号から私が想像していたとおりの人だった。小柄で眼鏡をかけていて、やや落ち着きがない。その動きはパンくずをついばむスズメを思わせる。ベストにジーンズという服装だが、あごひげと眼鏡のせいで非常に知的で気難しそうな人物にも見える。だが実際にはとても愛想の良い、優しい人だった。

ラッセルは私を自分の研究室まで連れて行ってくれたが、その途中には広大な部屋を通り過ぎることになった。そこにはおそらく、彼が管理している三〇万を超える鳥類の卵と、四〇〇〇を超える巣の標本が収められていたのだろう。また、言うまでもなく、博物館が現在、所有している七五万体に近い鳥類の剥製もそこにあるはずだ（エドウィン・リストが盗んだ剥製のうち一〇八体は結局、戻っていない）。ラッセルが本当に鳥だったとしたら、実はスズメというよりもニワシドリかもしれないと私は思い始めた。彼の巣とも言うべき研究室は数多くの宝物であふれかえっていたからだ。

私はまず、彼が発見したレビックの未発表論文について尋ねた。その時、ラッセルはロスチャイルド博物館の図書館に行ったのだが—何をしにいったのかはもう思い出せないという—目的を果たすことができなかったので、しかたなく、時間つぶしのような感じでそこのファイリング・ボックスに保管されていた論文をあれこれ見ていたのだという。たまたま目の前に姓が〝L〟で始まる著者の論文をまとめたボックスがあった。当然、レビックのことは彼も知っていたので、レビックの論文を探してみようと思った。それで見つかったのが、最初のページに「公開しないこと」と書かれた全三ページの論文だったわけだ。その時点では重要性を認識してはいなかったが、公開してはならないことが書いてあるのだと思うと興味を惹かれ、詳しく読み始めた。

読んでいくと、どうやら、その非公開の論文にかかれていたことは、元々はレビックの著書『南極のペンギンたち：その社会習慣の研究』に盛り込まれるはずだったらしいことがわかった。少なくとも、大英自然史博物館の誰か大きな影響力を持った人物が介入してくるまでは。

ラッセルは自然史博物館の記録を徹底的に調査したが、はじめはその未公開の論文についての言及は発見できなかった。また、複数印刷されたはずの同じ論文を他に見つけることもできなかった。ところがついに、「動物学の番人」という奇妙な異名を持つシドニー・ハーマーが、鳥類担当の学芸員、ウィリアム・オギルヴィ＝グラントに向けて書いたメモ書きを見つけることができた。ハーマーはそこに、レビックの論文のうち、ペンギンのセックスについて書いた部分は、南極探検に関する著書には入れるべきではないとはっきり書いている。また、論文は一〇〇部印刷するが、内部だけで閲覧し、外に出すべきではないとも書いている。

ラッセルは常に真剣な目をしていたが、その目を私に向け、力強い声でゆっくりと、そして淡々と重要なことを話した。

ハーマーはオギルヴィ＝グラントに書いているんですよ。この部分は外そうと。公開する論文には入れないでおこうということです。[1]

私はラッセルに、レビックのその「失われた論文」を実際に見せてもらえないかと頼んだ。すると親切にも彼は、博物館の保管室まで行き、マニラ紙でできたファイリング・ボックスを手に戻ってきた。ラッセルは論文にかかっていた薄紙を剥がした。端にいくつか折り目ができていたが、論文の紙は驚くほど綺麗だった。書かれてから一世紀を経て彼が発表した時、まずそのことに皆が驚いたのだった。ラッセルはその後、さらに探索を続け、同じ論文を何とかもう一部、発見することができた。それはテラノバ遠征についての私的な書類の中に紛れていた。その書類の所有者は他ならぬウォルター・ロスチャイルド自身だった。

マレー・レビックがペンギンについて書いた本を私がはじめて読んだのは一九七七年だが、その時はまさか、その本が検閲されていたとは思わなかったし、レビックが書く内容を制限されていたなどとはまったく思わなかった。そして四〇年近く経ってから、地球の裏側というくらい遠い国の研究室で、そのレビック本人がアデリー・ペンギンの性行動について書いた論文をこの手にするなど、まったく想像もしていなかった。その論文に熱の込もった言葉で詳細に書かれていたことは、私自身が調査して確かめたこととほぼ同じだった。

＊

私は端の部分が少し黒くなった—おそらくラッセルの指か、あるいはレビック本人の指の脂のせいだろう—論文を机の上に置くと、やはり真剣な目でラッセルの方を見た。ただし、正確には、私はラッセルを見ていたわけではなかった。これでようやく、マレー・レビックという人について少しはわかるだろうか、と考えていたのだ。ペンギンのセックスについて調べていた人なので、私としては彼と無関係でいることは絶対にできなかった。

私は、レビックが現地調査の時に使っていたノートの現物を見ることはできないか、とラッセルに尋ねた。それは、レビックがはじめの頃、アデリー・ペンギンについて観察してわかったことをすべて記録していたノートだった。そのノートについては、ラッセルが著書『極地の生物学』の中で言及していた。そう言われて彼はためらっているようだったが、結局「いえ、それは無理ですね」と答えた。ノートは今、ある古書収集家が所有していて、ラッセルの説明によれば、その人は世間に名前が出ることを絶対に嫌がるということだった。しかし、様々な鳥の断片や巣、書類などで散らかった研究室でしばらく話をするうちに、私たちの間には間違いなく互いへの尊敬の念、互いを信頼する気持ちが生まれていた。ラッセルはやがて、自分もそのノートを多くの人に見てもらいたいと思っていると認めた。ラッセルがその収集家に頼み、もし公開が許可されたとしたら、ペンギンの専門家の目でレビックの観察記録を見ることができる。そうして専門家ならではの解釈ができれば素晴らしいことだろう。「そうなったらあなたもご覧になりたいですよね」とラッセルは言ってくれた。

ラッセルは、ノートの所有者に連絡を取ってみると約束してくれた。彼と私の二人にノートを見せてくれるよう頼むという。ただ、絶対にうまくいくという保証はできない、とも言っていた。私はその言葉を聞いてトリングを離れた。

*

私はその時、無数の本が並ぶ部屋の中にいた。ロンドン郊外の高級住宅地にある豪華アパートの三階の一室だ。部屋の中央には、オーク材で作られた楕円形のテーブルがあり、その上には青い表紙のノートが置かれていた。表紙には、大きな、上手いとは言い難い赤インクの文字で「動物学研究ノート　アダレ岬　第一巻」と書かれていた。

それは、マレー・レビックがアダレ岬でペンギンを観察した時の記録ノートだった。私の知る限り、書かれてから一〇〇年以上の間に、そのノートを見る機会を得た人間はわずか四人しかいなかった。一人目はもちろん、レビック本人。二人目はこのアパートと大量の書籍の所有者だ。あとの二人はともにここにやって来たダグラス・ラッセルと私だ。私はそっとノートの表紙を開いた。中の文字は万年筆で書かれていた。ブルーブラックのインクだ。小さく、揃えて書かれた文字からは几帳面そうな人という印象を受ける。私は適当にページをめくってみたが、あるページで手が止まった。そこで世界のすべてが止まったのだ。会話も、身体の動きも、呼吸も止まった。ラッセルの言ったとおりだった。そのページには、別の紙が上から貼りつけられている部分があった。またその紙には、私には読めない文字が書かれていた。どうやらそれはギリシャ文字で、だから私には読めないということのようだった。一種の暗号だった。何らかの理由で、シドニー・ハーマーだけでなく、マレー・レビック本人も、この部分に書いたことを詮索好きな人には秘密にしておきたかったらしい。

だがなぜだろうか。これは動物学の研究ノートのはずだ。違うのか。南極のペンギンの観察を記録したノートのはずだ。そのノートをなぜこのように秘密にする必要があるのか。なぜ読んでも理解できないような細工までするのか。

私は少し窓の外に目を向けた。空には今にも雨を降らせそうな黒い雲が出ている。それを見た途端、私は二〇年前のある日に戻っていた。同じような黒い雲の出ている日だった。その日、私ははじめて、二羽のオスペンギンが交尾しているのを見たのだった。

突風が吹き、窓ガラスを揺らした。私は再び、自分の前にある青いノートを見た。そして、一九一二年一月一六日のその時のことを思った。ロバート・ファルコン・スコット大佐が、ロアルド・アムンゼンが立てた黒い旗を目にした時のことだ。スコットはそれで、自分はもう世界ではじめて南極点に到達した人間にはなれないと悟った。このノートは、私よりもはるか昔に、マレー・レビックがペンギンの性的に奔放な側面を発見していたことの動かぬ証拠である。だが—これがとにかく何よりも興味を惹かれることだが—上から紙を貼られ、読んでもほとんど理解できる人のいないギリシャ文字が使われていることからして推察できるとおり、レビックは自分の発見を自分だけの秘密にしておきたいと考えたらしい。

いったいなぜか。レビックの発見の証拠は見ることができたし、彼がそれを隠そうとした証拠も見た。だが、まだなぜ隠そうとしたのかその理由はわかっていない。ペンギンのオスとオスの交尾を最初に目撃したのが誰か、ということは正直に言って私にはどうでもいいことだった。南極の海に無数に浮かんでいる氷の一つに最初に立ったのは誰か、など誰も気にしないだろう。仮に自分がその氷の上に最初に立った人間だとして、そこに国旗を立てようとは思わない。それと同じことだ。目標が南極点というある意味で特別な場所ではあったが、スコットはそれに似たことをしようとしたわけだ。スコットは何もかもを犠牲にして南極点に最初に到達した人間になろうとした。彼はいったい何に動かされてそういうことをしたのか。そこが非常に興味深い。古書に囲まれた部屋は静まり返り、酸素もなくなったように感じられた。その時、私が思ったのは、鳥の同性愛を発見したことそのものよりも、マレー・レビックがその発見を隠そうとした理由を探る方が有意義なのではないかということだ。

私はそのノートの何ページかを開き、それぞれそれを写真に撮った。まるで事件の現場を捜索しているような、探偵になったような気分だった。

私はノートを閉じた。外では二人の男がコートをなびかせながら走って行くのが見える。一人の男が先に行き、もう一人はあとからついて行っている。ただ、三階にいる私からは、二人が単に今にも雨が降りそうなので慌てているのか、それとも後ろの男が前の男を追いかけているのかはわからなかった。ことによると、後ろの男は前の男を捕まえて殴るつもりなのかもしれなかった。私はカメラをノートの横に置いた。このノートを書いた謎めいた男との不思議なつながりを感じていた。私がスコットだとしたら、マレー・レビックは間違いなく、私にとってのアムンゼンということになる。しかし、もはや私たちは同じ目標に向かって競争しているのではなかった。マレー・レビックという人そのものが、私の追究対象になったからだ。南極点到達ではなく、ペンギンの奔放の行動を知ることでもなく、レビック本人を知ることが私にとっての目標になったのだ。

第三章　三人のノルウェー人

マレー・レビックの追跡は容易ではなかった。単純に走って追いかけるのとはわけが違う。自分の目の前に彼の姿が見えるわけではない。彼があとに残したものもあまり多くない。第一にレビックという人物が何を目標としていたのかさえ、明確ではない。レビックを世界史上はじめてのペンギン生物学者とみなすことには問題がないと思う。ただ、どうやらレビックには元々、ペンギンを研究しようという意図などなかったように思える。その点は私と近いようだ。私がまず惹かれたのはペンギンではなく、南極だった。レビックもそうだったのではないだろうか。

まだ幼い子供だった頃―思春期よりも前、にきびとも無縁だった頃だ―私は、アプスレイ・チェリー＝ガラードの『世界最悪の旅―スコット南極探検隊（加納一郎訳、中央公論新社、二〇〇二年）』という本に夢中になった。チェリー＝ガラードは、レビックと同じように、スコットのテラノバ遠征に参加した人だ。その本には、南極に行った人たちの冒険の様子、彼らの英雄的な行動が克明に描かれていて、私はこの本をきっかけに、それまでまったく無縁だった「野心」というものを持つようになったと思う。それ以降、自分は絶対にいつの日か南極に行くのだと思うようになった。それは完全な確信だった。私は冒険に憧れていた。その偉大な白い大陸に足を踏み入れたいという願望は年々、私の中で大きくなった。それは命こそ奪わないものの、絶えず大きくなり無慈悲だという点ではがん細胞のようなものだったかもしれない。

＊

一九七七年九月一日、春が始まるその日、私はニュージーランド、クライストチャーチのカンタベリー大学の学生だった。当時は髪を長く伸ばしていた。カンタベリー大学は、ニュージーランド人にとっては南極への入り口になるような大学だった。ニュージーランド南極研究プログラムはクライストチャーチを拠点としていたからだ。私は、博士課程の学生としてカンタベリー大学に入り、南極のウェッデルアザラシの研究に没頭していた。アザラシの生態に前から興味があったことは事実だが、私が本当に惹きつけられていたのは南極だった。アザラシを研究することなら、それはほぼどこでもできる。だが、わざわざカンタベリー大学に来ることを選んだのは、南極に生きるウェッデルアザラシを研究したいからであり、ウェッデルアザラシを研究していれば、自動的に南極に行くことができると思ったからだ。

クライストチャーチは、まだ二〇代だった私にとっては活気がなく退屈な街だった。霧が多く寒い冬が終わり春になり、じめじめとしたはっきりしない天気の日が続いていたが、それでも私の心は浮き立っていた。南極へ行く日が近づいていたからだ。その頃はセント・アルバンズの薄汚れた部屋で暮らしていたが、私には世界がこれ以上ないほど輝いて見えていた。私はいても立ってもいられず、何度も何度も荷造りをやり直した。興奮を抑えることができず、ほとんど眠ることができなかった。

だがそこで悲劇が訪れる。何もかもが台無しになるのに近い悲劇だ。あと六週間で出発というその時に、予定していた研究プロジェクトは実行不可能だと言われてしまったのだ。いったいどうすればいい？　私は何が何でも南極に行きたいのだ。アザラシの研究という名目でだめなら、他に何があるだろうか。その時、私は生まれてはじめて、ペンギンでも研究してみようかと漠然と考え始めたのだった。

それは一九七七年一〇月一八日のことだ。私はアメリカ海軍の輸送機、スターリフターに乗っていた。黄色い、羽毛が入って膨らんだ救命衣を身に着け、周囲を、髭の生えた自分よりずっと年長の男性たちに囲まれていた。私はその飛行機で南極のマクマード基地に向かうところだった。そこからは、ヘリコプターで、ロス島、バード岬のアデリー・ペンギンのコロニーに行くことになっていた。

六時間飛んだあと、丸い小さな窓から外を見ると、荒涼たる土地が広がっていて圧倒される思いがした。一面、白い氷でほぼ完全に覆われていて、ところどころいくつかの山の頂上が見える以外はすべてが真っ白だった。一万メートル上空からでも、氷河にところどころクレバスがあることはよくわかった。特に大きな氷河であるドリガルスキー氷舌は、ロス海の青い水に突き刺さっているように見えた。ロス海には、何百万もの浮氷塊が点在していて、そこはとりわけ白く輝いて見えた。一つひとつが、天国で神が遊ぶジグソーパズルのピースのようにも見えた。今、下に見えている凍りついた大陸に最初の一歩を踏み出す時のことを思うと期待で心臓が高鳴った。もちろん、自分が南極の魅力に取り憑かれた最初の人間ではないことは十分にわかっていた。

＊

南極は広大な大陸である。そして、「テラ・アウストラリス・インコグニタ（未知の南方大陸）」という概念は二〇〇〇年以上も前から存在した。にもかかわらず、南極大陸の実物は長い間、人類からは隠されたままで、わずか二〇〇年前まで発見されずにいたというのは驚くべきことに思える。人類史上、最初に南極大陸を目にしたとされるのは、ロシアの探検家、ファビアン・ゴットリープ・フォン・ベリングスハウゼンである。一八二〇年一月二八日のことだった。また、同じ年には、その後、イングランドとアメリカの船乗りたちがやはり南極大陸を目にしている。

二一年後、若きヴィクトリア女王が即位してからわずか四年後に、ジェームズ・クラーク・ロス率いる探検隊が南極へと向かい、ロス海を発見した。ロス海は、南極大陸に深く湾入した海で、ニュージーランドの真南と言っていい位置にある。ロスの探検隊の船、エレバス号には博物学者としてジョセフ・ダルトン・フッカーが乗り込んでいた。フッカーはこの時、海氷の上で何羽かのエンペラー・ペンギンを捕獲した。探検隊は二隻の船から構成されていたが、もう一隻のテラー号の船長はロスの盟友であるフランシス・クロージャーだった。ロス、クロージャー、そして二隻の船は、それぞれの名前を南極の地物に残しており、どれもがレビックにも私にも馴染み深い名前となった。

ロス海の南端あたりに浮かぶ島はロス島と名づけられた。そして、島にある二つの火山は一方が活火山でもう一方は休火山だが、それぞれエレバス山、テラー山と名づけられている。島の東端には、エンペラー・ペンギン、アデリー・ペンギン両方の繁殖地となっている地点があるが、そこはクロージャー岬と名づけられている。島の北端の地点は、バード岬と名づけられた。これはエレバス号に乗り込んでいたエドワード・J・バード大尉にちなんでつけられた名前だが、その場所が、毎年夏に何万羽という数のアデリー・ペンギンの住処となることを考えると、その場にふさわしい地名だと言える。その場所はまるで運命のように私自身の住処ともなった。何十年にもわたるペンギン調査の主たる拠点となったのがそこだからだ。

驚くのは、ロス、クロージャー、エレバス、テラーはすべて、北極にも名前を残しているということだ。

ロスは一八四三年に南極からイングランドへと戻るが、そのすぐあと、エレバス号とテラー号は、今度はジョン・フランクリンの指揮の下、北極圏の北西航路を開拓するという任務を受けて航海に出る。この時もクロージャーはテラー号の船長となった。北極圏の北西航路は、北大西洋と太平洋を結ぶ航路で開拓が強く求められていたのだが、それがまだ実現されていなかった。一八四五年五月にイングランドを出発した二隻だが、翌年の九月にはどちらも北極の海氷に捕らわれて身動きが取れなくなってしまう。それから一年の間に、フランクリンとその部下の多くが死亡する。クロージャーがフランクリンのあとを継いで指揮を取ったが、結局、残った探検隊員たちも全員死亡してしまう。その後の三年間、探検隊の消息はまったくの不明だったのだが、イギリス海軍本部は、ジェームズ・クラーク・ロスをフランクリンと、彼の盟友クロージャーの捜索に派遣する。ロスは二年近くを費やして彼らを捜索したのだが、結局何の成果もあげられなかった。二万ポンドの報奨金がかけられたため、その後多数の人間がフランクリンたちの捜索に乗り出し、ビーチェイ島で三人の隊員の遺体が発見され、さらに後になってキングウィリアム島で残りの隊員たちの遺体が発見された。

このフランクリン遠征の隊員は一二九人全員が死亡した。これは、極地探検の歴史における最悪の悲劇である。今日にいたるまで、一度の探検航海でこれほどの人命が失われたことはない。

そして、一世紀半を経た後、この航海は再び、ニュースなどで取りあげられることになった。

＊

二〇一四年九月一日、カナダ沿岸警備隊の砕氷船サー・ウィルフリッド・ローリエ号は、カナダ北極圏の波の静かなクイーン・モード湾に浮かんでいた。そこはヴィクトリア女王や、その治世下で消息を断ったフランクリン探検隊にちなんで名づけられた地物に囲まれていた。たとえば、ヴィクトリア島、ヴィクトリア海峡、フランクリン海峡などがそうだ。その砕氷船には、パークス・カナダの考古学者が二人乗り込み、サイド・ソナーの出力画面を見守っていた。画面には、水深一〇メートルの海底に横たわるある船の船体が映し出されていたが、船体は不気味なほどに保存状態が良く、まるで過去からの亡霊のようにも見えた。フランクリン遠征の船を発見することを目的としていたカナダの探検隊が、エレバス号を発見することに成功したのだった。カナダの首相、スティーヴン・ハーパーが世界に向けて発言したとおり、その日は本当に「重要な一日」となった。

私はその日、自分の研究室でお気に入りの赤いロッキング・チェアに座り、BBCのウェブサイトでニュース記事を読んでいた。だが、途中で椅子の揺れは止まった。椅子のクローム製のアームを持つ手には知らず知らずのうちに力が入ってしまっていた。よくアームが壊れなかったと思うほどの強い力だ。ニュース記事には、茶色い、少しX線写真に似たソナー画像がつけられていた。その画像を見て私は凍結したように固まってしまったのだ。船は、船尾の部分が壊れている以外は、無傷のように見えた。船尾には、船長室があったはずだ。なので、今もフランクリンの遺体がその中にあるのではと私は思った。

カナダの首相はカメラに向かい、熱弁をふるっていた。今回の発見がいかに素晴らしいものであるか。カナダの歴史、民俗学にとっていかに意義深いか—それはどちらも私にとっては正直どうでもいいことだった。私にとって重要だったのは、北極ではなく、南極探査にとってのその発見の意義だ。それは、あのジョセフ・ダルトン・フッカーが乗り込んだ船だった。フッカーはその時、エンペラー・ペンギンを捕獲し、その標本が、トリングのロスチャイルド博物館に今もあり、私を出迎えてくれたのだ。エレバス山という名前も、その船にちなんでつけられた。エレバス山は、南極のその地域の中では最も重要なランドマークである。その地域を私は第二の故郷と思うまでになっている。また何より重要なのは、エレバス号の最後の航海こそが、後に、若きロアルド・アムンゼンをはじめとする人たちを極地への冒険へと駆り立てたということだ。マレー・レビックがアダレ岬へと出向き、そこでペンギンの調査をすることになったのも、元はといえば、エレバス号の航海があったからだ。私はそう思うようになった。博物館のペンギンは私を見つめ返しているように見えた。セピア色になったエレバス号の栄光。だが、船は一六六六年前に姿を消したとはいえ、その成果は思いがけず、こうして今も手を触れることのできる実体を伴ったものだった。

スティーヴン・ハーパーにはわかってもらえないかもしれないが、私にとってその船は「重要」の一言ではとても言い表せないほど重要だったのだ。

*

私は砂利道を歩きながら、気分が高揚するのを感じていた。ノルウェー、グロンマ川のほとりに立つ、ある白い木造家屋を目指して歩いていたのだ。日差しはかなり強くなっていて、少し前に降ったばかりの雪を溶かし始めていたが、空気はまだ冷たく、乾いていた。私は、家の正面のちょうど中央につけられたドアに近づいて行った。扉の近くには、誰かの胸像が飾られていた。その人物の鼻は、猛禽類の顔についていてもおかしくないように見えた。ただ、その場で最も目立っていたのは、その胸像ではなく、ドアの左側の壁に立てかけられた赤い木製のスキーだった。スキーはとても短く、そしてとても古かった。一九世紀の終わり頃の幼い子どもが使ったものではないだろうか。そこは、一八七二年七月一六日、ロアルド・エンゲルブレッグト・グラビング・アムンゼンが生まれた場所だ。彼が生まれたのはマレー・レビックより四年早い。アムンゼンは歩くよりも先にスキーを習い始めたとも言われている。

ノルウェーの海運業を営む一家に生まれたアムンゼンは四人兄弟の末っ子だった。アムンゼンが二歳の時、一家はノルウェーの首都クリスチャニア（Christiania：後にKristianiaへと名前を変え、現在はオスロという名の街になっている）へと移住した。そこで住んだ家は、すぐそばが森で、ロアルドは兄たちや友人たちとともに外へ出てスキーをするなどして遊んでいた。遊び友達の一人が、ロアルドより八歳年長のカルステン・ボルクグレヴィンクである。マレー・レビックは、このボルクグレヴィンクとアムンゼンの二人に大きな影響を受けたようだ。ペンギンの研究をするようになったことにも二人の存在が大きく影響している。レビックは元々、ペンギン生物学者の道を志していたわけではなかった。彼のことを調べていくうちに徐々にわかったのは、レビックは人生で何度も思いがけない状況に直面し、それによってたまたまペンギン生物学者になったということだった。

サー・ジョン・フランクリンの探検の物語に心惹かれ、想像をかきたてられたのは、アムンゼンが八歳か九歳の時だった[1]。結局、その時が彼の人生にとって重要な時点だったことになる。それ以後、極地探検家になりたいという思いが彼の心の中で次第に大きくなり、彼の人生は決まったからだ。幼い頃の私が、チェリー＝ガラードの書いた南極探検の物語に影響されたのとまったく同じだ。

アムンゼンの少年時代から抱いた探検家への憧れが一気に大きくなったのは、同胞のフリチョフ・ナンセンが、それまでに大勢が挑んで失敗していたグリーンランド氷原の横断に成功した時だった。ナンセンは極地探検に多くの変革をもたらした。たとえば、軽量のそりを使用したこと、探検のための特別仕様の衣服やテント、効率的な料理器具を導入したこともそうだし、何より重要だったのは、極地横断にスノーシューズではなくスキーを使用したことだった。一八八九年、ナンセンは意気揚々とノルウェーに帰国し、帆船でフィヨルドを縫うようにしてクリスチャニアへと向かった。彼を歓迎する群衆の中には、長身でやや近眼の、一七歳の学生、若き日のアムンゼンがいた。

アムンゼンはその時のことをこう書き記している。

その日の私は、胸を高鳴らせて、万国旗が掲げられ、あちこちから乾杯、という声の上がる街を歩き回った。幼い頃の夢が目を覚まし、心の中で暴れ回るのを私は感じていた。それまで密かに抱えていた思いがはじめて、震えながらもはっきりとした声を発し始めた。その声は「お前は北西航路を横断するのだ！」と私に言う。(2)

アムンゼンと、その少年時代の友人であるボルクグレヴィンク、そして少年時代の英雄であるナンセンという三人のノルウェー人たちの人生が不思議にもその後、当時はまだラグビーをしていた一三歳の少年で、一〇〇〇マイルも離れたイングランドで暮らしていた少年の人生に大きく関わることになる。普通ならばあまり起こり得ないような出来事がいくつも続き、三人に導かれてその少年は、思いがけずペンギンを真剣に研究し始めることになった。だが、後の人生でそんなことになろうとは、まだ若いマレー・レビックはまったく知らずにいた。レビックの一家は彼がわずか四歳の時に、ニューカッスルからロンドンへと移住した。ロンドン、セント・ポールズ・スクールの生徒だった彼が、少なくともスポーツに優れた才能を発揮していた—特に得意だったのは体操とラグビーだ—ことはわかっている。極地への関心があったわけでもないし、まさか自分がその場所で苦難を経験することになるとは思ってもいない。

一七歳の時のロアルド・アムンゼンとは大きく違う。その時のアムンゼンなら、むしろ自ら進んで極地での苦難を体験したいと思っていただろう。

だが、史上はじめての北西航路の横断を成功させたいという野心を抱いていたアムンゼンの前には数多くの障害が立ちはだかることになった。彼は、フランクリンもクロージャーも成し遂げられず、偉大な探検家、ジェームズ・クラーク・ロスですら達成不可能だったことに挑もうとしていたのだ。最初の、そして大きな障害は、アムンゼンの父親が彼がまだ一四歳の時に亡くなったことだった。またその後、アムンゼンが経済的に依存していた母親は、彼を医者にすると決めていた。しかたなく、クリスチャニア大学に入学するが、医学にまったく興味のないアムンゼンはとても良い学生とは言えなかった。そしてその後、二つの出来事に彼は鼓舞されることになる。

一つは、ナンセンが再び北極へと向かうための新たな船の建造を始めたことである。ナンセンは、その船が海氷の中で立ち往生してもよいと考えていた。そうなれば、船は海流に運ばれて北極圏を移動できると考えたのだ。人類としてはじめて北極点に到達するチャンスもあるかもしれない。ナンセンがこの時に建造した船、フラム号は革新的なものだった。船体には、強度が上がるよう丸みをもたせた。それにより、周囲の海氷から他の船なら壊れてしまうような強い圧力がかかっても耐えられるようになっていた。一八九三年、アムンゼンは再び、クリスチャニアの海岸に集まった群衆の一人となった。今度は、ナンセンとフラム号の出航を見送るためだ。

同じ年、アムンゼンは、エイヴィンド・アストラップの講演を聴いた。アストラップは、アメリカの探検家、ロバート・ピアリーがグリーンランドの氷原、約二〇〇〇キロメートルをスキーで横断した際に同行した人物だ。アストラップは、アムンゼンとほぼ同い年である。生年月日はアストラップの方が早いがアムンゼンと一年も離れていない。彼は前年、わずか二一歳で、聖オーラヴ勲章を受けた。これはノルウェーでは最高の名誉とされる勲章であり、アストラップは史上最年少での受勲となった。極地の旅に最初に犬ぞりとスキーを組み合わせて使用したのはアストラップだとされている。イヌイットから学んだ技術を活かしたのだ。若き同胞に大いに刺激されたアムンゼンは講演を途中で抜け出し、すぐにその夜からスキーを使った探検旅行に出発した。季節は冬で、かなり北極に近い環境下を旅することができた。

同年の九月、アムンゼンの母親が亡くなる。そのすぐあと、アムンゼンは大学をやめ、母親の夢ではなく、自分自身の夢を追い始めた。

＊

アムンゼンが少年時代の英雄、フリチョフ・ナンセンに声援を送ったオスロ・フィヨルドの海岸には現在、フラム博物館がある。博物館のガラス扉に掲げられた表示には、「午前一〇時開館」とあった。開館までまだ一五分ほどある。どうやら入りたい気持ちが強すぎたらしい。ここは極地探検に特化した博物館だ。何といっても自慢は、博物館の名前にもなったフラム号そのものだ。中に入るとすぐにそのフラム号が私を出迎えてくれた。船は、思っていたよりも大きく、完全な状態に見えた。ナンセンがはじめて乗った日とそう変わらない状態なのではないかと思えるほどだ。丸みを帯びた船体の色彩が印象的だ。上から白、黒、赤の三色に均等に塗り分けられている。船体そのものも、三層の堅い木材を組み合わせて作られているようだ。そして船首は鉄の水平板で補強されている。私の目には石のように堅い船に見えた。

船体に手を置いてみると、一瞬、電気に撃たれたような気がした――レビックと直につながったような気がしたのである。その感覚は、あのロンドンのアパートで、彼の書いた「動物学研究ノート」のページをはじめてめくった時の感覚にも少し似ていた。私は早速、博物館の資料の調査を始めた。このノルウェーの船が、世界最初のペンギン生物学者であるレビックとどう結びつくのか、なぜ両者にこれほどまでに繫がりを感じるのか、資料を見ていけばその謎を解くことができるのではないかと思った。

その手始めとして私が選んだのは、フラム号とはまた別のノルウェーの船、そして、ナンセンとは別のノルウェー人極地探検家、アムンゼンの子供の頃の友達、カルステン・ボルクグレヴィンクである。

*

アムンゼンの母の死去から一一日後、その名も「アンタークティック号」という船がノルウェーを出発した。ノルウェー人起業家、ヘンリック・ブルの企画した探検航海に出たのだ。亜南極、そして南極の海でアザラシ狩り、捕鯨をすることが目的だった。南へと向かうアンタークティック号がメルボルンを通過する際、オーストラリアに移住していたカルステン・ボルクグレヴィンクはブルに頼み込み、甲板員兼パートタイムの博物学者として船に乗り込むことに成功した。亜南極の島々の周囲ではあまりクジラを見つけられなかったため、ブルと船長のレオナルド・クリステンセンは、船をさらに南のロス海にまで進めようと決意した。一八九五年一月二四日には、積み込んであった小型ボートを海に下ろし、ブル、クリステンセン、ボルクグレヴィンクを含む七人の男たちは、ついに南極大陸への上陸を果たす。それは記録されている中では人類にとって史上はじめての南極大陸上陸だった。彼らが立ったのは、ヴィクトリア・ランド沿岸部の最北端に突き出た陸地だ。その場所は、半世紀前にジェームズ・クラーク・ロスによってアダレ岬と名づけられていた。偶然にも、そこは世界最大のアデリー・ペンギンの繁殖地がある場所だった。

人類は、はじめてほんの短い間、南極大陸に足を踏み入れたその時、すぐにアデリー・ペンギンに遭遇することになったわけだ。その後、いくつもの出来事が連鎖的に起きたことで、一七年後にはマレー・レビックがペンギンの群れの中に腰を下ろし、あの青い表紙のノートに観察記録を書くことになる。私はその間に具体的にどういうことが起きたのかを徐々に明らかにしていく。アダレ岬のアデリー・ペンギンのコロニーの中には五〇万羽を超える数のペンギンがいる。レビックがその場所にしばらくの間立ち寄り、足跡を記したのは、人類が最初に彼らに遭遇してから一七年後のことだ。アデリー・ペンギンの中に仮に二〇年以上生きるものがいたとすれば、コロニーの一部は両方に出会っていたかもしれない。

ただ、その間にも、一八九五年一月には、繁殖期の終わりにいた彼らのところに、小さなボートに乗って戻って来た男たちがいるので、ペンギンたちはそのうちの誰かとも遭遇したと考えられる。ボートに乗っていた男たちのうち、ボルクグレヴィンクかクリステンセンのどちらかが南極大陸に人類で最初に足を踏み入れた人間ということになる。実際、どちらもが自分が最初だと主張している。しかし、ボルクグレヴィンクは先にメルボルンでアンタークティック号を下りた。船はそのあとノルウェーに向かっている。クリステンセンは、船がノルウェーに到着するまで何も言うことができなかった。彼が帰国する頃にはすでに、ボルクグレヴィンクが世界に向け、最初に南極大陸に足を踏み入れたのは自分だと発表してしまっていた。以後、それが通説として広まることになった。ボルクグレヴィンクが残したのは人類史上稀に見る大嘘だったのかもしれないし、人類にとって偉大な一歩だったのかもしれない。いずれにしても、人類がアデリー・ペンギンの性生活を知るための旅路に彼が小さな、しかし重要な一歩を記したことだけは間違いない。

ボルクグレヴィンクは、航海から帰って間もなく、イギリス、ロンドンの王立地理学会に行っている。ロンドンでは一八九五年八月一日、第六回国際地理学会議が開催された。ボルクグレヴィンクはその場で、是非、アダレ岬に科学者が出向き、調査、研究をするべきだと主張した。彼はアダレ岬について穏やかな口調で次のように語っている。

…南極圏の環境がどれほど厳しいかは想像すらし難いですが、その場所ではその厳しさがさほどでもないと思われます。(3)

ボルクグレヴィンクは知っていて故意に嘘をついたわけではないのかもしれないが、彼の言葉は事実からはほど遠いものだった。南極探検の重要性自体は、会議の出席者も認識していたし、王立地理学会の会長だったクレメンツ・マーカムは、学会で南極探検をしようという計画も持っていた。ところが、そのマーカム本人が強硬にボルクグレヴィンクの提案には反対した。

マーカムの賛成が得られず学会を頼れないので、ボルクグレヴィンクは何とか自力でアダレ岬に行く資金を得ようと努力する。そして結局、ストランド・マガジン誌を創刊したイギリスの出版業者、ジョージ・ニューンズから資金を得ることに成功する。

それでマーカムの反対は特に恐れずに済むようになったのだが、ボルクグレヴィンクには新たに別の不安の種が生まれる。まったく思いもかけなかった地域からライバルが現れたのである。

＊

ちょうどボルクグレヴィンクが南極大陸に足を踏み入れようとしていた頃、ナンセンとフラム号は北極の海を漂っていた。ノルウェーを旅立った後、ナンセンとその船は、シベリアの北で分厚い海氷に囲まれて自由に動けなくなったのだ。そして、予想していたとおり、船は海流によって氷が動くとその力で移動することになった。氷はほぼ北に向けて流されていたので、船もやはり北に流された。しかし、移動の速度はナンセンの予測よりもはるかに遅かったので、彼はプランBに切り替えることにした。プランBとは、フラム号が北緯八四度に到達した時に、彼自身とヤルマル・ヨハンセンが船を降りるという作戦だ。残りの乗組員は引き続き船の中にいて北極での漂流を続ける。その間にナンセンとヨハンセンは、犬ぞりで一気に北極点を目指すのだ。しかし、犬ぞりを使っても進行はあまりにも遅かった。北緯八六度一三分六秒に到達した時、そこは人類がそれまでに到達した最も北の地点だったが、ナンセンは引き返すことを決意した。北極点に史上はじめて到達したという名誉を得ることはあきらめたのだ。

船を出てからの彼らの常軌を逸した旅、とてつもなく大胆で危険な旅は一七ヶ月間という長きにわたった。はじめは犬ぞりを使って、その後はフラム号の中で作ったカヤックを使っての移動となった。引き返した二人はノルウェーのトロムソという街で再びフラム号に乗り込んだ。そして、さらに三年間、北極海の氷の中で漂流を続けることになった。長い間、祖国を留守にしたナンセンとフラム号は、一八九六年九月九日、堂々とクリスチャニアに帰ってきた。彼らはとうに死んだものと考えていた専門家たちを困惑させる帰国だった。フラム号も無事で、探検隊に参加した人たちは誰一人命を落とすことなく無事に帰ってきた。

極地への探検隊のすべてがそうならばいいのだが、残念ながら現実は違う。同じ年の一月、二四歳だったエイヴィンド・アストラップは、ノルウェーのイェルキンという村の近くで、雪の中から遺体で発見された。遺体の周囲の雪は血で真っ赤に染まっていた。その光景を見ると、極地探検家にとって何より危険なのは寒さでも飢えでもないことがわかる。最も危険なのは、探検家自身の心である。自らの命を奪うほどに彼の心を追い詰めたものがいったい何だったのか、それはわからない。ただ、極地探検家の中に自殺を選ぶものが多いことは確かである。またそれと同時にわかったのは、探検家の間に非常に不倫が多いということだった。不倫が自殺を誘発していることも少なくないようだった。フリチョフ・ナンセンは、アストラップが考案した犬ぞりとスキーを利用する手法によって北極点到達に挑んでいたのだが、彼が不在の間、まさにそのアストラップがナンセンの妻、エヴァと不倫の関係にあったと噂された。極地に関わる者たちの性的不品行は、何もアデリー・ペンギンだけのことではなかったらしい。

＊

北極点到達を誰が最初に成し遂げるかはまったくわからない状況だったが、それは極地に関する他の栄誉に関しても同様だった。ボルクグレヴィンクに刺激され、ベルギーのアドリアン・ド・ジェラルーシも、独自にアダレ岬への探検航海に行くことを決意した。ジェラルーシは、人類としてはじめて冬の南極大陸に行くのはボルクグレヴィンクではなく自分だと考えていた。

ジェラルーシはどうやら、若き日のアムンゼンや、そのはるかあとには私自身がかかったのと同じ病気にかかったらしかった。とにかく彼は南極に行きたかったのである。一八九六年、南極への旅のためにジェラルーシは、ベルジカ号という船を用意したのだが、その船での探検旅行に無償で参加したいと申し出た者がいた。他ならぬアムンゼンその人だった。それは当時としては、驚くほどのことではなかったのだろうと思う。アムンゼンはすでに極地での経験を積むために、グリーンランド沿岸でアザラシ狩りをする船に乗り込み、二等航海士の資格も取っていた。ジェラルーシはアムンゼンの乗船を認める。

ベルジカ号が南極に向けて出航したのは一八九七年のことだ。アムンゼンにとってこの航海の何より良かったところは、アメリカ人医師のフレデリック・クックが参加していたことである。クックは、ロバート・ピアリーとともにグリーンランドを探検した経験を持つ人だった。アムンゼンは、ピアリーに鍛えられたクックから、極地探検について学べることをすべて学ぼうとした。

ただ、この探検旅行そのものはほとんど惨事と言えるほどひどいものになってしまった。船はなかなか前へ進まず、何度も隊が全滅しかねないほどの窮地に追い込まれることになる。海氷はアダレ岬に向かうベルジカ号にとってあまりに大きな障害だった。そこでジェラルーシは決意する。史上はじめて冬の南極に到達した人間になるためには、ナンセンと同じ方法を採るしかないと判断したのだ。まずはベルジカ号を海氷に完全に捕らわれて動けなくなるところまでは進める。そこからは自分を含めた一部の人間が船を降りて南極大陸を目指すのだ。ただ、ナンセンとは違い、ジェラルーシの備えは十分ではなかった。寒さにも、暗さにも、そして最も重要だったのは、ビタミンCの欠乏によってかかる壊血病への備えができていなかった。ジェラルーシ本人も含め、船に乗り込んだ人間の多くが、壊血病に苦しみ、猛烈な寒気や暗闇、孤立感にも苦しめられ、身体的にも精神的にも傷めつけられることになった。クックは、肉にビタミンCを多く含むアザラシやペンギンを食べることを主張して、隊員たちの命を救ったが、アザラシの肉を食べることを拒否した一人の隊員は死んでしまった。

足りないのはビタミンCだけではなかった。あまり語られることはないが、極地探検においては、実は性剥奪が大きな問題になる。極地探検の任務を果たすには何年もの時間がかかることが多い。この点に関しては、北極の方が南極よりもいくぶん状況は良いと言っていいだろう。イヌイットが近くにいるからだ。ロバート・ピアリーは結婚してから最初の二三年間のうち、妻と過ごしたのは三年間だけだった。妻との間には三人の子供がいたが、彼にはそれ以外にイヌイットの愛人がいて、彼女との間に少なくとも二人の子供がいた。南極探検ではそんなことはあり得ない。しかし、南極探検に行った男たちの日記を読むとほとんどの場合、性に関わる出来事については沈黙を保っている。自らの性的欲望にすら言及することはまずない。ヴィクトリア朝時代の男たちはそういうことを口にしないものだったのかもしれないが、彼らにも欲望があったことは疑い得ない。

ただし、ベルジカ号はその点については注目すべき例外である。副司令官だったジョージズ・ルコワント大尉が、『淑女なき南（*Ladyless South*）』というタイトルだけでもある程度、内容がわかる本を出版したからだ。ルコワントによれば、アムンゼンは女性のまったくいない南極の環境に関して「私は嬉しいですね」と言っていたという。(4) ハイスクール時代も、大学時代も、またその後も、アムンゼンは異性に対してほとんど関心を示さなかったようだ。彼は修道院のような生活を好み、少しミソジニーの傾向もあったらしい。そういうこともあり、アムンゼンは南極の氷の上にいる時が他のどのような時よりも幸福な気分でいられた。彼は、「自分には女性の温もりは必要ない」と公言していた。確かにヴィクトリア朝時代には、セックスを抑圧するような価値観があったし、実際の行動はどうであれ、少なくとも性生活について大っぴらに人に話すことを良しとはしない風潮があった。ただ、アムンゼンの性質にそうした社会規範は無関係だったと思われる。他の人がどうであっても、彼自身はともかくセックスを必要としていなかった。

一八九八年七月二三日、南極に久しぶりに太陽が顔を出したが、ベルジカ号とその乗組員たちにとっての問題は解決からはほど遠い状況だった。船は完全に海氷の中に閉じ込められ、出口が見つかる見込みはまるでなかった。

ベルジカ号は、南極のグレアムランドの近くの海で立ち往生していて、目的地であるアダレ岬への到達はできずにいた。その間に、カルステン・ボルクグレヴィンクは、サザン・クロス（南十字星）号という船でイングランドを出発した。イギリスの南極遠征の船としては少々、不適切な名前だったかもしれないが、資金を提供したのがジョージ・ニューンズだったとはいえ、二九人の乗組員のうち二六人までもがボルクグレヴィンクと同じノルウェー人だったことを考えれば、しかたのないことだとも言える。

結局、ベルジカ号が氷から自由になるまでには七ヶ月もの時間を要した。彼らを救ったのはまたもやフレデリック・クックだった。クックは、爆薬によって氷と氷の間を広げて水路を確保し、約一マイル先の開けた海に出ようと提案した。一八九九年二月一五日、水路が十分な広さになったため、ベルジカ号はエンジンを始動させ、ようやく帰途につくことができた。その頃、ボルクグレヴィンクはあと二日でアダレ岬に到達するという地点まで来ていた。

ベルジカ号での航海は、アムンゼンにとって貴重な学びの機会となった。彼は高緯度地域の環境に対応するには事前の準備が極めて大切であることを学んだのだ。また、アムンゼンにとって何より重要だったのは、この航海に参加したことで、ノルウェーに戻った後、フリチョフ・ナンセンに連絡を取る口実ができたということだ。

私はライサーカーのナンセンの別荘まで行き、彼の書斎のドアをノックした。「入りたまえ」と中から声が聞こえた。そして私は、それまで私にとって人間を超えた存在だった人とはじめて対面することになったのだ。彼の成し遂げた偉業を思うと、私は全身の震えが止まらなかった[5]。

二人のノルウェー人の間にはすぐに友情が芽生える。そして、それが後にマレー・レビックに大きな影響を与えることになるのだ。アムンゼン、ナンセン、そしてボルクグレヴィンクの三人がいたからこそ、マレー・レビックは後に、世界初のペンギン生物学者になるのだが、一八九九年にレビックのしていたことは彼ら三人とは大きく違っていた。レビックは当時、ロンドンの聖バーソロミュー病院で医学を学んでいたのだ。自分が優秀な生徒ではないとわかってはいたが、それでも医学の勉強はやめずに続けた。その頃のレビックにはまだ、南極のことなどまったく頭になかったし、ましてやペンギンを研究しようなどという考えもまるでなかった。

レビックの足跡は、探してもほとんど見つからない。しかし、皮肉なことに、かつてロス海へとはじめて進入し、レビックの一生に間違いなく大きな影響を与えた二隻の船は、フランクリン遠征で消息を絶ち、沈んでしまってから一七〇年近く経ったあとも、多くの人たちに注目される存在であり続けたのだ。

＊

二〇一六年九月三日、再び大きな発見があった。カナダの捜索隊は、ヴィクトリア海峡の水深約二五メートルの海底にテラー号が沈んでいるのを発見したのだ。そこは、ほぼ二年前にエレバス号が発見された地点から真北に一〇〇キロメートルほど行った場所だった。奇しくもそこは、キング・ウィリアム島沖の「テラー」湾だった。海藻などの生物に覆われてはいたが、それを別にすれば船体はエレバス号と同じく良く保存されていた。

乗組員が残したメモから、エレバス号とテラー号の二隻が氷に閉じ込められたのは一八四六年九月一二日だったことがわかった。またその二年後には、一二九人いた乗組員のうち生き残っていた者たちが全員、船を捨てたこともわかった。しかし、その中に、誰かに発見され、救助されるまで生き延びた者は一人もいなかった。もしフレデリック・クックの機転がなかったとしたら、ジェラルーシとベルジカ号の乗組員たちが同じ運命をたどったとしても不思議はなかったのだ。

カルステン・ボルクグレヴィンクは、サザン・クロス号で海氷を砕いてアダレ岬に向かって進んでいた。彼は、フランクリンやジェラルーシとは違い、周到な準備の上で航海に臨んでいたが、それでもアダレ岬そのものに対する備えはできていなかった。彼は元々、南極の魅力に惹かれて、氷に覆われた未知の大陸の神秘に惹かれて旅に出て、アダレ岬にたどり着いたのだった。そして今、彼は再び同じ場所に向かおうとしていた。彼がそこに行った動機は、スコットやレビック、そして私とまったく同じだ。だが、ボルクグレヴィンクと、彼とともに船に乗っていた人たちは、やがてその場所を憎むようにもなる。

南極は魅力的であり、そして恐ろしい場所なのである。

第二部　すべての道はアダレ岬に通ず

はっきりと口には出さなくても、何となく一夫一婦婚を「自然なもの」とみなしている人は多い。たとえば、キリスト教の教会での結婚式で、「死がふたりを分かつまで」という誓いの言葉が述べられるのも、一夫一婦婚を良いものとみなしているからだろう。この価値観には、私たち生物学者もある程度、加担していると思う。確かに、アカシカやゾウアザラシのように、一夫多婦の動物もいる。しかし、オスが大きな角を持つアカシカや、メスよりオスが明らかに大きいゾウアザラシのような明確な第二次性徴のない動物、つまりオスでもメスでも外見がほとんど変わらない（生物学者はこれを「単形的」という）動物の場合は、同じ相手とつがいの関係を長く維持する方が有利であり、生物学的に見て良い戦略なはずだと多くの生物学者は考えてきた。実際、雄雌の外見がよく似ている動物の多くは一夫一婦である。同じ相手と長く関係を続けると、同じ相手との繁殖行動を何度も体験できる。いわば繁殖行動の「練習」ができるので、その分だけ、新しいつがいよりも、練習を積んだつがいの方が繁殖の成功率も高くなるのだ。

アニメーション映画のとおりなのだとしたら、ペンギンほど外見の個体差のない動物もいない、ということになるだろう。それは実際にそのとおりなのだろう。外見だけでは、ペンギン自身でさえも、どのペンギンがオスでどのペンギンがメスかを見分けることさえできないと実験で確かめられている。ましてや、個体を識別することなどまったく不可能だ。平均すればオスの方がメスよりわずかに大きいのだが、小さいオスもいれば大きいメスもいるのだから、大きさだけで雌雄を見分けることは難しい。レビックや私が同性愛的なマウンティングを何度も目撃した理由はそれかもしれない。オスが単にメスと間違えてオスにマウンティングしてしまったということだ。そういう例もきっとあるだろう。

オスのペンギンが、メスに比べて極端に大きくなったとしても、あるいは目を引く派手な羽飾りを持ったとしても、進化上さほど有利にはならない。なぜなら、たとえオスのペンギンがドン・ファンのようだったとしても、あるいは小説『ノートルダム・ド・パリ』のせむし男カジモドのようだったとしても、おそらく必ず一羽、つがいの相手となるメスは見つかるし、逆に複数のメスと交尾したとしても、その分だけ多くの子孫を残せる可能性は低いからだ。

そうなるのは、ペンギンの繁殖の場所（陸）と採餌の場所（海）が違っているからだ。オスのペンギンは卵を生むことはできても、単独ではとても子孫を残せない。卵や、生まれた雛を抱いて温めることと、雛や自身のための食物を手に入れることは同時にできないからだ。これはペンギンだけの問題ではなく、ほぼすべての海鳥が抱える問題である。海鳥のほとんどが一夫一婦で、雄雌の外見がほぼ同じなのはそのためだろう。オスのペンギンは、メスのペンギンと交尾したあと、何もせずに別のメスのところに行くわけにはいかない。そんなことをしたら繁殖に失敗してしまうからだ。そういうオスは進化的にはとても不利だ。交尾したら、オスは相手のメスのそばに留まり、共に助け合って子育てをしなくてはならない。

同じ相手と長くつがいでい続けるほど、共に子育てをした経験が蓄積されるので、繁殖の成功率は次第に高まっていくことになる。こういう理由から、生物学者たちはペンギンは一夫一婦であり、同じ相手と生涯添い遂げると考えるようになった。

だが、どの個体も外見がほとんど同じなのだとしたら、メロドラマのようなことが起きていても、観察する者には簡単にはわからないのではないだろうか。

第四章　ペンギンとの最初の遭遇

一八九九年二月一七日のことだ。小型の捕鯨船、サザン・クロス号は、分厚い海氷と暴風と七週間にわたって闘った後、思いがけなく、開けた、氷のない海に出た。そこは、アダレ岬のそばのロバートソン湾だった。そして、船は、暗く、とてつもなく急峻な山々に囲まれた場所へと出た。山の斜面は、重力に逆らっているような氷河に覆われている。氷河のクレバスは、サザン・クロス号を丸ごと飲み込んでしまいそうなほど巨大で、船のデッキからもその存在がはっきりと確認できた。その山の頂上を越えると、南極大陸の内部になる。頂上から船に向かって吹き下ろす風は冷たく、猛烈に激しい。サンクチュアリにいるというよりは、まるで刑務所に入ったような気分だった。手近に上陸できそうな場所は一つしか見つからなかった。そこは、海に向かって突き出た平地で、ほとんど何もない場所だった。その五年前にカルステン・ボルクグレヴィンクが同じ場所に来た時にも、そこはペンギンに覆われていることを除けば他にはまったく何もない荒涼たる土地だった。ボルクグレヴィンクとともに来た隊員たちは、その光景を見て良くない意味で感嘆したらしい。

遠くから見たその場所はあまりにも狭く、またあまりにもうら寂しいところだった。隊員たちはそこをはじめて見た時、思わず私に向かって「もし、あなたがここにこれから一年間留まるとおっしゃるのなら、私たちはすぐに船に戻らせてください。あなたからの別れの手紙を祖国に持って帰りますか

ら」と言ったほどだ。(1)

サザン・クロス号では、各種装備、食料、七〇頭の犬たちを岸へと運ぶのに、捕鯨用のボートを使った。そして、二週間かけてようやく、「リドリー・ビーチ」と名づけたキャンプの設営を完了した。その間、隊員たちは絶えず強風にさらされ、何度も飛んできた大きな石の直撃を受けることになった。時には、吹き続ける風のせいで立っていることすらできないほどだった。彼らが建てたのは、いかにもノルウェーというデザインの、プレハブ造りの木の小屋だ。黒く頑丈な小屋は、ペンギンの巣の残骸の上に建てられた。一八九九年三月二日、サザン・クロス号は、冬を越すためにニュージーランドへと出航した。そしてボルクグレヴィンクと九人の隊員たちだけがその場に残された。彼らは世界でも最も孤立した人間たちになったのだ。世界ではじめて南極大陸で越冬した人間、という栄誉を手に入れるためである。ただし、そのためには冬の間、生き延びなくてはいけない。

何もかもが計画どおりに進んだわけではなかった。まず、その場所は無慈悲なほどに寒く、風が強かった。ボルクグレヴィンクが前回訪れた時に思ったのとはまるで違う場所だったのだ。環境にはまったく秩序というものが感じられない。何が起きるのか状況がどう変化するのかはまるで予測ができない。そういうところに長くいると、人間は憂鬱になり、不機嫌になってくる。冬の間、アダレ岬の周囲のロバートソン湾の海は凍結する。ボルクグレヴィンクは、南極が真冬になっている時期に、二人のラップランド人の仲間たち、パー・サビオ、オレ・マストとともに勇敢にも何週間も犬ぞりに乗って周囲を探検したりもした。一日中、日は昇らず、気温はマイナス五〇度近くにまで下がってしまう。しかも、風がやむことなく吹いているのだから、そのせいで寒さは余計に増すことになる。ただ、冬が終わり、ロバートソン湾の氷が溶け始めても、周囲を山に囲まれているだけに、そりで移動し、探検ができる場所はごく狭い範囲に限定されてしまう。もはやどこにも行くことができなくなった。囚われの身になったようなものだった。

探検隊員の中には動物学者もいた。ニコライ・ハンソンだ。ロアルド・アムンゼンと同じ時期にクリスチャニア大学に在籍した人だが、アムンゼンと違うのは、彼が大学を卒業したということである。ハンソンはハンサムな男だ。髪は濃く、黒く、ウェーブがかかっている。あごは尖り、濃い口ひげをはやしていた。南極にいる間には、それに加えてまるでヤギのようなあごひげも伸びた。ハンソンは、南極に向けて出発する少し前に結婚したばかりだった。祖国には、妊娠している妻を残してきた。彼の娘、ヨハンヌは、ハンソンが出発してから一ヶ月後に誕生している。

彼らは、ボルクグレヴィンクがリドリー・キャンプと名づけた場所、アダレ岬の先のペンギンのコロニーの只中に事実上、抑留されてしまっていた。そうした状況を考えれば、ハンソンが史上はじめて、ペンギンの調査をしていたとしても不思議はないだろう。ただ、あいにくハンソンは不幸に見舞われていて、それどころではなかった。イングランドからアダレ岬に来るまでの五ヶ月間で体調を大きく崩してしまっていたのだ。アダレ岬に到着する頃にはどうにか動物学の調査が始められるくらいには回復していたのだが、厳しい冬が終わる頃、腸の疾患が再び悪化し、とうとうベッドに寝たきりになってしまった。

一八九九年一〇月一四日、アダレ岬のコロニーで最初のアデリー・ペンギンが発見された。繁殖期の始まりだった。ハンソンは、アデリー・ペンギンを一度、見てみたいと言った。すると仲間の一人が好意で一羽のペンギンを捕獲して、ベッドのそばに連れて来た。ハンソンはペンギンをはじめて目にしてとても興奮したようだ。だが、それが最後の観察になってしまった。そのおよそ三〇分後、ハンソンは亡くなったからだ。

ハンソンは世界最初のペンギン生物学者にはならなかった。その代わりに彼は、南極大陸に最初に埋葬された人類になったのかもしれない。ただし、それに関しては、最初のペンギン生物学者に比べて断定が難しい。もちろん、その時点ですでに亡くなっているわけだから、それを証明することは彼自身には不可能である。ハンソンの墓を本人の希望した場所に掘るために派遣されたのは、オーストラリアの物理学者、ルイス・ベルナッチと、二人のラップランド人たちである。そこは、アダレ岬の先端部から三〇〇メートルほど北に行ったところにあった巨岩の北側だった。ただし、地面は凍結していて、掘ることはほとんど不可能だった。丸一日作業をし、持っていた道具がすべて壊れてしまっても、「たったの四インチ（約一〇センチメートル）掘るのがやっとだった」とベルナッチは書き残している。[2] そして彼は皮肉をこめて「翌日、私たちは大量のダイナマイトを持ち出した。それはさすがにうまくいった」と書き加えている。

アデリー・ペンギンを見ることはできたが、ハンソンはそれと引き換えに自らの娘を目にする機会を永遠に失ってしまった。娘にとっても、その取引の代償は大きいものになった。ハンソンの娘、ヨハンヌ・ハンソン・フォークトが亡くなったのは一九九九年である。父親が地球上で最も寂しい墓に埋葬されてからちょうど一世紀後のことだ。一世紀というとてつもなく長い時間を、彼女は父親なしで生きることになったのだった。

一九〇〇年一月、サザン・クロス号は、パーティーの生き残った九人のメンバーを連れに戻って来た。そして彼らが最後にしたのは、ハンソンの墓を訪れ、小さな黒い十字架をそこに立てることだった。十字架には、彼の名前を刻印した真鍮の板がつけられた。ベルナッチは出発の時のことを次のように書き記している。

これ以上にわびしく、希望のない日々はあり得ないのではないか。私の想像できる範囲ではないと思える…これほど寒く、荒涼とした場所だから、離れることを悲しいとはまったく思わない。私たちの住処となった場所とはいえ、そこでの日々があまりに陰鬱だったので、離れるといっても寂しい気持ちはない。(3)

ボルクグレヴィンクは動物学者ではなかったが、ハンソンがいなくとも、彼はその探検旅行でどうにか世界に認められる科学的成果をあげようと懸命の努力をした。ただ、彼の根本的な人間性は、「自分は人類ではじめて南極大陸に足を踏み入れた人間だ」と主張した時から変わっていなかった。彼はとにかく、「最初」、「一番」ということに執着する男だったのだ。サザン・クロス号に戻るとボルクグレヴィンクは、船をさらに南の海に向けて進め始めた。そこは、ジェームズ・クラーク・ロスが一八四一年に発見し、自らの名前をつけて以降、誰も訪れていない場所だった。ボルクグレヴィンクは、その時、数々の場所に初上陸を果たした。メルボルン山、ワシントン岬、フランクリン島など、南極探検、ペンギン研究において重要な意味を持つようになった場所も含まれていた。

地球の両極を探検する人たちの間には、奇妙な、そして意味ありげなつながりが多いのだが、フランクリン島もそのつながりを象徴するものの典型的な例と言っていいだろう。フランクリン島という名前は、北極探検家のサー・ジョン・フランクリンにちなんでロスがつけたものである。そしてその四年後、ロスの探検隊に使われたのと同じ船、エレバス号とテラー号で（ロスの盟友、クロージャーとともに）、要望の多かった北極圏の北西航路の開拓に乗り出したのは、他でもないジョン・フランクリンその人だった。ロスがそのあと、二年間にわたって捜索することになるのも、同じフランクリンだ。ロアルド・アムンゼンを刺激し、極地探検家になるよう駆り立てたのも彼だし、さらにアムンゼンの子供時代の友達、ボルクグレヴィンクが、彼の名のついた島に人類としてはじめて足を踏み入れるきっかけを作ったのも、フランクリン自身だった。

一九〇〇年二月一〇日、カルステン・ボルクグレヴィンクは、彼の「はじめて」コレクションに新たに大きなアイテムを一つ加えることになった。彼は、ロス島に世界ではじめて足を踏み入れた人間となったのである。彼の「はじめて」は、ほぼそれが最後になった。ボルクグレヴィンクと、サザン・クロス号の船長、ベルンハルト・イェンセンは、クロージャー岬とバード岬の間の海岸に上陸した。ボルクグレヴィンクは自らが上陸した小さな岬を、テニスン岬と名づけた。彼らの上陸のすぐあと、近くの氷河が割れて大きな氷山ができた。何千トンもの重さのある氷が、凄まじい大音響とともに海へと落下したのだ。(4) そのせいで、約六メートルもの高さの津波が起きたという。二人の男は、その津波によって、狭い海岸の背後にあった岩の壁に叩きつけられることになった。背中には、多数の氷の破片がぶつかり、押し寄せてきた水にいったんは完全に身体が沈んだ。彼らは岩にしがみつくことで、どうにか生き延びることができた。

イェンセンとボルクグレヴィンクはその後もサザン・クロス号でさらに南へと進んだ。そして、ほとんど氷がなく、緩やかに傾斜をしている土地を見つけた。そこは、クロージャー岬のアデリー・ペンギンのコロニーがある場所だった。彼らはロス棚氷のそばを東へと進んだ。ロス棚氷は、上部が平らになった、高さ五〇メートルほどにもなる氷の塊である。彼らはそれに沿って何日も航行し、ようやく二月一六日になって、棚氷が少し湾入し、天然の港になる箇所を発見した。そこに船を停泊させることで、棚氷への上陸が可能になった。ボルクグレヴィンクはまたもや人類としてはじめて、ロス棚氷への上陸を果たした。そして彼は二人の男たちとともに、南に向かって一六キロメートルほど歩き、南緯七八度五分の地点まで到達した。それは当時としては、人類が最も南に達した記録であり、ボルクグレヴィンクは後々それを自慢するようになる。[5]

ボルクグレヴィンクがロス棚氷に湾入を発見したことは、実は彼がケープ岬に上陸してそこで越冬したことよりも、マレー・レビックにとって大きな意味を持ったようだ。それが大きな要因となり、レビックは思いがけず南極探検の旅に出て、世界初のペンギン生物学者にもなってしまった。

サザン・クロス号の探検隊がイギリスに戻った時の歓迎はさほど熱烈なものではなかった。イギリス人の関心は、別の南極探検隊の方に向かっていたからだ。間近に迫ったディスカバリー遠征である。イギリス人、ロバート・ファルコン・スコット率いる探検隊だ。

ボルクグレヴィンクは、ジョージ・ニューンズの出版社から自分の探検について書いた本を出すことになっていた。出版社には、読者にとってわかりやすいものにして欲しいと頼まれていたので、その本にはあまり科学的に高度な内容は盛り込まれなかった。そういう本を書いたことは間違いなく、称賛に値するのだが、それでも、サー・クレメンツ・マーカムや、王立地理学会のフェローたちからは見下される結果になってしまった。

一九〇一年に出版されたボルクグレヴィンクの著書のタイトルは、『南極大陸一番乗り（*First on the Antarctic Continent*）』というものだった。異論のある人もいただろうが、彼らしいといえば、これ以上彼らしいタイトルもないだろう。本の中で彼は自分が南極で見てきたことを詳しく書いている。アデリー・ペンギンたちのそば、リドリー・ビーチで暮らした時のことを書いた章もある。しかし、ペンギンそのものに関しては、やはりハンソンのような専門の動物学者でないため、あまり詳しい情報はない。

私たちは皆、最大限の関心をもってペンギンの生態の観察をしていた。私たちの中の誰かは、彼らの習性、特性について何かを学ぶに違いないと信じていたし、そう期待もしていた……一〇月一四日から、ペンギンたちが氷の上で長い行列を成し、彼らの夏の住処に向かってぎこちなく歩いて行った。人間と同じように行進をしているのだ。ペンギンはあとからあとからいくらでも歩いて来る……これからは彼らの恋の季節である──きっと独身の隊員が最も熱心に観察をするに違いない──言うまでもないことだが、彼らは相手を得るために何度も激しく闘うことになる。(6)

ボルクグレヴィンクは、ペンギンの生態について書く時には、徹底して擬人化をしていた。ペンギンを人間に見立てて書いたということだ。そのせいで時には、ペンギンの方がある意味で人間より優れているのではないかという印象を与える文章になった。白と黒の服を着て、直立二足歩行をする小さな生き物は、人間になぞらえやすかったとも言える。彼らは、ボルクグレヴィンクの文章の中で、私たちが本来持つべき美徳を備えた、私たちの模範となる存在であるかのように描かれた。そして、何よりも模範とすべきとされたのは、彼らの愛の行動である。

しかし、実際には、ボルクグレヴィンクも隊員たちも、ペンギンたちを観察することよりも、彼らを食べることの方に関心があった。アダレ岬に到着するまでの間は、めったにペンギンに出会うこともなかったので、それまではペンギンを殺してはいない。しかし、アダレ岬で夏を過ごす間には、週に何日も、ペンギンを焼いて食べていた。ペンギンが卵を生んだ時は、その卵も楽しんで食べたようだ。ボルクグレヴィンクは、一一月一五日までに合計で四〇〇〇個ものペンギンの卵を採取し、それを塩漬けにして備蓄の食料としたことを著書の中にむしろ誇らしげに書いている。

サザンクロス遠征の犠牲者はハンソン一人ではないということだ。そして、アダレ岬とそこのペンギンたちにとっての災難はそれでは終わらなかった。その後、再び人間がやって来て彼らを苦しめることになるからだ。

＊

一九〇二年一月九日、ディスカバリー号は、ロバート・ファルコン・スコット隊長の指揮の下、ロバートソン湾北で海氷の中を航行し、リドリー・ビーチ以外の九地点への上陸を果たした。どの地点も人類初の上陸ということになる。リドリー・ビーチは、アダレ岬から小さく突き出た砂利の海岸で、その場所には膨大な数のアデリー・ペンギンが生息している。そこはまさに人類がはじめて南極大陸に足跡を記した場所であり、また、そこは、わずか二年前にボルクグレヴィンクたちが凍りついた大陸で人類初の越冬を果たした後、立ち去ったまさにその場所でもあった。実はディスカバリー号の乗組員の中には、物理学者のルイス・ベルナッチもいた。ボルクグレヴィンクとともに何ヶ月にもわたって南極大陸の真っ暗な冬を過ごした一人である。

ロバート・ファルコン・スコットは一八六八年六月六日、イングランドの南岸、ダベンポートの海軍基地のそばで生まれた。スコットはボルクグレヴィンクの四歳下で、アムンゼンの四歳上、マレー・レビックよりは八歳上ということになる。代々軍人の家系に生まれたこともあり、当然ように海軍に入った。海軍兵学校に入学した時はわずか一三歳だった。一五歳の時には、南アフリカに駐留する船に乗り込み、その後には西インド諸島に駐屯することになった。そこで、一八歳の士官候補生だったスコットは、その能力と立ち振る舞いから、王立地理学会の会長、クレメンツ・マーカムの目に留まる。一八九九年六月はじめ、二三歳になったばかりで休暇中だったスコットは、ロンドンの街角で偶然、マーカムと会う。そして、その時はじめて、マーカムの計画を知った。ディスカバリー号による王立地理学会の探検航海の計画だ。その航海では、船は南極のロス海周辺の地域まで行くという。数日後、スコットはマーカムの自宅を訪ね、南極への航海の指揮を自分が執りたいという希望を伝えた。

スコットはディスカバリー遠征の指揮を任されることになった。イギリス主導での南極探検というクレメンツ・マーカムのビジョンがついに現実のものとなる時が来たのである。一九〇一年八月、ディスカバリー号はイングランドから出航した。彼らはまずロス海を探検し、その後は、できる限り南へと、できることならば南極点にまで到達するよう司令を受けていた。

ディスカバリー号には、スコットの他に、いわゆる「南極探検の英雄時代」に有名になった二人の人物が乗っていた。一人は医師のエドワード・ウィルソンで、もう一人は三等航海士のアーネスト・シャクルトンだ。

ちょうど倫理観の面でも新しい時代が始まった頃だった。一九〇一年一月、即位から六四年が経過していたヴィクトリア女王が亡くなった。あとを継いだのはエドワード七世である。エドワード七世は結婚している女性との不倫を何度も繰り返したことで有名である。ヴィクトリア女王が非常に貞淑だったのとは対照的だ。おかげで、「愛撫王」などと呼ばれるようにもなった。はっきりと目に見えるかたちで、道徳観は変わり始めていた。新時代の到来である。ディスカバリー号がイングランドを出航する時、見送りに来たのは、ヴィクトリア女王ではなく、性的に奔放だったエドワード七世の方だった。

ディスカバリー号の航海は早い段階からうまくいっていなかった。船はニュージーランドを経由してさらに南へと向かった。ニュージーランドのリッテルトン港では、集まった群衆に別れを告げている時、船員のチャールズ・ボナーが死亡した。メインマストから落下したためである。彼は二日後に、ポート・チャーマーズで埋葬された。ディスカバリー号はそのためにポート・チャーマーズに短い間、停泊することになったが、実は私（著者）が住んでいるのはまさにその港のそばである。

＊

私はポート・チャーマーズの墓地には行ったことがなかった。はじめて訪れてみて、その美しさに驚いた。墓地は山の上にあり、そこからは、不運なボナーをあとに残してディスカバリー号が出航して行った港を一望することができた。墓地には上から下まで、平たく簡素な墓が整然と並んでいるのだが、ボナーの墓は頂上近くにあった。彼の墓が特徴的なのは、大きな大理石の尖塔が立っていることだ。その塔は私よりも背が高い。銘板には、ボナーは一九〇一年一二月二一日に二三歳で亡くなったとある。それを見た私はしばらく動けなかった。そして思わずひざまずいてしまった。私がスターリフター号に乗り込んではじめて南極へ向かったのはちょうど二三歳の時だった。私は彼の気持ちがとてもよくわかる気がした。若くて活力にあふれている頃だ。そんな頃に、これから南極に向かうのだと思っている。そういう時の興奮がどういうものなのか私はよく知っていた。だから、南極に向かう直前、マストへと上がり、皆に別れを告げていた時の彼の気持ちは容易に想像できたのだ。その死を悼むのに、こんな風変わりな墓石だけではとても足りないと思った。

チャールズ・ボナーの墓は、当時の極地探検がいかに危険なものであったかを未来永劫、伝えるための記念碑のようなものかもしれない。「南極探検の英雄時代」には、数多くの人が旅の途中で死亡している。その中には純粋に事故死と言える死もあれば、単なる事故死と言い切れない死もある。事故死ではあるが、それは起こるべくして起きた事故と思えるものもある。誰もが英雄ではあったけれど、その男たち—全員が男だった—には、どこか自分の掘った穴に自分で落ち、そこから這い出ようと苦労をしたというところがあった。

＊

アダレ岬で最もスコットの注意を引いたのは、南極大陸の絶え間ない危険ではなく、その地に多く生息するペンギンたちだった。特に、ペンギンたちの多くが、リドリー・ビーチの平坦な地面ではなく、勾配の急な丘の中腹に巣を作ること、中には標高三〇〇メートルにもなる高い場所に巣を作るペンギンがいることに興味を持った。(7) また、スコットは、人間たちの「巣」、つまりボルクグレヴィンクたちが住んでいたところが「非常に良い状態のまま残っていた」ことにも驚いている。(8) ただ、自分の感情のせいでそう見えたかもしれないということは彼自身、認めている。スコットはこんなふうに書いている。

打ち捨てられた人間の住居を見ることには必ず何かしら悲しみが伴うものだ。たとえ、その住居がどのような状態で捨てられたのだとしても、その点は同じだ。(9)

アダレ岬が、スコットとその部下たちにとって、居住地として魅力的に見えなかったことは確かなようだ。クレメンツ・マーカムは、越冬のための基地をロバートソン湾に作ってはどうかと提案したようだが、スコットはその意見に従うつもりはなかった。その場所が南極点から遠く離れていたということもあるし、それに加え、ペンギンたちの存在も乗り気でなかった理由の一つだったらしい。エドワード・ウィルソンも、そこでペンギンたちに遭遇した時の感想を書き残しているが、それを見ると、ハンソンと同様、彼が世界初のペンギン生物学者になる機会を逃したのもしかたがないとわかる。

そこには大げさでなく本当に何百万という数のペンギンがいた。そのせいでとてつもない悪臭がするし、耳が聞こえなくなるほどの騒音もする。(10)

ディスカバリー号は翌日、錨を上げ、さらに南に向けて出発した。

はじめのうちスコットは、ボルクグレヴィンクの航跡をたどるように進んでいた。彼はディスカバリー号をロス棚氷に沿って東へと進め、棚氷の東端で未発見の陸地を見つけた。スコットはその地を、イギリスの新しい国王にちなみ「エドワード七世半島」と名づけた。

そこから今度は西へと進み、ボルクグレヴィンクが棚氷への上陸に使えると判断した地域のそばまで来た。スコットはそこで、船を小さな入江の中へと進めた。すると、棚氷の頂上へと続く緩やかな傾斜が見つかった。その傾斜は、ちょうど船の高さくらいまで続いていた。彼らは氷の端に船を停泊させると、そのまま氷の上へと足を踏み入れた。

スコットという人の性格は大きく二つの要素から成っているように思える。この時の行動からもそれがよくわかる。二つの要素が化学反応を起こすことで、素晴らしい結果を生むこともあれば、悲劇が訪れることもある。どちらになるかは、ほぼ運次第だと言える。一つは、勇敢で決断が早いという要素だ。もう一つは、場当たり的で、事前の準備には無関心という要素である。ジェームズ・クラーク・ロスの南極探検に参加した博物学者、ジョセフ・ダルトン・フッカーは、現在ロスチャイルド博物館に展示されているエンペラー・ペンギンの標本を採取した人物だが、気球を飛ばして南極大陸の内部の様子を目視で確認することを最初に提案したのは、そのフッカーだった。スコットは、その提案を取り入れ、二つの気球と多数の水素ボンベを航海に持参していた。ただ、彼には一つ、持参していないものがあった。それは、気球を扱った経験のある人材だ。しかも一九〇二年二月四日、何とスコットは自ら気球に乗り込んだのである。一度も気球に乗ったことのない人間が、人類で最初に一人乗り気球で南極大陸上空を飛んだ人間になった。

ただ、スコット本人が書いているとおり、飛行はとても「スマート」とは言えないものだったらしい。

南極上空を最初に飛行するという名誉ある任務を、私は身勝手もあって、自分自身で遂行することにした。そしてもう一つ告白しなくてはならないことがある。それが私にとってはじめての気球による飛行だったのだ。南極どころか他のどの場所でも気球に乗ったことなどない。どう見ても南極の地に似つかわしくないゴンドラの中で揺られながら、急速に小さくなっていく眼下の景色を見下ろしながら、私は果たして賢明な判断をしたのだろうかと自問自答していた。[11]

気球に乗ったら、積んでいる砂袋を少しずつ投げ捨て、それによって徐々に上昇していくのが普通だ。

ところがスコットは、ある時点で一度にすべての砂袋を投げ捨ててしまった。当然のごとく気球は激しく揺れながら急上昇を始めた。この出来事についてはウィルソンがうまく総括している。「隊長は気球について何の知識もないにもかかわらず、自分が最初に乗るのだと言い張った。しかし、そういう調子だったにもかかわらず、どうにか無事に帰って来ることができた(12)」

スコットが上昇した高さは結局、二五〇メートルにも満たなかった。その後、シャクルトンがカメラを持って乗り込み、その時はもっと高いところまで上がっている。この時の行動を見ると、シャクルトンの人間性にも二つの面があることがよくわかる。一つは彼の強い競争心だ。特にスコットへの対抗意識が強かったと思われる。また、シャクルトンは、とにかく集められる時にできるだけ多くのデータを集めようとする人だったようだ。彼は、南極という未知の世界、驚きと危険に満ちているであろう世界を探検する上で役立ちそうなありとあらゆるデータを集めている。

気球からシャクルトンが撮った写真により、ロス棚氷は目に見える限り、南の方向はどこまでも平らであるとわかった。真っ平らな氷がどこまでも続いていたのだ。南極点までそのまま平坦であることもあり得た。スコットは自分たちが船を停泊させた小さな入江を「バルーン・バイト」と名づけた。ただしそこは、正確にはすでにボルクグレヴィンクが発見していた入江の一部でしかなかった。そのあたりでは、ロス棚氷は海水の上に浮かんでいるのではなく、島の陸地の上に氷が載った状態になっている。その分、氷が変形し、崩れたことで、先に書いた緩やかな傾斜ができていたのだ。そのおかげで、南極大陸の中へと比較的、簡単に入って行くことができた。

彼にとってははじめての、そして唯一の気球飛行を終えたスコットは、ディスカバリー号を西へと進め、マクマード入江の到達できた範囲での南端に基地を設営した。ディスカバリー号は海岸にしっかりと固定し、船を越冬基地として利用できるようにした。彼らは船のそばに、食料などの必要物資を保管するための小屋（ハット＝hut）を建てた。その場所は後に「ハット・ポイント」と呼ばれるようになる。南極探検では厳しい環境下に置かれることが予想され、また期間が何年にも及ぶとわかっていたので、ハット・ポイントの小屋はいざという時には、ウィルソン、シャクルトン、レビックなどを含めた多くの隊員たちのための避難所として使う予定だった。その場所に船を固定したスコットの決断は後に誤りだったとわかる。冬の間に船は完全に凍結してしまい、夏まで動かすことができなくなったのだ。

一九〇〇年、南極に向けてイングランドを出発する前年にスコットは、クリスチャニアを訪れている。それはある人と情報交換をするためだった。ある人とは他でもない。長身でブロンドの髪をしたハンサムなノルウェー人、フリチョフ・ナンセンだった。スコットは、イギリスにそりについて専門知識を持つ人間がいないことを強く懸念していた。そこでナンセンの知恵を借りようと考えたのだ。少しずつでもナンセンから話を聞き出せればよかったのだが、時間に追われていたスコットはナンセンと長い時間を過ごすことができなかった。スコットはノルウェーで一部の装備や用具を買い込んだが、すべてを揃えるには至らず、残りはイギリス国内で作ることにした。

ナンセンはそりを犬に引かせることを勧めたのだが、スコットは、犬とそりの知識のある人間をたった二人しか連れて行かなかった。気球と同じ失敗をここでもしていたわけだ。ディスカバリー遠征のイギリス人たちはスキーもできなかった。彼らがはじめてスキーをしたのは、ハット・ポイントに船を停泊させたあとのことだ。海氷の上でのスキーだったのだが、スコットをはじめ、おそらく彼らの滑りは酷いものだったと思われる。ナンセンやボルクグレヴィンク、アムンゼンなどのノルウェー人が一人でもその場にいたら大笑いしたに違いない。

それだけ準備が不十分だったにもかかわらず、スコット、ウィルソン、そしてシャクルトンはあり得ない挑戦を開始した。犬ぞりとスキーでの南極点への到達を試みたのである。エイヴィンド・アストラップは、銃で自殺をしていなければ、間違いなく、その方法での南極点への旅に賛同していただろうし、彼自身が挑戦していればきっと成功を収めただろう。スコットたちは、それでも何とか過去の誰よりも南の地点まで到達することができたが、準備不足がたたり、壊血病にも襲われて、命の危険にまでさらされることになったのである。彼らは、南極点まであと約八〇〇キロメートルという地点で撤退を余儀なくされた。帰途ではシャクルトンが大きく体調を崩し、他の二人の助けがなければ進めなくなった。スコットは帰還後、シャクルトンに対し、救援船モーニング号に乗ってイギリスへ帰るよう命令した。モーニング号は、氷に閉じ込められていたディスカバリー号の乗組員たちに食料などの物資を提供していた。

スコットは後にこの時の旅について、三ヶ月間で九〇〇マイル（約一四五〇キロメートル）進む予定だったと説明したが、この説明はシャクルトンを怒らせた。これだと、南極点からまだ遠い地点で撤退をせざるを得なくなったのは、シャクルトンの体調不良のせいだとも受け取れるからだ。

南極点到達への最初の試みが失敗したことで、スコットは南極大陸では犬ではなく人間の手でそりを引いて進むのが最善の方法だと考えるようになった。犬ぞりがおそらく最も速い移動手段であることはスコットも認めていたが、いざという時には連れている犬を生き残った人間の食料にすることになる。スコットは実際、ハット・ポイントの船まで生きて戻るために犬のすべてを犠牲にする体験をした。その罪悪感からもう二度と犬は連れて行きたくないと思ったのだ。

…南極点到達を目指した私たちの中には、犬をそのように冷酷に扱うことに対する嫌悪感が残り、それをどうしても克服することはできなかった…仮に犬ぞりを使って南極点到達の栄誉を得ることができたとしても、そのために犬を食べるなどという卑しむべき行動が必要になったとすれば、その栄誉もまるで価値のないものになってしまうだろう。どうしても犬を使うのであれば、人間が困難や危険、窮乏などに他の助けもなく自力だけで立ち向かうのでなければ大きな意味はなくなるだろう。何日、何週間にもわたる過酷な身体的活動に耐え、まったく未知の世界で生じる数々の問題を解決したとしても、人間以外の者の力を借りたのだとすれば意味はない。私たちの遠征はただの勝利ではなく、気高く華麗な勝利でなくてはならないのだ。(13)

本人は当然、意識していないが、このスコットの言葉から、彼が後に大きな失敗をした理由を読み取ることができる。また、セックスについて話をしないこともそうだが、このようにたとえ自らの生存が危機に瀕したとしても、犬を殺すことを良しとはしないのは、やはりヴィクトリア朝時代の倫理観が英国紳士であるスコットに染みついていたということだろう。

第五章　少年の夢

その頃のマレー・レビックは、ペンギンの研究からはほど遠いところにいた。本人も周囲の人も、まさか将来、ペンギンのセックスを観察することになるとは思わなかっただろうし、そのことを論文に書くことになるとは想像もしていなかった。しかし、彼は自分でもまったく気づかないうちにその将来に向けての第一歩を踏み出していたのだ。

一九〇二年、レビックは、ロンドンの聖バーソロミュー病院での医学の勉強を終え、イギリス海軍に志願して入隊した。彼が軍人として最初に本格的に働き始めたのは地中海だった。そこでレビックは、ブルセラ症という細菌性疾患の感染媒体に関心を持つ。この疾患は発熱を引き起こし、地中海地域に患者が多いことから「地中海熱」とも呼ばれている。多くは、ヤギやヒツジからヒトに感染する。

レビックは危険を厭わない人であり、またアムンゼンと同じく、困難にもあえて立ち向かおうとする人だったが、そうした人間性はすでにこの頃から垣間見えていた。彼は、ブルセラ症が感染者の尿からは伝染しないことを証明したが、そのために自分自身で感染者の尿を飲んでみせた。体温が四〇度前後もある非常に症状の重い患者の血をたっぷりと吸った蚊に、あえて自分の血を吸わせたこともある。レビックはそれ以前にサルデーニャ島で蚊に刺されてマラリアに罹ったことがあったが、彼もその協力者たちも、蚊が原因でブルセラ症に罹ることはなかった。レビックたちは、この興味深いが条件が十分に整っていたとは言えない実験の結果を、一九〇五年にブリティッシュ・メディカル・ジャーナル誌に発表した。

このように病気の感染に関する観察、実験で得られた経験が、後にペンギンについて体系的な研究をする際に大いに役立つことになった。

＊

一九七七年一〇月二三日、私はこの日にペンギンについての体系的な研究を開始することになった。軍用ヘリコプター「イロコイ」は、旋回しながらバード岬へと近づいていた。そこまで来れば、テニスン岬の海岸が見えるのではないかと思った。ボルクグレヴィンクとイェンセンが、氷河の崩壊によって起きた津波で溺れそうになった場所である。ヘリは方向転換を繰り返し、バード山の氷冠の上から大きな氷河を飛び越え、海上へと出た。バード山の氷冠は巨大な白い舌のように見えた。その端は高さ四五メートルほどの切り立つ崖になっている。突然、何の前触れもなく、私たちの目の前に、氷に覆われていない半円形の陸地が広がる。氷冠のすぐ下だ。どこまでも果てしなく白、という風景の中に、急に茶色い地面が現れると驚いてしまう。グアノ（海鳥の糞の堆積）に覆われているだけの不毛な土壌だが、この氷のない土地は六万羽ものアデリー・ペンギンにとっては極めて重要なのだ。ペンギンたちは毎年夏になると、ここにやって来て繁殖をする。ただ、ヘリコプターから見る限りでは、その時のバード岬のペンギン・コロニーにペンギンの姿はなかった。

ペンギンがいなければ、緑の小屋の脇にヘリコプターを着陸させられる。小屋は、コロニー西端の少し高くなった場所に建っていた。もう少しあとの時期だと、ペンギンたちの邪魔をしないよう、海岸に着陸せざるを得なくなる。そうなると食料、備品、燃料などを何百メートルも運ばなくてはいけなくなる。しかも小屋までの道のりは急な坂道である。

三ヶ月半もの間我が家になる小屋だが、正直に言ってそこはとても退屈な場所である。小屋の奥には窓のない小さな部屋がある。そこは、食料を備蓄するための冷蔵庫として、また小屋の中の温度を適切に保つためのエアロックとしても機能する。小屋のメイン・ルームはとても小さく、その中ではペンギンも自由に動き回ることができないだろう。ましてや猫だとてもそこにいることはできない。部屋の両端には、二段ベッドが合計で六台置かれている。あとは小さなテーブルがある。それに向かって座れるのはたった二人だ。小さなアルコーブにはキッチンがあり、プリムス・ストーブ（携帯用コンロ）を一つ置いたら、あとはほとんど何も置けないほどの狭さだ。小さな窓があるにはあるが、小屋の壁にアクリル樹脂をネジで固定しただけのものだ。一八九九年に建てられたボルクグレヴィンクのアダレ岬の小屋とは違う。ボルクグレヴィンクの小屋の壁には、断熱のため混凝紙《こんくりがみ》を貼った木の板が二枚使われていた。それに対して、私たちの使う小屋は、カンタベリー大学が一九六〇年代に一時的な避難所として建てたものだ。厚さわずか二センチほどのベニヤ板で作られており、断熱のための工夫は一切なされていない。そのため、内側の壁にまで氷が張り、ヒーターをつけても、その氷は小さくなるだけで完全に溶けはしない。ヒーターは、隣の小部屋に収容されている。本当に小さな部屋で、それに比べるとメインルームが巨大に見えるほどだ。縦三・六メートル、横一・八メートルほどのそのスペースは、私たちの研究室であり、洗濯室であり、自分たち自身を洗うためのバスルームでもあった。トイレは小屋の中にはない。必要な時にはいったん外に出て、小屋の裏の小さな差し掛け小屋まで行かなくてはならない。その中は、半分に切った四四ガロン（約一六六リットル）のドラム缶をようやく収容できるほどの広さしかない。そのドラム缶の上に便座をのせただけのものが便器である。ただし、このトイレは大便専用だ。小便の時はさらに歩かなくてはいけない。小屋から一五メートルほど離れたところにくぼみがあり、その上にプラスチック製のオレンジ色のコーンが置いてある。コーンにはパイプがついていて、そのパイプが雪に刺さっている。コーンは簡易的な小便器というわけだ。その中に小便をすると、雪の下へと流れて行く。おそらくそのあとは海岸へと流れて行くことになるのだろう。実際に見るわけではないので、ほとんど気にはならない。

ヘリコプターは、ブレードで強い風を起こし、雪を撒き散らしながら離陸し、去っていった。小屋に残ったのは私とマックスだけだ。マックスは、ニュージーランド南極調査プログラムから私を補佐するために派遣されたフィールド・アシスタントである。カンタベリー大学の研究仲間たち三人も、数週間以内に加わることになっていた。マックスが一緒に来たのは、彼ら三人が来るまで私を一人にしないためだ。安全プロトコルでは、フィールド調査には最低二人の人員がいなくてはいけないと定められていた。マックスは経験豊かな登山家だが、行動の男であり、言葉数は少ない。彼は私にとって、ボルクグレヴィンクについていたラップランド人と同じ意味を持つ。つまり、安全装置としての役割を果たす人間ということだ。彼の目的は私を確実に生存させることであり、科学研究に関しては何もしない。

私は、ヒーターの温度を上げる方法を調べていたマックスを小屋に残して外に出た。雪のないペンギン・コロニーの様子を調べに行ったのだ。ペンギンたちは南極が冬の間は北へと移住する。まだ移住先から戻って来ていないようだった。ただ、よく見ると一部、例外がいたらしい。一〇羽あまりのペンギンたちの姿が見えたのだ。どうやらすべてオスのようだ。彼らが海岸をよたよた歩くのが見えた時は嬉しかった。平地の、雪に覆われた場所、グアノが堆積した場所を歩き回っている。自分の巣となる場所を探しているのだろう。バード岬はアダレ岬よりも七〇〇キロメートルほど南にある。そのため、アデリー・ペンギンが繁殖のためにやって来る時期も、亡くなる直前のニコライ・ハンソンが見たペンギンよりあとになるのだ。

ハンソンと同じく、私も最初にペンギンの姿を目にした時は嬉しかった。私はその時、詰め物の入った黄色い救命衣を着て、底の厚いマクラク・ブーツを履いていた。私が最初に見たペンギンは、私の膝に向かって歩いて来た。白と黒の完璧なコントラスト。モノクロ写真のようだ。ペンギンの目には、私は巨大な黄色の塊に見えただろう。ガリバー旅行記の「人間山(man mountain)」のようなものだ。マックスは山男(man of the mountain)だが、それとはかなり違う。

まさに一目惚れだった。少なくとも私はそうだった。その時まで、ペンギンは私にとって、南極行きのチケットのようなもので、それ以上の何物でもなかった。しかし、最初に出会ったペンギンの態度がすべてを変えた。そのペンギンは姿がかわいいだけではなく、何か忘れられないものを残していったのだ。ペンギンは堂々としていて、とても誇り高き生き物に見えた。そして、私にとっては未知の土地で当たり前のようにくつろいで過ごしているようにも見えた。私はペンギンの進路を塞いでしまっていたのだが、それでも彼はまったく私のことを恐れず、私の姿が見えたからといって進むべき道を変えようとはしなかった。彼はいったん立ち止まると、フリッパー(翼)を広げ、胸の羽毛を立てて膨らませ、頭を振った。くちばしの先から、透明な鼻水のような液体が飛び散った。ペンギンは立ち止まりはしたが、退却をするわけでもなければ、私に向かって頭を下げるわけでもなかった。私の存在が脅威になっても不思議はないのに、ペンギンはまるで気にしていないようだった。彼が気にしているのは、自分の進むべき経路だけだった。おそらくその経路で進むことが、そこの環境で生き抜き、繁殖するために必要なのだろう。私にとっては、黄色の救命衣や大きなブーツなど、最新のテクノロジーの助けがなければわずか数分で命が危うくなるこの環境で生き抜くために、彼はどうしてもこの経路を進む必要があったのである。ペンギンは全身で、この場所で生きるとはどういうことかを私に教えていたし、私は本来、ここにいるべき生き物ではないことを教えていた。

私は脇に避けた。ペンギンに頭を下げて謝ったのは私の方だった。私は、海から戻って来たばかりのその小さな生き物に頭を下げた。白と黒に綺麗に色分けされた生き物。胸の白い羽毛は、深夜の日光に照らされて輝いている。その時、私の心の中に火が灯り、その火は今に至るまで消えていない。私はこの白と黒のペンギンのすべてを、このペンギンの生きている世界を知りたいと強く思った。その瞬間の私は、フリチョフ・ナンセンの帰国を歓迎する群衆の中にいた時のロアルド・アムンゼンとほとんど同じだったのではないかと思う。アムンゼンと同じように、その時のことを書き記してみよう。

少年の頃からの夢が、目の前の騒々しい生き物によってかき消されていく。私の心の奥底にあったらしい密かな思いがはじめて声を発した。その声はささやくように小さく、震えてはいたけれど、はっきりと「お前はこれから南極のペンギンを研究する生物学者になるのだ」と言っていた。

すでに書いたとおり、私はノルウェー、オスロのフラム博物館で、ナンセン、アムンゼンが乗ったフラム号という船を間近に見ることができた。私は、博物館の地下通路を通り、フラム号とはまた別の船を収容した建物へと向かった。ただ、その船は驚くほど小さく、「船」というよりは「ボート」と呼んだ方がいいようなものだった。私はその船の端から端まで歩いてみたが、たった二七歩しかかからなかった。そして、驚くべきはその短さよりも、幅の狭さだ。私の脚でたったの五、六歩ほどの幅しかない。そのせいで船は余計に小さく見える。ダーク・グリーン、赤、黒という鮮やかな色。メインセールは粗末なもので、それと長いバウスプリットの間には、三枚のヘッドセールを張ることができる。船尾には笑えてくるほど小さいスクリューがついているが、その意味するところは大きい。私は、船の上に、そのスクリューに動力を与えるエンジンを収容する部屋があることに気づいた。それは、ノルウェーの船にはじめてとりつけられた動力装置だった。

この船、ヨーア号は、一言で言えば優美で気品のある船である。この船を人にたとえるなら、バレエ・ダンサーということになるだろうか。その引き締まった身体と機敏さはまさにバレエ・ダンサーだと思う。アムンゼンが心の奥底の密かな声に応え、北西航路を航海する際になぜこの小さな船を選んだのか、私はこの目でヨーア号を見てその理由がよくわかった。

＊

一九〇三年九月一二日、ロアルド・アムンゼンは、カナダ北極圏のキング・ウィリアム島南東岸の自然港にヨーア号を停泊させた。そこは、大西洋と太平洋をつなぐ航路のだいたい中間あたりの場所だった。その北西航路の始めから終わりまでの航海は、それまで何度も試みられていたが、まだ誰も完遂した者がいなかった。まさにその航海を試みたサー・ジョン・フランクリンとエレバス号、テラー号が、そう遠くない場所で氷に閉じ込められてから一五年が経過していた。アムンゼンはその自然港をグジョア・ヘイヴンと名づけた。実は、島の反対側の海底にはテラー号が沈んでいたのだが、もちろんアムンゼンにはそれを知る由がなかった—発見されるまでにはそれから一一三年という年月がかかった—さらにその姉妹船であるエレバス号も近くに沈んでいた。

北西航路の開拓だけがアムンゼンの目標ではなかった。その航海のもう一つの目的は、磁北極への到達だった。アムンゼンの計算では、グジョア・ヘイヴンから磁北極までの距離はわずか一五〇キロメートルほどのはずだった。つまり、そこは磁北極到達に備えて越冬する場所としては理想的だと思われた。越冬後の春に、そりで磁北極へと向かうのだ。自然港は取り囲む陸地によって守られていたし、その陸地もさほどの急勾配はなくなだらかだった。そばには小川が二本流れていて、真水も簡単に手に入った。さらに、食料となるトナカイやガンも―少なくとも冬が始まる前までは―たくさんいた。

結局、アムンゼンはグジョア・ヘイヴンで二回の冬を過ごすことになった。だが、極地探検家となるつもりのアムンゼンにとってはおかげで良いこともあった。キング・ウィリアム島で野営していた二年間で、彼はネトシリク族と呼ばれるその土地のイヌイットたちと親しくなった。アムンゼンは彼らからイグルーの建て方や、犬の扱い方を教わり、また壊血病を防ぐためには肉を食べなくてはいけないということも教わった。ベルジカ号での経験で得ていた知識はさらに強化された。とてつもなく寒い気候、厳しい自然環境の中で確実に生き抜き、探検を成功させるには、ともかく事前に十分に準備をするしかなかった。そのためにこの二回の冬は大いに役立ったと言える。彼に極地で生きる術を教えたのはネトシリク族だったということだ。

ネトシリク族にも教えられないことはあった。ベルジカ号での航海の時点ですでに女性よりも氷が好きだと公言していたアムンゼンにセックスについて教えることは誰にも不可能だった。彼の部下たちの中には、リーダーが決してするなと戒めているにもかかわらず、イヌイットの女性と関係を持つ者が少なくなかった。中には子供を持った者までいた。

だが、ネトシリク族の間には、アムンゼンらしき背が高く大きな鼻のノルウェー人と部族の女性の間に子供が生まれたという言い伝えが残っている。

フラク博物館の館長、ガイア・クローベルはその立場にふさわしく謹厳実直な人物だった。人に少しでも笑顔を見せることすらよしとしない人のようにも見えた。しかし、アムンゼンとイヌイットの間に生まれたとされる子供のことを尋ねると、卵の上に短髪を貼りつけたうような彼の顔は少しほころんだように見えた。館長はきっぱりと、それがアムンゼンの子である証拠はまったくないと言った。また、彼がそもそもイヌイットの女性との関わりを避けるよう部下たちに指示していたことと矛盾するとも言った。また最も重要なことは、彼の子孫だとされるイヌイットたちのDNAを調べた結果、アムンゼンの血を引いているという証拠はどこにも見つからなかったという事実だ。

＊

一九〇三年九月、アムンゼンがグジョア・ヘイヴンに到着し、磁北極到達とその前の越冬に備えていた頃、不思議なことに地球のちょうど反対側ではロバート・ファルコン・スコットが、磁南極到達に挑戦すべく準備をしていた。ディスカバリー号がハット・ポイントのそばで氷に閉じ込められてしまったため、スコットは南極で二度の越冬を余儀なくされたが、その後、彼は六人の隊員を連れ、人の手でそりを引いて、磁南極到達に向けて出発した。七三日間におよぶ旅の結果、彼らは目的地への到達には失敗したが、それでも世界史上はじめて、南極高原に到達することはできた。それだけでも大きな業績だったと言えるし、そこまでたどり着けたということは、そりを引きながらでも一日あたり相当な距離を進むことができたということを意味する。スコットはこれでさらに犬を使うことを嫌がるようになった。南極を旅するには、人の引くそりを使うのが最良だとスコットはさらに強く信じるようになったのだ。
その前の夏、スコット、ウィルソン、シャクルトンは、南極点到達を試みて結局、失敗に終わったのだが、他の一部の隊員たちが、ロス島東端のクロージャー岬への到達に成功した。そこで彼らは世界最大のペンギンであるエンペラー・ペンギンのコロニーを発見した。ウィルソンは、アデリー・ペンギンと比べてエンペラー・ペンギンが圧倒的に大きいことにも驚いたが、彼が最も驚いたのはそこではなく、二種のペンギンの生態の違いだった。アデリー・ペンギンは南極の環境が比較的穏やかな夏の間に卵を孵化させ、雛を育てる。それに対し、夏に見たエンペラー・ペンギンの雛はすでに大きく育ち、大人に近くなっていた─つまり信じ難いが、エンペラー・ペンギンは恐ろしく寒く、完全に暗闇になる南極の冬に繁殖活動をしていることになる。とてもあり得ないことのようだが、目の前に証拠があるので、ウィルソンも信じないわけにはいかなくなった。

…私たちが発見したのは、エンペラー・ペンギンが南極の一年の中でも最も寒い時期に卵を孵化させるということだった。その時期の平均気温はマイナス三〇度近くにまで下がり、最低気温はマイナス五五度にもなってしまう。あまりにも風変わりな鳥だとしか言いようがなかった。(1)

その後、エンペラー・ペンギンには他にも奇妙な習性が多数見つかることになる。
それは一九八〇年のことだった。ちょうど私が、博士号取得のためにカナダ、エドモントンのアルバータ大学にいた頃だ。私はその頃、同時に、カンタベリー大学で科学の修士号取得のために行ったペンギン調査の結果を論文にまとめる作業も進めていた。すでに書いたとおり、私がペンギンの研究をしようと思い立ったのは、はじめて南極に行く直前のことだった。

　三ヶ月半におよぶ南極でのペンギン調査で私はまず、バード岬のアデリー・ペンギンの六つの繁殖集団―サブコロニー―の巣を観察することにした。それまでの調査は、ペンギンの巣を五日に一度見れば、繁殖が成功しているか失敗に終わったかが判断できるとされていた。その五日の間に巣から卵か雛の姿が消えていれば、それはトウゾクカモメなどの捕食者の餌食になったか、その他、未知の理由で消滅したのだと判断された。トウゾクカモメは大型の、その名のとおりカモメに似た鳥で、普段は海で魚を獲って食べるのだが、ペンギンの繁殖期にはそのコロニーの周りに自分の縄張りを設定し、隙を狙ってはペンギンの卵や雛を食べようとする。

　私は過去の調査とは違い、対象とした繁殖集団の巣を毎日すべて観察し、中身を確認することにした。毎日、サブコロニーのそばに立ち、すべての巣の卵や雛の状況がわかるまで観察を続けるのだ。私は必要に応じて観察に長い竹の棒を持って行った。その棒でペンギンのお尻をそっと持ち上げて下に卵があるか見るためだ。このテクニックは通常、卵から雛が孵ったあとは必要なくなる。雛は卵よりもずっと視認が簡単だからだ。私はサブコロニーの近くの丘にテントも建て、そこからも観察をした。小屋の研究室の窓からも、双眼鏡を使って巣の監視をしていた。

　そうして集中的に観察を続けたおかげで、いつ捕食が行われているのかをかなり正確に突き止められた。ただし、卵はトウゾクカモメに取られる前に、親鳥自身によって捨てられることが多いのだということもわかった。

　実はエドモントンでデータの分析をしている時から、ペンギンにはこれまで知られていなかった一種異様とも思える性質があることに私は気づいていた。確かに、トウゾクカモメによる捕食は、ペンギンの繁殖失敗の大きな要因ではある。だが、ペンギン自身が様々な面でペンギンの最悪の敵になっているというのも事実だった。ペンギンの卵や雛は、本来はその親であるつがいが協力し合って巣の安全を保って守るべきものだ。ところがつがいが協力し合わず安全が確保されない場合があるのだ。

アデリー・ペンギンのメスは通常、三日の間隔を空けて合計で二個の卵を生む。ただ、卵は大きく、しかも中の胎児が雛として外に出るまでには、一ヶ月以上もの間、親鳥が抱いていなくてはいけない。ペンギンは海からしか栄養を補給できないのだが、繁殖は陸地で行う必要がある。つまり、親鳥は巣で卵や雛の世話をしている間、必然的に断食をすることになるのだ。

繁殖期が始まったばかりのアデリー・ペンギンの多くはとても健康で、体重は五キログラムほどもある。しかし、卵が生まれると、その後は必ず一方の親が巣にいて、卵や雛を保温し、簡単に手に入る餌を狙っているトウゾクカモメの襲撃から絶えず守っていなくてはいけない。体重五キログラムの親鳥が一羽ではじめから終わりまで世話をしきれるわけがない。そんな小さなペンギンが南極の地で、一羽で何も食べずにそれだけの仕事を成し遂げられるとはとても思えない。しかも、卵を生む前には、求愛期間が二週間あり、その間もペンギンたちは陸の上にいるのだ。つまり、アデリー・ペンギンが繁殖に成功するためには、どうしてもつがいで協力し合う必要があるということになる。両者が交替し合い、少なくとも一方が巣にいて、卵や雛の世話をするというわけだ。一方が巣にいれば、もう一方は海に出て食事をすることができる。

データを分析してわかったのは、オスのアデリー・ペンギンたちは、多くの場合、メスたちよりも少し早くサブコロニーに到着するということだ。オスとメスはその後、一二日間ほど続く求愛期間に入る。アデリー・ペンギンたちの求愛行動はかなり熱烈で、ボルクグレヴィンクの部下たちを興奮させるほどだった。メスは二個の卵を生むとすぐに海に出て行ってしまう。残ったオスが約二週間、卵を温めることになる。メスが戻って来ると、今度はオスの方が海に食料を取りに出る。オスの方もかなりの長期間、だいたい二週間くらいは戻って来ない。その後オスとメスは、より短い間隔で交替をして巣の世話を続ける。通常は、一日から三日で交替というペースになる。雛たちは生後、二、三週間くらいになると、サブコロニー内の他の雛たちと集まり、「クレイシ」と呼ばれる雛だけの集団を形成するようになる。その時期からは、両親は同時に巣から離れ、自分たち自身と雛たちの食料を確保しに海に出ることが可能になる。

生存率分析は、医学研究で使用される統計的手法で、ある患者が今からどのくらいの期間、生存できるか、特に危険な期間はいつ頃か、などを知ることができる。この手法がペンギンに適用されたことはあまりないと思う。だが私は、自分の入手したデータが極めて詳細なものだったことから、この手法を応用して、アデリー・ペンギンの繁殖失敗の要因を探ってみようと考えた。それでわかったのは、まずトウゾクカモメによって命を落とすリスクは、卵、雛の両方にとって全期間でほぼ変わらないということだ。ただ、他の要因で卵、雛が死亡するリスクが特別に高くなる期間が二度あることもわかった。卵は、生まれてから一八日目に、どちらか一方の親によって放棄されるリスクが極端に高まる。また、雛は孵化後四日目から六日目の間、餓死するリスクが異常に高くなる。

これは奇妙な話のようだが、それぞれの巣にどちらの親がどのくらいの期間いたかについての詳細な記録と照らし合わせてみると、完全に辻褄が合うのだ。通常、メスのペンギンは卵を生んだあと約二週間、海で過ごす。だが、メスの帰りが少しでも遅れると、オスは困った状況に追い込まれるのだ。断食と卵の世話を続けるための栄養の蓄えはそう多くない。断食を強いられたオスは、日に六〇グラム近く体重を落としてしまう。それは主に蓄えられた脂肪を燃焼させるからだ。私の別の研究によれば、オスのペンギンが何も食べずに過ごせる限界はだいたい三〇日間ということになる。蓄えた脂肪が減少していく速度からそう言える。三〇日が経過すると、ペンギンはすぐにでも海に出て何か食べなくてはいけない。そうでなければ命が危険にさらされることになる。オスのペンギンの求愛期間は平均で一二日間なので、卵を温め続けられる期間は残りの約一八日間ということだ。そのあとはメスに交替してもらわなくてはいけない。実際、私の巣の観察記録でも、卵は生まれてから一八日後に高いリスクにさらされるということがわかる。母親が海から予定どおり戻って来ず、断食で痩せ細った父親のあとを引き継がないことが原因だ。

しかし、ペンギンの卵や雛にとって脅威になるのは母親だけではない。父親もおなじくらいに脅威になり得る存在だ。メスのペンギンは十分に脂肪を蓄えた状態で卵の温めを引き継ぐので、たとえオスの帰りが遅れたとしても、餓死する危険性は低い。ただ、しばらくすると大きな問題が発生する。卵が生まれてから三三日ほど経過すると、中から雛が孵るのだ。雛が孵ると、メスのペンギンは自分の胃の中にある食べ物を吐き戻して飢えた雛に与えなくてはいけない。だが、しばらく卵を温めていたメスの胃の中には、吐き戻すべき新鮮な食べ物がないのだ。すぐに海に出て何かを食べないと何も雛に与えるものがない。私は、一九六〇年代の研究記録を調べた。それはまだペンギン研究に関する数々の提案を倫理委員会が精査する前の時代だ。その記録からわかるのは、ペンギンの雛が食べ物を与えられずに生きられるのは四〜六日間だということだ。その間は、卵の中にいた時から持っていた卵黄嚢を利用して生きる。

つまり、アデリー・ペンギンの雛は卵から孵って四〜六日目に、餓死する危険にさらされることになる。その間、一度も食べ物を与えられないと死んでしまう危険性が高い。私の巣の観察記録からもまったく同じことが言える。雛は孵化後四日から六日目に巣の中で餓死することが多い。父親が食べ物を取りに行った海から戻って来ないためだ。

その冬、赤レンガ造りの生物科学ビルディングの自分のデスクで私は、グラフ用紙に鉛筆で書いた数字に向き合っていた。電卓を使い（まだパソコンは使っていなかった）、その数字であれこれと計算したが、それでわかったのは、アデリー・ペンギンのつがいが繁殖に成功するには、一定のパターンを守って巣の世話を交替しなくてはならない、という驚くべき事実だった。たとえば、オスのペンギンが卵を温めている時、メスのペンギンが通常よりも長く巣を離れていたら、メスがいなくてもオスのペンギンは巣を離れてしまう。離れている期間は通常よりも短いかもしれないが、ともかく巣にはオスもメスもいなくなるのだ。だが、オスにしてみればそれは仕方のないことである。それ以上、巣に留まって断食を続け、蓄えた脂肪を使い切ってしまったら、生き延びることができない。

ここで私には二つの疑問が湧いた。繁殖に成功したペンギンたちには、何か体内時計のようなものが備わっているのだろうか。そろそろ卵が孵る、そろそろ巣に戻って雛に食べさせないといけない、といったことを告げる何らかの機能があるのか。また、そういう体内時計を持っている個体が、交尾の相手を見つける時に他よりも有利になることはあるのだろうか。交尾の前に時間を守る相手だということを察知できれば、互いにうまく助け合って繁殖を成功させられるはずである。

私は建物の窓から外を眺めた、そこには雪に覆われた地面と、サスカチュワン川に沿って立ち並ぶ、葉が落ちて黒ずんだ木々が見えた。ペンギンが生きている黒と白だけの世界とはまったく違う。だが、エドモントンの弱々しい冬の日差しは、靄がかかったような私の思考の世界を映し出しているように見えた。研究をしていてたとえ何か答えが見つかっても、それ以上に多くの疑問が浮かんでしまう。ボルクグレヴィンクたちは、交尾中のペンギンの行動を見て楽しんだようだが、その行動にも実は深い意味があったのかもしれない。

私がアルバータ大学で書いた博士論文はペンギンではなく、ジリスについてのものだった。当時の指導教官の一人は人類学部所属で、その人の影響で私は彼女の同僚だった法人類学者に興味を惹かれるようになった。それがオーウェン・ビーティー准教授である。

ビーティーはややずんぐりとした体型で、長い髪をして、分厚いレンズの大きな眼鏡をかけていた。見た目は、アルバータ大学のキャンパスに他に何百人といる研究者たちと特に大きく違うわけではない。自分の外見に構わず、運動もあまりしないで研究活動に打ち込んでいれば、だいたい皆、そういうふうになるのだ。私のレーダーが彼の姿を捉えたのは、その研究テーマが変わっていたからだ。

彼はカナダ北極圏のキング・ウィリアム島に行く計画を明らかにしていた。フランクリン遠征に参加した人々の遺体を捜索することが目的だ。私は後に、南極の、まさにそのフランクリン遠征に使われた船、エレバス号に乗り込んだ人の名前のつけられた場所まで行き、ペンギンを観察して論文を書くことになるのだ。私の指導教官のすぐそばにいたビーティーがエレバス号のかつての乗組員の遺体を探しに北極へ行くというのは何という不思議な偶然だろうか。ビーティーは、仮に遺体や遺物が発見できれば、それを法医学の技術によって調べるつもりだった。そうすることで、彼らがなぜ、どのようにして死亡するにいたったかを突き止めようと考えた。

一九八一年七月、ちょうど私がジリスについてのフィールドワークを終えようとしていた時期に、ビーティーたちのチームはキング・ウィリアム島の海岸線で、エレバス号、テラー号の乗組員たちの存在を示す手がかりがないか捜索を進めていた。そして彼らは、グジョア・ヘイヴンから三〇キロメートルほどしか離れていないブース・ポイントのそばで、複数の白骨化した遺体を発見した。ともに発見された遺物から、その遺体がフランクリン遠征の参加者たちのものであることは明らかだった。法医学的な調査によって、遺体には骨を切断した跡があるとわかった。地域のイヌイットたちの間では、氷に閉じ込められたエレバス号、テラー号を捨てた男たちが飢えをしのぐために仲間の肉を食べたという言い伝えがあったが、この発見はそれが正しいことを証明するものだと言えた。しかし、ビーティーが最も興味を引かれたのはそこではなく、骨に異常な量の鉛が含まれていたということだった。もしかすると彼らは寒さや飢えではなく、鉛の毒で命を落としたのかもしれない。

ただ、その鉛の蓄積の原因は、フランクリン遠征の間の何らかの出来事ではない可能性もある。単に彼らが生涯にわたって多くの鉛に触れていたということかもしれないのだ。真相を確かめるには、遺体から軟組織を採取して分析する必要がある。そのあと偶然にも、キング・ウィリアム島の北のビーチェイ島で、フランクリン遠征の隊員三人の遺体が発見された。

それは一九八四年のことだった。博士号も無事取得できた私は、再び南極に行き、ペンギンの調査を続行しようと考えていた頃だ。ビーティーは遠征隊を率いてビーチェイ島へと向かい、そこでジョン・トリントン、ジョン・ハートネル、ウィリアム・ブレインの遺体を掘り出した。カナダ北極圏の永久凍土層に埋まっていたこともあり、遺体の軟組織は驚くほどよく保存されていた。ビーティーらのチームは、軟組織を調べることで、彼らの死因が壊血病と鉛中毒だったことを突き止めた。さらに、遺体から見つかった鉛は、彼らが食料を入れていたブリキ缶から見つかった鉛と完全に一致した。缶のはんだ付けおよび接合に使われた鉛と同じだったのだ。そのブリキ缶も遺体のすぐそばで発見されたものである。

イヌイットがただ生存しているだけでなく、豊かな暮らしを営んでいる地域でフランクリン遠征の男たちが命を落としてしまった原因は、結局、ビタミンCの不足と、鉛に汚染された食料だった。

＊

キング・ウィリアム島で二年間、イヌイットに学びながら見事に生き延びたアムンゼンがグジョア・ヘイヴンを出航したのは一九〇五年八月一三日のことだ。

その前年にアムンゼンは、磁北極に到達すべく犬ぞりで出発をしている。そして、その七四年前にジェームズ・クラーク・ロスが世界ではじめて到達したのと同じ地点、地球の磁極の一つと思われる場所に到達することはできた。ところがそこでわかったのは、磁極がすでにさらに北に移動しているという事実だった。アムンゼンは世界ではじめて、磁極が移動していることを証明した人間になったわけだが、元々目指していた場所、つまり現在の磁北極にたどり着けなかったことに彼はいらだった。

それでも、アムンゼンはその過程で実に重要なことを多く学んだ。特に旅の途上で出会ったイヌイットのネトシリク族からは多くを学んでいる。たとえば、そりの刃は雪にどう当てるのがいいのか、どうすれば、温度や雪や氷の状態に関係なくそりをうまく滑らすことができるのかということ。また、カリブーの毛皮の服は、汗をかいてしまわないよう緩く着るべきだということ（極地での移動で体温を維持するには汗は大敵となる）。そりをうまく引いてもらうために犬をどう操縦すればいいのか。人間の乗るそりを引くという、彼らにとって無意味な難行に耐えられる優れた犬をどう見つければいいのか、といったことも学んだ。(2) そして、いざとなれば、犬は仲間を食べて生き延びるのだということ、さらに犬は人間の食料にも適しているということも学んだ。アムンゼンはこんなことを書き残してもいる。

私たちは実際にかなりの量の犬のステーキを食べ、その肉が非常に美味しいことを知った[3]。

ロバート・ファルコン・スコットとロアルド・アムンゼンはまさに文字どおり、「両極に位置する」人間になったと言える。二人はどちらも地球の極地に行った。一方は北極、一方は南極で、それぞれに磁極到達を目指したのだが、二人は極地での移動手段に関しても、まさに「両極端」の結論に達したのだ。そして、二人のうち一人の結論は誤っていたことが後にわかる。

アムンゼンはヨーア号に乗り、シンプソン海峡へと向かった。その途上で、後にフランクリン遠征のメンバー二人の墓があるホール・ポイントを通り過ぎた。遠征は失敗に終わったとはいえ、若きアムンゼンに強い刺激を与えた人たちのすぐそばまで来たことになる。フランクリン遠征で死亡したメンバーを称えるべく、アムンゼンはヨーア号の旗を上げた。アムンゼンによれば、墓のそばを通り過ぎる時、船内は「厳粛な沈黙に包まれた」という[4]。

一三日後の一九〇五年八月二六日、アムンゼンたちは、自分たちの方に向かって来る別の船の姿を見つけた。アムンゼンは、彼自身を除き、誰もできると思わなかったことを成し遂げたのだった。ついに北西航路の始めから終わりまで航海することに成功したのだ。

北西航路の完全航海—私の子供の頃からの夢だ—は成功した。今まさにこの瞬間、それが達成されたのだ。私は自分の喉に奇妙な感触を覚えていた。その日までの重労働で疲れていたのもあるだろう。それは私という人間の弱さなのかもしれない。しかし、間違いなく目に涙がこみ上げてくるのを私は感じていた[5]。

第六章　失われた機会

それは一九八四年一〇月のことだった。その時、私は自分の子供の頃からの夢をほぼ現実のものにしたと言っていいと思う。私は再び軍用輸送機、スターリフター号に乗り込み、南極へと向かっていた。二度目の南極行きである。正直に言えば、私の夢の実現は、アムンゼンほどの困難を伴うものではなかったが、途中で修正を加えた大きな目標を達成したのだから間違いなく喜ばしいことではあった。目標に「修正」を加えたのは、その七年前のある夜、バード岬ではじめてアデリー・ペンギンに遭遇した時だ。そして私はついに一人前のペンギン生物学者となって南極へと戻るのだ。もう、ただ南極に行きたいがためにアザラシの代わりにペンギンでも観察してみようか、などと思っている人間ではなかった。私はデイヴィス博士となり、すでにペンギンについての修士論文や何冊かの著書も出していた。その時は、五人の研究者から成るチームを率い、アデリー・ペンギンの繁殖行動について三ヶ月に及ぶ調査をする予定になっていた。

南極のマクマード基地に到着し、ニュージーランドのスコット基地でサバイバル・トレーニングを受けたあと、私たちはヘリコプターに乗ってバード岬へと向かった。いよいよ調査の開始だ。今回は繁殖期の始めから終わりまで、アデリー・ペンギンの一つのサブコロニーを二四時間休みなく観察し続けるという目標を立てていた。大胆な目標かもしれないが、最低限、それは達成するつもりだった。対象がどの鳥であれ、これまでにそのような調査が試みられたことは一度もなかった。私たちがそのような調査を思い立ったのは、アデリー・ペンギンという鳥とその繁殖環境が極めて特殊なものだったからだ。

アデリー・ペンギンの繁殖期は一〇月から一月にかけてだ。南極はその時期、ちょうど夏であり、南極の夏は二四時間、日が沈まない。アデリー・ペンギンは比較的、大型の鳥であり、その巣は開けた土地にあるし、しかもすべての巣が皆、狭い範囲に固まっている。つまり観察が非常に容易なのだ。その上、ペンギンたちはほぼ人間というものを見たことがないので、私たちを恐れない。観察所を巣のかなり近くに作ったとしても、彼らの通常の活動に影響を与えることは、まずない。

ただ一つ問題なのは、アデリー・ペンギンの外見が皆、とても似ていることだ。あまりに似ているため、そのままでは個体を識別して観察することはとても不可能だ。私はそこで、博士号取得の際にカナダで生態観察をしたジリスと同じ方法を採ることにした。ジリスもやはり、個体の外見がどれもよく似ている動物だ。ジリスの場合、私はまず個体を捕獲して、それぞれの背中に大きな文字と数字から成る識別コードを書いた。コードを書くのに使ったのは、女性用のブルーブラックの染髪剤だ。ペンギンの背中は真っ黒なので、ブルーブラックの染髪剤でコードを書いても見えない。だが基本的には同じ方法が使えるだろう。繁殖期のはじめ、まだペンギンが繁殖活動を始める前の段階で、私たちはサブコロニーの八三羽のペンギンをすべて捕獲した。それぞれの体重や体長などを測定してから、片方のフリッパーに数字のついた金属製のバンドを取りつけた。そしてこれが肝心だが、背中にはエナメル塗料を使って文字と数字から成る識別コードを書いた。繁殖期の間には、塗料は少しずつ洗い流され、薄くなっていき、最終的には繁殖期の終わりの換羽の際に消えてしまうはずだ。ただそれまでの間、このコードで素早く正確にサブコロニー内のすべての個体を識別できる。

私たちはテントを一つ建てて、それを観察のための隠れ場所とした。隠れ場所と言ってもペンギンから身を隠すわけではない―すでに書いたとおり、ペンギンたちは私たちがそばにいてもまったく気にも留めないのだ―そこは南極の厳しい気候から身を隠す場所だった。何しろ二四時間、観察し続けるので、その間には必ず何度も気象条件が極端に悪くなる時があるはずだ。実際、最初の何日かの間にテントは二度のブリザードに襲われることになった。どちらも風速四五メートルもの猛烈な風を伴うブリザードで、どちらも私たちの観察所を使用不能にした。最初のブリザードではテントが破壊され、新たに建てたテントは次のブリザードで吹き飛ばされてしまった。その後はテントを建てるのを諦め、元は発電機の輸送に使っていた木箱を代わりに使うようになった。箱はあまりに小さいため、観察者が一人、完全に中に入ることもできない。だが、身を引き裂くような風から、少なくとも上半身を隠すことはできるので、ないよりはましだ。ただ、木箱で防御をしたとしても、そこに何時間も動かずに座っているのは恐ろしく寒い。だから私たちは皆、そこには必ず完全防備で向かった。そして、熱いコーヒーやホット・チョコレートの入った魔法瓶、気の休まるような食べ物を忘れずに持って行った。

観察所はサブコロニーよりも少し高い場所にあり、そこからだとすべての巣を完全に見渡すことができた。私たちは、サブコロニー内の八三羽のペンギン個々の行動を、繁殖期が終わるまでの間、絶えず記録し続けた。

南極で三ヶ月もの間、ひたすら屋外で座って観察を続けるというと、マゾヒストだと思われそうだが、得られた結果は、その苦しみに耐えるだけの価値のあるものだった。観察を始めて最初にわかったのは、概ね一夫一婦で、同じ相手と生涯添い遂げると思われていたペンギンたちが実はまったくそうではないということである。アデリー・ペンギンたちのつがいの相手は確かに一度に一羽ではあるのだが、より良いと思われる相手が見つかればすぐにでも乗り換えてしまう。私はこれを「連続的一夫一婦制」と呼んでいる。求愛期間を観察していると、全体の約三分の一の個体が、その間に合計で二羽、あるいは三羽の相手と交尾する。

私は夏の間、木箱の中に座り、コロニーを見下ろしていた。その場所は、バード山の氷冠とロイヤル・ソサエティー・レンジに挟まれ、マクマード入江の凍結した海面が目の前に見える場所だった。そこで私は、なぜアデリー・ペンギンたちはこのような行動を取るのだろうかと考えていた。どうやら、行きずりの関係とか、ちょっとした浮気というのでもなさそうだったからだ。一応、どれも真剣な結婚のように見えた。ある個体と真剣に愛し合っているように見えたのに、ほんの数日後には別の個体とまた真剣に愛し合っている。なぜこういうことになるのだろう。倫理的にどうかとも思うし、生物学的にも説明が難しい。どうしてこういう行動がアデリー・ペンギンにとって合理的なのだろうか。

私は、バード岬から二五キロメートルほどの距離にあるビューフォート島という丸い形をした島を眺めた。南極のとてつもなく澄んだ空気のせいで、島は実際よりもさらに近くにあるように見えた。ロス海には海氷や氷山が浮かんでいるが、その表面は刻一刻、見る度に形を変えていく。時折、ミンククジラやイワシクジラがやって来る。また私にとって特に嬉しいのは、シャチの姿が見えた時だ。いくらそこで考えていても、ペンギンがなぜそのような「不貞行為」に走るのかという問いへの満足な答えは得られなかったが、何となく、目の前のロス海の青い水の中に答えらしきものがあるような気はした。ペンギンたちは南極の厳しい環境下で食物を得、子孫を残していかねばならないのだ。そういう鳥たちのことを知るのに、他の海鳥たちについての知識は役に立たないだろう。他の海鳥の多くが一夫一婦だからといって、アデリー・ペンギンも同様というわけがない。そのような考えはすぐにでも捨てなくてはならないと思った。

一九八五年一月二二日、繁殖期はもう終わりに近かった。私たちはその日にヘリコプターに乗ったが、すぐにスコット基地に戻るのではなく、その前にロイズ岬に立ち寄った。そこには、バード岬よりも少し南極点に近いアデリー・ペンギンの小さなコロニーがあるので、繁殖の成功度合いを調査する予定になっていた。そこのアデリー・ペンギンたちは世界中でも最も南極点に近い場所に営巣する鳥たちだ。だがそんな場所でも、その繁殖期の間に三四五七羽もの雛が巣立ちを迎えることができた。

ロイズ岬は、アデリー・ペンギンのコロニー以外に、アーネスト・シャクルトンが小屋を建てた場所としても有名だ。シャクルトンは、そこから南極点を目指す旅に出発したのだ。

＊

一九〇七年のことだ。アーネスト・シャクルトンは、自分の方がスコットよりも上だと必ず証明してみせるという決意を固めていた。[1] そして、勝手に南極点到達を目指す遠征を始めてしまった。それを知ってロバート・ファルコン・スコットは激怒した。スコットは、南極の中でもマクマード入江やロス島あたりの地域には手を出さないとシャクルトンに約束させていた。スコットはその地域を自分の「縄張り」のように思っていたからだ。[2]

はじめのうちシャクルトンは、あくまで自分の公的な立場に忠実であろうとしていた。隊を率いる任務を与えられたのはあくまでもスコットだったので、渋々ながら、スコットに言われたとおりマクマード入江からは身を引いていたのだ。その代わりにシャクルトンが向かったのは、ロス棚氷にボルクグレヴィンクが発見したバルーン・バイトのそばの入江だ。シャクルトンはその入江にスコットの名前をつけることを拒み、そこをバリア入江と名づけた。シャクルトンがスコットに対して怒りを覚えていたこと、二人の関係がこじれていたことがそこからもわかる。ただ、一九〇八年一月二四日、シャクルトンは、巨大な氷河であるロス棚氷から、一つ大きな氷の塊が分離していることを発見した。ボルクグレヴィンクやスコットのいた場所はその塊の上にあったので、そのままではロス棚氷から次第に離れていくことになる。そうなると、棚氷の上に到達するのに便利だった経路がなくなり、また同時に南極点への到達に利用できる便利な経路も失われることになってしまう。六年前にスコットが気球に乗り、空の上から見た経路が使えなくなるわけだ。彼らのいた場所は大きな湾で、海岸線が棚氷の他の場所より大きく中に入り込んでいた。そこは棚氷の端でクジラたちが多くやって来る場所でもあった。そこでシャクルトンはその地域の名前を「クジラ湾」と改めた。しかし、シャクルトンはその場所にキャンプを設営することはやめた。あまりにも不安定だったし、前にあった便利な経路もなくなってしまったからだ。彼はとりあえずは東に向かって進むことにした。エドワード七世半島にまで到達できればと思ったのだ。だがシャクルトンの船、ニムロッド号はすぐに、密集している海氷によって行く手を阻まれた。シャクルトンはそこで即、ニムロッド号の進路を反転させ、西へ向かって進むことにした。

意図的だったのか、それとも置かれている状況からやむをえなかったのか、それはわからない。ただ、彼自身は、他に選択肢がなかったと書き残している。彼は公式にはスコットの部下ということになっていたにもかかわらず、その役割を無視したのだ。そして、ロス島のロイズ岬に勝手に自分の基地を設営してしまった。

＊

私はシャクルトンの小屋の扉の前に立っていた。最初にその小屋を訪れてから三〇年経っていた。最初に来た時、薄暗い小屋の中に入ったのは私にとって一種、宗教的な体験だった。そういう体験を他でしたことはまったくなかった。小屋の中に何か特別なものがあったわけではない。見つかるのは肉の缶詰や、古いブーツ、壊れたそりなど、予想どおりのものばかりだった。しかし、私にとってその場所は、特別な人間が祀られた聖地だ。守られなかった約束、仲間たちを結んだ強い絆の痕跡がそこにはあった。ただ、今回の目的は三〇年前とは違っていた。私はそこにシャクルトンではなく、マレー・レビックの亡霊を探すためにやって来たのだった。

マレー・レビックはいったいなぜ、世界初のペンギン生物学者になったのか。それを知るにはまず、レビックが南極に来るに至るまでの出来事を一つひとつ確認していく必要があると私は思っていた。そして、特に重要なヒントが、一九〇七年から一九〇九年にかけてのシャクルトンのニムロッド遠征、特にこの小屋を調べれば見つかるのではないかという気がしていた。

少し雪が降っていた。空は黒い雲に覆われていたが、ところどころに雲の破れ目もあった。小屋の外には、探検に使われたであろう木製の箱や干し草が大量に積み上げられていたが、誰かがそれを少し整頓した痕跡もある。おそらく小屋の保存、管理を担当している人だろう。保護のためか、屋根にもライトグレーのゴムのようなものが張られている。しかし、それを除けば小屋の外観は三〇年前とほぼ変わっていなかった。おそらく、一世紀以上前に建てられてからほとんど変わっていないに違いない。

一応、特にこれといった目的は持っていなかったマレー・レビックを南極、そしてついにはアダレ岬にまで連れて来たのはロバート・ファルコン・スコット—ボルクグレヴィンクやアムンゼン、ナンセンなどではない—ということになっている。しかし、彼がアデリー・ペンギンの、それも性的行動について研究するようになったことまで、スコット一人のせいにするのは無理があると私は思う。私は小屋に入る前に、かかっていた雪や火山灰を払いのけた。なぜレビックはそのような行動を取ることになったのか、それを知るためのヒントはきっと、この扉の奥、ロイズ岬に立つシャクルトンの小屋の中にあるのだろうと私は考えていた。

あれは二〇〇七年のクリスマスのことだ。その少し前に、ケンブリッジ大学の地下から、チョークで黒板に描かれたペンギンのスケッチが二つ見つかったというニュースが流れた。一方は一九〇四年、もう一方は一九〇九年に描かれたもので、古い方は一〇三年間、新しい方は九八年間消えずに残ったということになる。チョークの消えやすさを思えば、それだけ長い間残っていたのは驚異的なことだった。さらに驚くべきことは、その絵の作者たちである。一方の絵には、ロバート・ファルコン・スコットの署名があった。一九〇四年一二月一日、マンチェスターのウィットワース・ホールで行われたスコットの公開講座で描かれたものだ。ディスカバリー遠征からイングランドに戻って来てまだ三ヶ月も経っていない。もう一方の絵には、アーネスト・シャクルトンの署名があった。同じホールで五年後に行われた彼のニムロッド遠征についての公開講座の時に描かれたものだ。

そのニュースを伝えるメディアは、著名な人物が描いた珍しいスケッチということでどちらも価値があると認めながらも、やはり二人は画家ではなく探検家なのだ、という論調だった。確かに、私が見てもそれは驚くほどうまいと言えるような絵ではなかった。ただ二人の名誉のために言っておくと、どちらの絵も、講義をしながら黒板に急いで描いたにしては南極のペンギンの特徴をよくとらえたものになっている。講義を聴いていた人たちは一度もペンギンなど目にしたことはなかっただろうが、そういう人たちにもペンギンがどういう生物なのかよくわかったのではないだろうか。

私が驚いたのは、スコットがエンペラー・ペンギンを描き、シャクルトンがアデリー・ペンギンを描いていたということだ。その事実だけで色々なことを推測できる。二人がどこでどういうふうにペンギンと接触したのかが想像できるのだ。

スコットに随行した動物学者であり、彼の友人でもあったエドワード・ウィルソンは、アダレ岬で生活することに対して嫌悪感を示していた。アデリー・ペンギンのにおいが嫌だという。スコットが磁南極を目指し、人の手でそりを引きながら南極高原を移動していた間、ウィルソンはクロージャー岬にいた。彼は、そこで出会ったエンペラー・ペンギンたちが厳しい南極の冬に繁殖をすると知り、その勇敢さに対して敬意を抱くようになった。スコットはディスカバリー号をハット・ポイントに停泊させ、そこを基地として使うことにした。その周囲にはペンギンの繁殖コロニーはなく、もしハット・ポイントの周囲にやって来るペンギンがいるとしたら、それはほぼ間違いなくエンペラー・ペンギンだった。エンペラー・ペンギンは大きくて、「エンペラー（皇帝）」という名にふさわしく、威厳を感じさせる姿をしていた。大きく美しくカラフルで、そのゆったりとした動きはとても優雅に見えた。その場にいたスコットがエンペラー・ペンギンに魅了されたと考えるのはおそらく間違いではないだろう。きっとスコットの価値観にも合うペンギンだったに違いない。彼は、もし自分が南極点に到達できれば、それは素晴らしいし、気高い勝利だと考えていたのだろうと思う。

それに対し、シャクルトンが自分の遠征の基地として選んだ場所は、ずんぐりした体型でけたたましい声で鳴く、黒と白の地味なアデリー・ペンギンだった。シャクルトンが小屋を建てる場所を選ぶ際、そこがアデリー・ペンギンのコロニーのそばであるということはほとんど考慮しなかったとは思う――氷の状況から、シャクルトンは一九〇八年にはハット・ポイントよりも南の地点には到達できなかったのだ――ただ少なくとも、そこがロス海周辺の地域の中でも特に魅力的な風景を持つ場所であるということは選ぶ上で大切な要素になったはずだ。彼の小屋の裏には、活火山であるエレバス山がそびえていた。エレバス山は海抜三七〇〇メートルほどの高さで、山頂からは絶えず煙が上がっていた。氷に覆われたマクマード入江の向こうには、壮大なロイヤル・ソエティ・レンジが見えた。小屋のすぐ脇には小さな湖があり、夏の間には、その近くに約三〇〇〇組のアデリー・ペンギンのつがいが火山岩を集めて巣を作る。アデリー・ペンギンたちはシャクルトンにとって隣人だっただけではなく、生活を共にする仲間だったのだろうと思う。

＊

一九〇八年のことだ。シャクルトンのニムロッド遠征には、生物学者のジェームズ・マレーが加わっていた。ボルクグレヴィンクに同行したニコライ・ハンソンがアダレ岬でアデリー・ペンギンに遭遇し、その後すぐに亡くなったのはその九年前で、スコットがペンギンのコロニーから数キロメートルという距離のハット・ポイントに基地を設営すると決めたのはその六年前だった。だが、マレーには、その置かれていた立場、環境からして世界初のペンギン生物学者になり得る可能性が十分にあったと言える。マレーはロイズ岬で生活していて、そこはアデリー・ペンギンたちの巣からわずか数メートルの場所だったと言っても決して大げさではない。

だがマレー本人には、まったくそういう意識はなかった。ロイズ岬を見た時の彼自身の反応を見れば、それがよくわかる。

生物学者にとって、ロイズ岬よりも魅力のない不毛な土地があるとは想像できない。私たちはそこに

上陸した時にそう思ったし、その考えはその後も長く変わることがなかった。(3)

彼はロイズ岬周辺でいくつか池を見つけ、そこで発見したワムシなどの無脊椎動物については詳しく記述している。しかし、ペンギンに関しては科学的と呼べるような記述はまったくない。

彼らを見ていると興味深く、飽きることはない。エンペラー・ペンギンは、歩き方はぎこちないものの、その名にふさわしく確かに威厳がある。妻（妻たち、だろうか）を従えて歩いて行く姿は、成功を収め、今の自分にすっかり満足し、何も疑うことなく幸福に暮らしている田舎紳士のようにも見えた。恭しくおじぎをする姿は中国人のようでもある。対するアデリー・ペンギンはそれとはまるで違い、けたたましく吠える犬のようだ―小さなアデリー・ペンギンには正直に言って威厳は感じなかった。ただ、自分のことだけを考え必死に縄張り争いをしている生き物に見えた。(4)

結局、ニムロッド号も、シャクルトンとその部下たちも、一九〇九年の二月、つまりアデリー・ペンギンの繁殖期の終わり頃には、南極を離れ、イングランドへと戻ることになる。だから、ウィットワース・ホールでスコットが公開講座をする頃は、まだ世界初のペンギン生物学者は誕生していなかったのだ。

ただ、ニムロッド号の乗組員の中には、後にマレー・レビックに大きな影響を与えることになる人物が一人いた。それは若き地質学者、レイモンド・プリーストリーだ。プリーストリーは一八八六年生まれなので、マレー・レビックのちょうど一〇歳下ということになる。彼がニムロッド号に乗って南極に行った時はまだ二一歳だった。ブリストル大学で地質学を学んでいたプリーストリーは、大学での勉強を休んで南極に向かったのだ。彼はテュークスベリ・グラマー・スクールの校長の息子として生まれたのだが、ハンサムで背が高く、引き締まった身体をし、髪がほど良く乱れているという外見から、スポーツ選手や俳優の息子のように見えた。

実際に彼は運動が得意だったようで、南極でも、エレバス山の北の斜面に五人のパーティーで登った時などには、その能力が存分に発揮されたらしい。ロイズ岬の小屋を離れる時には天候が良かったので、五人は軽装備で出かけることにした。彼らが持っていたのは、三人用のテント一つだけだった。

極地探検ではそういうことが多いが、その時も状況は彼らが思っていたよりもはるかに悪くなってしまった。準備が不足していただけに、彼らがかろうじて生き延びるためには、英雄的な行為が必要になった。その行為が生死を分けることになったのである。五人の男たちは巨大な氷河の上で、猛烈なブリザードに襲われた。彼らの持っていたのは三人用のテントなので、いくら無理をしても中に入るのは四人が限界だった。その時に、自分が外に出ると自ら申し出たのがプリーストリーだった。彼はテントに入らず、寝袋に入ってその状況に耐えた。猛烈な風と雪は三日間続き、彼は寝袋の中でなす術もなく凍えていた。吹きつける風に押され、彼の寝袋はゆっくりと氷河の上を移動し、高さ三〇メートルはある氷の崖に次第に近づいていた。何も飲むものはなかったので、プリーストリーは氷河の表面に爪を立て、削り取った氷のかけらを口に入れてしのいだ。寝袋に入って二日近く経った頃、テントの中にいた一人が這い出して来て、彼にチョコレートを渡した。ようやく風が弱まり、再びテントから出て来た隊員たちが見た時には、プリーストリーの足は凍傷になっていた。四人は彼をテントの中に連れて行き、自分たちの上に寝かせた。

彼らはそれが可能になるとすぐ、登山をあきらめ、ロイズ岬の、暖かく、テントに比べれば広い小屋へと戻った。五人は目的を達することができなかった上に、もう少しで自らの命すら失うところだった―南極探検においては、準備に不足があればいつでもこういう危険は襲ってくるのだ。また、この時の体験で明らかになったのは、プリーストリーが特別な資質を持った人間だということだ。マレー・レビックは、もしこの先、自分が再び同じような厳しい状況に追い込まれた場合には、共にいるべき仲間としてレイモンド・プリーストリー以上の人間はいないと思った。

ニムロッド遠征にはもう一人、精神的にも肉体的にもシャクルトンやプリーストリーと同じくらい頑強な人間がいた。彼もやはり地質学者で、まだ若い大柄のオーストラリア人だった。それはダグラス・モーソンである。一九〇八年三月一〇日、モーソンは、エレバス山への初登頂を目指した五人の男たちの一人だった。モーソンはきっとこの時の登山を過酷で危険なものだと感じただろう。だが、後に彼は、実はこれがそう大したものでなかったことを知るのだ―南極では、さらに過酷な運命が彼を待ち構えていたからである。

一九〇八年から一九〇九年にかけての夏の間、シャクルトンの隊は四つにグループに分かれていた。一つは「北隊」で、モーソンを含む三人で構成されており、初の磁南極到達を目指して出発した。「西隊」もやはり三人で構成されていて、プリーストリーと、オーストラリア人のバートラム・アーミテージがその中にいた。「南隊」は、シャクルトン自身が率いる四人のグループで、当然、その目的は初の南極点到達しかなかった。そしてもう一つのグループが、ロイズ岬の小屋に残った五人だった。その五人を率いていたのが、シャクルトン不在の時は常にリーダーを務めていた生物学者のジェームズ・マレーだった。

モーソンと二人の仲間たちは、スコットにはできなかったことを成し遂げた。彼らは、世界ではじめて磁南極到達を果たしたのである。磁南極は、南極高原に位置していて、これ以上はあり得ないというほど、他から孤立し、人を寄せつけない厳しい環境の場所である。モーソンたちは何度も何度も死の危険にさらされることになった。いくつものクレバスがあり、いつかどれかに落ちるのは避けられないことのように思えた。このクレバスには落ちずに済んでも、うっかりすると次のクレバスには落ちてしまうかもしれない。そういう状況が続くのである。パーティーを率いていたリーダーは途中で心身が完全に弱ってしまった。そうなると、まったくその気はなくても、すでに能力の高さが証明されていたモーソンがあとを引き継ぐしかなくなる。モーソンは移動距離二〇〇〇キロメートルにも及ぶ旅の目的地まで、皆を先導して行く。彼らの置かれた環境は、地球の両極を旅した人間が出会った中でも最悪の部類に属した。彼らは偶然にもニムロッド号のすぐそばまで行ったのだが、結局、彼らを探していた船が近くを航行している間に海岸にたどり着くことはできなかった。だが、ニムロッド号に乗っていた一等航海士、ジョン・キング・デイヴィスは、もう一度戻って付近を捜索するよう進言した。ドリガルスキー氷舌底部の視界が氷山に遮られていたせいで、彼らの姿が見えなかったのかもしれないと考えたのだ。実際、氷山の後ろに、そこに到着したばかりの北隊のメンバーたちを発見することができた。

プリーストリーたちの西隊も幸運に恵まれて危機を脱することができた。フェラー氷河周辺地域の探検に見事、成功したが、その後、ニムロッド号に戻ろうとしたのだが、船は凍った海に阻まれて、彼らを出迎える場所になるはずのバター・ポイントに近づくことができない。やむなく、西隊は凍った海の上でキャンプをして待つことにした。夜中に目覚めると、いつの間にか氷が割れていて、彼らはロス海を漂っていた。ほとんどあり得ないようなことが起きてしまったのである。丸一日、彼らがキャンプをしていた氷盤は風に流され、次第に海岸から遠ざかって行った。ただ、見ていると、その氷盤は、陸地から突き出た海氷の縁に間もなくぶつかって止まりそうだった。予測どおり氷盤の動きが止まると、彼らは自分たちとそりを安全な海岸の上に移動させた。そうしないと氷盤はすぐに北に向かって流されて行ってしまうからだ。その上にいたら、確実に命を落とすことになる。海岸に彼らが上がると、すぐそのあとにニムロッド号が到着し、彼らは無事に救助された。

だが四つのグループの中でも最悪の体験をすることになったのは、シャクルトン率いる南隊だった。はじめのうち南隊は、四頭のポニーを連れ──一年前にニムロッド号に乗ってニュージーランドのリトルトンを出発した一〇頭のポニーのうちこの時生き残っていたのはこの四頭だけだった──ロス棚氷の上を南へと進んで行った。ポニーたちは人間に比べて極地への順応力がなく、この四頭も一頭ずつ死んでいき、ついに最後の一頭までもが、隊がベアードモア氷河に立ち向かっている時に、巨大なクレバスに落ちて死んでしまった。ベアードモア氷河はシャクルトンが発見した全長約二〇〇キロメートルの氷河で、ロス棚氷から山々を抜けて南極高原へと向かうための通路になるのだが、それは非常に危険な通路でもあった。隊の進行はあまりにも、あまりにも遅かった。男たちは二台のそりを引き、「ストラスツギ」と呼ばれる、風が氷を荒く削ってできる波型の上を進んで行った。ストラスツギを見ていると、今にもクレバスに吸い込まれて落ちて行きそうに思える。いくら歩いても、まったく前に進んでいるように思えなかった。そもそも彼らの服装は、顔を凍らせ、鼻腔の中の毛まで凍らせてしまうようなとてつもなく冷たい激しい風の中を歩くのにはまったく適したものではなかったのだ。隊員たちは日に日に弱っていく。まともな食事もできない中での重労働に赤痢も重なり、衰弱はますますひどくなる。死んでしまったポニーたちの肉や、ポニーのために用意した食料もあり、それをスープ──「フーシュ」と彼らは呼んでいた――に加えてはいた。朝も夜も食べるものと言えば、そのフーシュだったのだが、一回分の食事の量も次第に減らさざるを得なかった。一日に、一人ビスケット何枚かと小さなボウルに入ったフーシュ二杯、というところまで減ってしまった。そこまでしても、四人の男たちの食料は底をつきそうになっていた。

結局、南極点まで残り約一八〇キロメートルの地点で、シャクルトンは進行を止めると宣言せざるを得なくなった。ただ、南極点に到達するという意志があればこそ、大変な苦労にも耐えてきた彼らだが、目的もなしに単に来た道を戻るとなると、それができる自信はなかった。戻ると決めただけで、確実に生きて戻れるわけではないのである。どうにか食料貯蔵庫に行き着くことはできたが、その時点で四人は歩くこともままならず、死にかけていると言っていい状態だった。特に四人のうちの一人は衰弱しきっていて、もうそれ以上まったく進むことはできなかった。シャクルトンは二人をその場に残し、自分ともう一人だけで急いでハット・ポイントまでの残り六〇キロメートルほどを行く決断を下した。そこまで行けばスコットの古い貯蔵小屋があるからだ。二人が出発する前にシャクルトンが書いた命令書によれば、小屋には食料があり、また待機している隊員もいるはずだったが、実際に行ってみると食料もなく、誰も待ってはいなかった。二人は寝袋もなく（少しでも速く到着するために置いてきたのだ）、寒い一夜を明かしたが、その後は自分たちの存在をニムロッド号に知らせるべく、火を焚くことにした。ニムロッド号がまだマクマード入江のどこかにいれば気づいてもらえると考えたからだ。確かにそのとおりだった。ニムロッド号は、ロイズ岬で隊員を救助した後、ちょうどハット・ポイントに向かっているところだったのだ。

ニムロッド号に救助され、二人は風呂に入り、食事もした。シャクルトンは、約二七〇〇キロメートルにも及ぶ長く悲惨な旅をし、当時としては極点に最も近い地点まで到達することができた。その旅で疲れ切ってはいたが、残してきた二人も自分で必ず救い出すと申し出た。

その後、四人全員を無事に載せたニムロッド号は、ニュージーランドへと向かった。途中、ロイズ岬の小屋のそばを通り過ぎたが、もう二度とそこに足を踏み入れることはなかった。

＊

雪はしばらくの間、やんでいた。しかし、頭上で濃い紫色の雲が渦を巻いていたので、すぐにまた降り出すだろうと思った。シャクルトンの小屋のドアには、前に来た時にはなかった板がねじで留められており、そこには「この建物とその中の物たちは歴史的価値が非常に高く、ここは一種の聖地とも言えます…」と書かれていた。

一九〇八年から一九〇八年にかけての夏に、生物学者のジェームズ・マレーはここでペンギンたちとともに過ごした。彼はその間、このドアを何度も出入りしていたはずだ。他の三つの隊が皆、探検のため、科学の研究のために手脚や生命を失う危険にさらされていた時、マレーの隊だけは、この小屋の他に行く場所もなく、ただひたすら、アデリー・ペンギンのコロニーのそばで暮らし続けたのである。私には驚くべきこととしか思えないが、生物学者であるはずの彼は、それだけ恵まれた場所にいて、自由な時間もありながら、まったくアデリー・ペンギンの研究をしようとはしなかった。

ただ自分自身が五〇年近く生物学者として過ごしてきてわかったのは、生物学者は大きく二種類に分けられるということだ。一方は、私自身もその一人だと思うが、自ら大自然の中に出て行き、直接、生物に触れることに強い魅力を感じるというタイプの生物学者だ。このタイプの生物学者は特に、ある程度以上の大きさの有名な動物に惹かれることが多い。つまり、たとえば、大型のネコ科動物、オオカミ、クマ、アザラシ、クジラなどを研究対象とすることが多いわけだ。ペンギンも当然その中に含まれる。この種の生物学者には常に、危険やドラマがつきまとうことになる。正直に言えば、それが好きで研究活動をしているところもあるだろう。もう一方は、「インドア」タイプの生物学者だ。屋内で顕微鏡を覗き込むことなどに喜びを見出すタイプだ。様々な機器を駆使するなどして、自ら課したテーマに沿って生物を細かく調べていく。このタイプの生物学者は、ごく小さな生物に惹かれることが多い。研究用の白衣にうっかり熱い紅茶をこぼしてしまう、という以上の危険にさらされることはまずない。ジェームズ・マレーはどうやら後者のタイプの生物学者だったらしい。だからロイズ岬にいる間も、最も興味を持ったのは、小さな湖の底から採取したワムシたちだったのだ。ワムシが南極の過酷な環境に耐えて生きていることに興味を持ったマレーは、ワムシを極端な低温、また逆に極端な高温にさらす実験をした。そうしている間も、ロイズ岬に建てられた小屋の外では、人間の膝ほどの身長のペンギンたちがマレーの視線に邪魔されることもなく、自由奔放な営みを繰り広げていた。ハンソン、ボルクグレヴィンク、ウィルソンなどと同じく、ジェームズ・マレーもまた、アデリー・ペンギンとはほとんど関わることがなかったのである。

マレーがアデリー・ペンギンの「奔放さ」に気づいていなかったことは、ごくわずかに残された彼自身のペンギンについてのこのような記述からもわかる。

…アデリー・ペンギンは家族作りという面においては極めて道徳的であるように見える。[5]

小屋の中には、小さな二つの窓から柔らかく、鈍い光が入ってくるだけだった。だが、それでも、長い時間のうちには、すでにセピア色になった中の物たちの退色はさらに進むことになるのだろう。コンロ、ベッド、衣類や靴、積み上げられた様々な缶詰や菓子の袋。見ていると、一〇〇年以上前、確かにここに人間がいたのだと実感できる。板に書かれた文章のとおりだと思った。ここは、南極点まで残り一八〇キロメートルの地点まで行き、その後、ブリザードの吹き荒れる屋外で三日間を過ごして生還した男たちの避難所だったのだが、今ここにいるとまるで教会や聖堂にいるような気分にもなる。小屋の中ではほとんど声は出せないし、出すとしてもどうしてもささやくような小声になってしまう。南極の乾燥した冷たい空気と、管理者たちの努力のおかげで、小屋と中の物たちは完璧に保存されていた。だから、扉を開けて入るだけで、すぐに時間をさかのぼることができるのだ。シャクルトン、プリーストリー、モーソンといった人たちが今でもすぐそばにいるような気がする。

私は小屋の中で、しばらく一人佇んでいた。なかなか外に出ることができなかったのだ。子供の頃、頭の中に思い描くだけだった場所が現実のものとして目の前にある。私はすっかり夢見心地になっていた。コンロからはアザラシの脂肪を調理する時の黒い煙が見えるようだったし、そのにおいも私には感じられた。乾かすために吊るされていたプリーストリーの靴下に触れることもできた。この靴下が、ブリザードの中、身を潜めていた彼の足を凍傷から守ったのだ。シャクルトンが使った寝袋の中に手を入れてみた。彼の身体の一部だった分子はまだその中に残っているに違いない。私は彼と握手をしたような気がした。そこには、南極に挑んだ人たちの魂があった。私はそこに立って、彼らの残したもののすべてを自分の中に吸収しようとした。もう彼らがこの中に入ってくることは決してない。それはわかっていた。しかし、仮に彼らの姿をそこで見ても、私は驚きはしなかっただろう。私は一種のトランス状態で、現実と異世界の間のようなところにいた。

私は大きく息を吐き、最後に壁にかかったエドワード七世の写真に目をやってから外に出てドアを閉めた。シャクルトンも、南極点を目指して出発する前には同じようにドアを閉めたはずである。彼が出発した夜には、窓から差し込んだ日が、国王の写真―そのひげも厳しい表情も―を照らした。国王の姿はそれまでとはまったく違って見えた。信心深くはないが縁起を気にするところのあったシャクルトンには、それが素晴らしい幸運の前兆のように思えた。一九〇八年一〇月二九日、彼はロイズ岬の小屋のドアから外へ出て、王のため国の名誉のために、白く何もない場所へと向かって行った。「自分の名誉は一切考えなかった」とシャクルトンは言っている。

その数ヶ月後には、ペンギンと夏を過ごした生物学者、ジェームズ・マレーが最後にドアを閉めて小屋を出て行くことになった。研究されないままのペンギンたちをあとに残し、マレーはニムロッド号へと乗り込んだ。船は、衰弱しきって今にも死にそうな南隊の隊員たちを救助した。

ジェームズ・マレーも、アーネスト・シャクルトンも、次にこのドアから小屋の中に入るのがマレー・レビックになるとは想像もできなかったはずだ。

第七章　求愛

　マレー・レビックがどのような経緯でシャクルトンの小屋のドアまでたどり着いたのか。私にはまだそれが正確にはわかっていなかった。点と点を結んで線にするため、私はロンドンの聖バーソロミュー病院へと自ら足を運ぶことにした。

「バーツ（Barts）」という略称でも知られている聖バーソロミュー病院は、イギリス最古の病院でもある。一一二三年に、ヘンリー一世、つまりウィリアム一世の息子、ロベール二世の弟の廷臣の一人によって設立されている。ヘンリー一世は戦いに明け暮れた王として記憶されているが、彼は同時に愛情あふれる王でもあった。バーツにもヘンリー一世の紋章が残されている。「ヘンリー八世門」と名づけられている石造りのアーチ型の門から私は外へ出た。アーチの上部にはヘンリー八世本人の像があったが、それは性的リビドーの強力なシンボルのように見えた。ペンギンの奔放な性行動を発見したマレー・レビックが教育を受けた場所には特にふさわしいシンボルだと言ってもいいかもしれない。

　そのあたりの建物は装飾が施されているものの、すべてが白い石造りで、電話ボックスと近くを走るダブルデッカー（二階建てバス）が赤い他は、とにかく目に入るものすべてが白かった。病院のある通りには、セント・ポール大聖堂の丸く美しいドームの姿があった。付近の様子は、レビックがこの通りを歩いていた頃と変わっていないのではないかと思った。トリングのロスチャイルド家の邸宅も作った建築家、クリストファー・レンが設計した建物たち、そして大聖堂は壮大なものだったが、私はそこにはあまり興味を持っていなかった。

レビックを病院から海軍へ、そして、南極のロイズ岬に立つシャクルトンの小屋の戸口へと向かわせたものはいったい何だったのか。私はそれを知る手がかりを必死に探していた。一つ重要だと私が思ったのは、レビックがスポーツに熱中していたという事実である。彼はラグビーや体操、ボートなどを愛好していた。またそれだけスポーツに打ち込んだ背景には、徹底して身体を丈夫に、健康にしたいという願望があったようだ。

運命的と言える出来事は一九〇八年に起きた。それはちょうど、シャクルトンが小屋から南極点に向かうための準備をしていた頃であり、レビックがバーツのヘンリー八世門を最後にくぐって外へ出てから六年後のことだ。その年、マレー・レビックは、戦艦エセックスに軍医として乗り込むよう命令を受けた。しかも、それを命じたのが他ならぬロバート・ファルコン・スコットだったのである。スコットはその年の一月に、その戦艦の指揮を任されていた。キャサリン・ブルースと結婚するのはその八ヶ月後のことだ。

＊

もし仮にそんなことが可能なのだとしたら、私は、ペンギンを観察した時と同じように木箱の中に入り、南極探検家たちの行動を休みなく観察したいとすら思った。ペンギンと同様、私は、探検家たちの「求愛行動」にも強い関心を持ったからだ。オスたちの行動の動機を理解するには、彼らのメスたちとの関係を観察することが役立つ。それはペンギンであっても人間であっても同じなのだということを私は次第に知るようになった。

一九〇八年九月二日、ロバート・ファルコン・スコットは、キャサリン・ブルースとハンプトン・コートのロイヤル・チャペルで結婚した。

スコットは美男子ではなかったが、人当たりの良い優しい人だった。ただ、濃く黒い眉のせいで目が陰鬱そうに見え、それがどうしても強く印象に残る。その目が、見る人の注意を彼の尖った耳や薄くなりかけた髪から逸らす。彼はいつも姿勢正しく、態度も落ち着いていたので、その目の奥に隠された悩み多き心に気づく人はあまりいなかった。スコットは十分に魅力的な人だったので、自身の家族も含め、彼のことを女性にもてると思っていた人は多かった。

二一歳の時、スコットは艦がサンフランシスコに寄港した際、既婚の女性、ミニー・ブランチャードと不倫の関係を持った。ヴィクトリア朝時代の道徳観がまだ根強く残っていた時代だったこともあり、スキャンダルが広まるのを嫌った海軍本部は、スコットを即座にイングランドへと送り返してしまった。

ディスカバリー遠征のあと、スコットは有名人の仲間入りをする。一九〇六年三月のある昼食会で彼は、スコットランド人とギリシャ人の血を引く彫刻家、キャサリン・ブルースと出会う。キャサリンは浅黒い肌をした快活な女性で、その性格には少し軽薄なところがあった。自由奔放で衝動的で、とにかくいつでも人生を楽しみたいと思っているような人だった。彼女はスコットとは正反対の人間だと言ってもよかった。そして、「フェミニズム」という言葉がまだ存在しない時代ではあったが、彼女はフェミニストだった。

キャサリンはまた、一つの強い妄想に取りつかれていた。自分は必ず、将来英雄になる息子を生むという妄想だ。そのために何よりも重要なことは、その子の父親も英雄であるということだった。スコットはまさにその条件に完璧に合う人だったというわけだ。ディスカバリー遠征によってすでに有名人になっていたスコットだが、その後、南極点到達への期待が強くなったことでその名声はさらに高まることになった。南極点を目指しての次回の遠征を、キャサリンはもちろん応援していたし、その冒険の成功こそ彼女がスコットに最も望んでいたことでもあった。

結婚後、スコットが海軍の任務のためにデボンポートに赴いても、キャサリンはロンドンに留まっていた。スコットは赴任先で、まだ発表されてはいなかった次回の遠征の準備をしていた。ただ、キャサリンは自分の月経周期から妊娠しやすいと思われる時期には、スコットをロンドンに呼び寄せた。そして彼女は見事に目的を果たした。一九〇九年のはじめ、キャサリンは妊娠を知らせる手紙をスコットに書いている。その文面を見ると、彼女は自分の動機を隠そうともしていなかったことがわかる。

帽子を放り上げ、叫び、勝利の歌を歌ってください。これで私の願いは間違いなく叶うのだと思います。(1)

アーネスト・シャクルトンは、恋愛や結婚に関してはスコットとはまるで違っていた。彼は肩幅が広く、胸板も厚いたくましい人で、角張ったあごをして、黒く濃い髪は綺麗に左右に分かれていた。また、低い声の魅力的な人でもあった。荒くれ者のようでありながら、時に詩人にもなる、矛盾した性格を同時に持つ人物だった。

商船に乗っていた頃の彼は、まさに港ごとに一人は女がいるという状態だった。しかし、一八九七年六月、二三歳の時、そのような放蕩生活はいったん終わることになった。エミリー・ドーマンと出会ったからだ。彼女は、シャクルトンの妹の友人だった。

エミリーは背が高く、痩せた女性で、派手な顔立ちをしていた。高い鼻に、大きく青い目、そして大きな歯。笑うと特に魅力的になる顔だった。彼女はシャクルトンよりも六歳上で、芸術について高い教育を受けていた。二人はどちらも詩を愛好しており、エミリーはシャクルトンにロバート・ブラウニングの詩を教えた。それ以来、ブラウニングは、シャクルトンにとっても好きな詩人となっている。シャクルトンはすぐにエミリーに夢中になったが、はじめのうちエミリーの方は彼を少し警戒していた。そのせいでシャクルトンの方はますます熱心に彼女に言い寄るようになったのだ。

裕福な弁護士の娘だったエミリーから見ると、商船の船員だったシャクルトンは少し下の階級に属する人間と思えた。実は、シャクルトンがスコットのディスカバリー遠征に参加し南極へと向かった主な理由はそこにあった。自分はすごい人間なのだとエミリーに思わせたい、彼女の愛情を受けるに値する人間だと証明したいと考えたのだ。もちろん、遠征に参加することで手に入る大金も重要だった。

シャクルトンは、一九〇一年、スコットとともに南極へと出発する直前にエミリーに結婚を申し込んだ。おそらく断られるのが怖かったせいだろう。彼は結婚を申し込む手紙を父親に送り、ディスカバリー号が出港する頃にエミリーに渡して欲しいと頼んだ。父親はシャクルトンに「エミリーは君の申し込みを受けるよ」と書いた返事を送ったのだが、その返事がニュージーランドまで到達していたディスカバリー号に着いた時、すでに父親は亡くなっていた。

シャクルトンは出発前、エミリーと婚約するつもりであることを周囲の人たちに言いふらしていた。自分が何年もの間、南極に行って留守にしている間にエミリーに言い寄る人間がいるといけないと思ったからだ。シャクルトンはエミリーへの手紙に「一人の女性を確実に自分のものにしたいと思えば、そのくらいのことはせざるを得ない」と書いていた。[2]

南極にいる間にエミリーと婚約したものの、シャクルトンがその後、一途にエミリーだけを思い続けたかと言えば、そうではなかった。彼は南極からスコットによって本国に送り返されるのだが、帰路、南アフリカからイギリスへと向かう船の中でホープ・パターソンという好奇心旺盛な若い女性と出会い恋に落ちる。シャクルトンは、彼女に詩まで書いて贈っている。その詩はこのような情熱的な言葉で終わる。

寒気がいかに冷酷に無慈悲にこの身を捕らえたとしても
まさにその空気が恐ろしく冷たい暗闇の中で僕らの心を結びつけるのだ[3]

だがそれでも一九〇四年四月九日、七年間の交際期間の後、結局シャクルトンはエミリー・ドーマンとウェストミンスター寺院そばのクライスト教会で結婚した。

しかし、ニムロッド遠征でシャクルトンは、自身が発見し、登った山にホープ・パターソンにちなんだ名前をつけている。「ホープ山」という名前は、表向きは、その山が山頂へと向かう男たちに「希望(hope)」を与えてくれたから、という理由でついたとされている。しかし、後にシャクルトンは、ホープ山の頂きで採取した石をホープに贈った。その石は銀色に光る金属板の上に載せられ、「ホープ山山頂」と彫られた銘板もつけられていた[4]。銘板には山頂の標高(二七八五フィート=約八四八メートル)や、地理座標なども彫られていた。これを見ると、南極はシャクルトンにとって単に自分が探検し征服しようとした土地というだけではなく、それ以上の意味があったのだということがよくわかる。

ロイズ岬の小屋の外では、ペンギンたちが盛んに交尾をしていたはずだ。そして、この石は、シャクルトンが彼自身が言っていたような妻への貞節を守る人間ではなく、どちらかと言えば奔放なペンギンに近い人間だったことの証拠だろう。彼自身の言葉とは裏腹に、シャクルトンも他の多くの極地探検家たちとそう変わらなかったということだ。

ハンサムな英雄、フリチョフ・ナンセンは、北極探検と同じくらい情事でも有名だ。そしておそらく最も驚くべきことが起きたのは一九〇九年七月である。キャサリン・スコットが妊娠し、息子の誕生を待ちわびていた頃のことだ。ベルジカ号での旅の途中、「自分の人生には女性など必要ない」と明言していた、修道僧のようなアムンゼンに大きな変化が訪れたのである。仮にセックスを経験していたとしても、売春宿やイグルーの中だけだっただろうアムンゼンが、三七歳にして人生ではじめて恋に落ちたのだ。

少年の頃からの夢だった北西航路の横断航海に成功したロアルド・アムンゼンには、極地探検に関して、ロバート・ファルコン・スコットと同様、さらに野心的な計画があった。彼は、自分にとっての英雄であるナンセンですら到達できなかった場所、北極点に狙いを定めた。アムンゼンはオスロで、あるダンス・パーティーに出席した。それは望んで出たパーティーではない。ノルウェーの上流階級の中から、彼の冒険に資金援助をしてくれる人を探すことが目的だった。だが、そこで彼は、一人の女性に再会する。クリスチャニア大学でごく短い期間、医学を学んでいた際に同じクラスにいたシグリット・カストバーグだ。彼女は裕福な実業家と結婚していた。そして、いずれも金銭的にゆとりのある自分の友人たちにアムンゼンへの資金援助を頼むと言ってくれた。

それまで女性との間に一度も温かい関係を築いたことのなかったアムンゼンだが、この痩せた、頬骨の高い女性との間には今までとは違った種類の化学反応のようなものが生まれているのを感じていた。

オスロのグランド・ホテルは、カール・ヨハン通りとローゼンクランツ通りの交差する場所に立つ高級ホテルである。フリチョフ・ナンセンは、グリーンランドから帰国した後、そのホテルの角部屋のバルコニーで、万国旗の飾られた街に集まりめいめいに乾杯をする群衆から拍手喝采を浴びたのだった。その場にいたロアルド・アムンゼンもまさに同じ場所で、まったく違った種類の冒険に挑もうとしていた。二〇年後、アムンゼンはまさに同じ場所で、まったく違った種類の冒険に挑もうとしていた。当時のアムンゼンは、間近に迫った遠征の準備作業をオスロで進めるため、そのホテルに一室を与えられていた。ある夜、アムンゼンはシグリットと夕食を共にした。次回の遠征への資金援助について話し合うため、というのが建前だったが、アムンゼンが食事のあと、部屋に戻ると、人目を避けるようにあとからシグリットも部屋にやって来た。アムンゼンはどうしていいかわからず戸惑うだけだったが、シグリットは彼にキスをした。その瞬間、それまでずっと彼の心を固く閉ざし、女性を遠ざけていた氷の壁が一気に溶けてしまった。二人はベッドで愛し合った。普段は冷静で、何事にも用意周到なアムンゼンが、彼女の腕の中で、夢中で求愛行動を取るペンギンのようになってしまった。彼はそれだけ深くシグリットを愛してしまっていたのだ。

私は自分でも実際にそのグランド・ホテルに宿泊してみた。アムンゼンが滞在してから一〇〇年以上が経過した今でも、ホテルは当時から最大の売り物だったその豪華さを変わらずに保っていた。いたるところに惜しげもなく使われている大理石、吹き抜けの天井のある明るい食堂、ビロード貼りの椅子たち、あちこちに飾られる趣味の良い芸術作品。真鍮めっきが施された二台のエレベーターは現在は八階まであるホテルのどの階にでも連れて行ってくれる。アムンゼンの頃より部屋数はかなり多くなっている。カール・ヨハン通りに面した一階から三階までの部屋は当時からあった。ただ残念ながら、ロアルド・アムンゼンとシグリット・カストバーグが過ごした部屋がどれだったのかは正確な記録がないのでわからない。私は一応、自分でここあたりをつけた部屋に泊まることにした。部屋の中に見える高さ七メートルあまりの柱はおそらく当時のまま変わっていない。出窓も、今はガラスが二重になっているが、基本的なデザインは変わっていないだろう。シャンデリアは昔とは違っているだろうが、同じ場所に似たようなシャンデリアが当時もつけられていたのは間違いないと思った。地味なグレーの壁紙とカーペットは最近、張り替えられたばかりらしく真新しかった。ただ、仮にロアルド・アムンゼンが今、私とこの部屋にいたとして、彼が気づく違いは、大きな平面ディスプレイのテレビが置かれていることくらいではないかと思った。そのテレビの存在さえ、彼にとっては大した意味を持たなかっただろう。アムンゼンはその時、服を脱いだシグリット以外、何にも目に入らなかっただろうからだ。当時のベッドが、今ここに置かれているようなキングサイズの快適なものでなかったとしても、彼にはどうでもいいことだったはずだ。

アムンゼンがそうしてはじめての恋を経験していたのとほぼ同じ頃、地球の裏側のオーストラリアでは、ダグラス・モーソンにも同じようなことが起きていた。一九〇九年八月、モーソンはあるディナー・パーティーでフランシスカ・デルプラットに出会った。オランダ生まれでまだ一七歳の彼女は、身長約一八〇センチメートル、長い黒髪の美人だった。英語にはオランダ人らしいアクセントがあったが、モーソンはそれさえ魅力的に感じた。家族とともにオーストラリアに移住する前スペインに住んでいた彼女は、皆に「パキータ」というスペイン風のニックネームで呼ばれていた。パキータとは「自由」という意味だ。ただ彼女に出会っただけで感激していたモーソンだが、さらに嬉しいことに、彼女は地質学とモーソンに強い関心を示した。もしかすると、モーソンに興味を持ったから、同時に地質学にも興味を持ったのかもかもしれない。

一方、同じ頃のマレー・レビックには、女性とつき合っていたような様子はまったくない。手紙を何通か見つけたが、相手は男性ばかりで、しかも、仕事に関するものばかりだった。ペンギンにたとえれば、まだ若く、つがいの相手を見つけていないオス、ということになるだろう。メスを引きつけようと、サブコロニーの端の方に石を集めて巣を作ろうとするのだが、せっかく運んで来た石を、後ろを向いている間に隣人に盗まれたりもする。

＊

一九八四年に私たちは、バード岬で繁殖期間のペンギンたちを二四時間休みなく観察し続けた。その時、ペンギンたちがつがいの相手を時々変えることがわかったが、私たちの見た範囲では、ペンギンたちがピアリーやナンセン、シャクルトンのような不貞行為に走ることはなかった。確かにペンギンたちは同じ繁殖期間の途中で相手を変えることがあるが、同時に二羽のパートナーを持つことはない。その意味では、あくまで一夫一婦ということである。そして、いったん相手が固まり、その相手との間に卵が生まれたら、一生涯とは言わないまでも、かなり長い間、相手を変えないのだろうと私は考えた。昔からその方が利益は大きいとされているからだ。離婚率はきっと低いだろう。少なくとも私はそう予想した。

それは一九八五年一〇月のことだった。私はまるで大きな虫に刺されたようになっていた。レビックがブルセラ症の研究に使った蚊よりもさらに大きな虫だ。私はまた南極に行きたいと強く思う病にかかった。再び南極に行き、バード岬のサブコロニーで箱に入ってペンギンの交尾行動を観察したいという気持ちが高まってどうしようもなくなってしまった。

アデリー・ペンギンは、繁殖のため、毎年同じサブコロニーへと戻って来る。背中の塗料は繁殖期の終わり頃には換羽によってなくなったが、フリッパーに取りつけた番号つき金属製バンドのおかげで、個体の識別はまだ可能だった。

冬はペンギンたちにとって厳しい季節である。雛から成鳥になると、いきなり生涯でも最も危険な時期がやって来る。冬の間は、厳しい気候から少しでも逃れようと、ペンギンたちは北へと移動をする。だが、その冬の移動中に多くの個体が死んでしまう。毎年、六羽のうち一羽は、旅を完了できずに命を落とすのである。ひどい時は、四羽に一羽が死ぬことさえある。

それでも、つがいとなったペンギンのオスとメスが両方ともサブコロニーに無事戻って来られることは多い。ところが私はその年の繁殖期に、驚くべき発見をした。つがいだった二羽がたとえ両方とも無事に戻っても、三組のうち一組は再びつがいにはならないのだ。つまり離婚するということだ。昔から生涯添い遂げることが多い鳥類にしては珍しい。

学生たちと私はその時もまた前回と同じように観察をした。サブコロニーのすぐそばで交替で箱に入り、目の前で繰り広げられるメロドラマを四六時中、休むことなく観察し続けたのだ。

常にそうだとは言わないが、多くの場合、オスのペンギンは、繁殖期のはじめに、前の繁殖期にパートナーだったメスよりも早くサブコロニーにやって来る。アデリー・ペンギンの巣は、硬い地面を少し掘り、周りに小石を並べただけの簡単なものだ。一つの繁殖期が終わり、次の繁殖期が来るまでの間に、小石は散乱してしまうので、巣があった痕跡はほとんどなくなってしまう。長年、ペンギンたちが足で掘り続けたことでできたわずかな窪み以外、そこに巣があった証拠はほとんどない。驚くのは、アデリー・ペンギンたちは自分の繁殖場所をいったん定めたら、ほとんどの場合、毎年、繁殖期になると同じ場所に戻って来るということだ。

オスはその場所に戻って来ると、また小石を集め、巣に並べ始める。石はサブコロニーの外から取って来ることもあれば、隣人の巣から盗むこともある。勤勉なオスは、犬の餌を入れる鉢のような形の巣を作る。小さな石を並べて床や壁を作るのだ。ただ、その「鉢」に水を貯めることはない。その逆で、入った水を外に出す構造になっている。南極では夏であってもいつ吹雪が襲ってくるかわからない。ペンギンが雪で完全に埋まってしまうことも珍しくはない。卵は多孔質なので中には簡単に水が入る。そして水が入ったままだと、中の胎児は間もなく死んでしまう。雪が溶けて水になると、その巣の構造によってすぐに外に出て行く。おかげで親が腹の下に抱え込んでいる卵は常に乾いた状態に保たれるのだ。

求愛期間にオスは──特にまだ相手の決まっていないオスは──実体に合わない「恍惚のディスプレイ」という名前のつけられた行動を取る。オスはまず頭の後ろの羽毛を逆立てる。これによって、普段は滑らかで丸い形のアデリー・ペンギンの頭に尖ったとさかのようなものができる。次にオスは頭を下げて、くちばしをフリッパーの下に押し込んで、うなり声をあげる。さらに、頭を上げてくちばしを空に向け、胸を膨らませて、とぎれとぎれに何度も低くうなる。その間、フリッパーはずっとリズミカルに振っている。かつては空を飛んでいた先祖の記憶を蘇らせているようにも見える。うなり声は次第に激しさを増し、最高音量に達すると、その音量で長く鳴き続けて終わりとなる。

オスはこのディスプレイを始めから終わりまで何度も繰り返す。ディスプレイは伝染する。一羽のオスがすると、周囲の他のオスたちも同じようにディスプレイを始めるのだ。ディスプレイは一種の広告であり、己の存在を皆に知らしめるための歌である。アーネスト・シャクルトンがロバート・ブラウニングの詩を暗唱したのと目的は同じだ。そうすることで、パートナーになり得る相手を誘惑するのである。

オスのペンギンたちは少なくとも私の目にはすべて同じように見えたが、どうやら他のペンギンたちにとっても皆、同じように見えるらしい。だが、ディスプレイの時の鳴き声《コール》は一羽一羽異なっていて、それによって個体を区別することができるようだ。ペンギンのコールは人間で言う指紋のようなものということになる。私は学生たちとともに、オスの「恍惚のディスプレイ」の時のコールにそれぞれどういう特徴があるかを調べ、コールによってメスにもてる、もてないがどのくらいあるのかを確かめた。

アデリー・ペンギンは通常、六歳の時にはじめて繁殖をする。はじめて繁殖をするメスは、相手のいないオスの存在を「恍惚のディスプレイ」によって知り、その中から最初のパートナーを探すのだ。ディスプレイを見て、鳴き声を聞いて即、そのオスとつがいになることも珍しくない。私たちの調査でわかったのは、はじめてのメスは低い声のオスを好むということである。低い声を持ったオスは、ペンギン界のアーネスト・シャクルトンになれるわけだ。その好みは実に理に適っていると私は思う。鳴き声の周波数は身体の大きさの反映である。一般には身体が大きいほど声は低くなる。身体が大きいオスはおそらく脂肪を多く蓄えているだろう。脂肪を多く蓄えていれば、その分だけ長く動かずに生きられる(卵を温めている間はその場から離れられないので絶食をしなくてはいけない)。つまり、繁殖に成功する確率が高いのだ。私は一九七七年にはじめてアデリー・ペンギンの調査をした時すでに、低い声のオスほど、はじめて繁殖するメスに選ばれやすい「セクシーな」オスになることを突き止めていた。

ではすでに繁殖を経験済みのメスの場合はどうなのか。海鳥の場合は、一度つがいになった相手とそのままつがいで居続けることが多い。そうすることにメリットが多いからだ。特にすでにその相手と繁殖に成功したことがある場合には、ますますそのままでいた方が良いと言える。

　私たちは、前回の繁殖期の観察によってすでに繁殖を経験済みであるとわかっているメスの行動も見ていた。すると彼女たちは、相手のいないオスたちのディスプレイには関心を示さないとわかった。彼女たちはやはり、前回巣を設けていた場所に近づいて行こうとする。それを見る限り、同じ相手とまたつがいになろうとしているようだ。前回パートナーだったオスは、巣の場所に独りでいれば、メスの姿を見て歓迎の叫び声をあげる。そして、メスの方もすぐ、同時に同じような叫び声をあげる。この声は「ミューチュアル・コール」というわかりやすい名前で呼ばれている。だが、元の巣にメスが戻って来ても、そこに元のパートナーだったオスがいなかった場合、メスは数時間、時には数分のうちに新しいオスとつがいになる。南極の夏は短いので、繁殖を急がなくてはならないからだ。ゆっくりパートナーの帰りを待っている暇はない。

　メスが新たなパートナーを選ぶ場合には、いくつか重要な条件があるようだ。メスの判断基準が揺らぐことはない。パートナー選びの際、決定権は常にメスだけにあるからだ。意思決定はすべてメスが行う。オスの方は、自分の近くに来て、腹ばいになるメスがいれば、相手構わず必ず交尾をする。巣がサブコロニーの周縁部にあると、トウゾクカモメによる捕食の危険性が高まる。そのため、メスは、サブコロニーの中心部に巣を構えるオスを好むのではないかと私たちは予想していた。また、繁殖の経験のあるオス、特にすでに繁殖に成功したことのあるオスは、きっとメスにとって魅力的に見えるだろうと考えた。

　一九八五年の求愛期間に私たちは、サブコロニー中の相手のいないオスをすべて個体識別し、それを記録した。また、どのメスがいつサブコロニーに戻ってきたか、それぞれ正確な時間を記録し、メスたちに選ばれたオスと、選ばれなかったオスの特性を比較した。

驚いたことに、メスにとってオスを選ぶ基準として突出して重要だったのは、巣の位置がそのメスの前回の繁殖時の巣に近いことだった。前回と近い場所に巣を構えているほど、メスはそのオスに惹かれる傾向があった。そう考えると、メスがサブコロニー内でパートナーを変更するパターンはまったく理に適っていることがわかる。メスは、いったん新しいパートナーとつがいになっても、前回のパートナーがその後、自分の前に姿を現せば、新しいパートナーを捨てて、元のパートナーとよりを戻し、前と同じ巣に戻ることが多い（特に、新しいパートナーを選んでからあまり日が経っていない場合にはそうすることが多くなる）。メスの方も、自分の以前のパートナーが隣人である別のメスとつがいになっているのを発見した場合には、そのメスと激しく戦い、結局は追い出してしまうことが多い。その上で、改めてまた元のパートナーとつがいになるのである。

アデリー・ペンギンのコロニーでは、求愛期間によく戦いが観察されるが、その中には本当はメスどうしの戦いにもかかわらず、誤ってオスどうしの戦いとして記録されるものも多かったようだ。脊椎動物の多くは専らオスどうしが戦うのだが、アデリー・ペンギンの場合には、実はメスどうしのオスをめぐる戦いが多い。

一九八五年の夏、私は、アデリー・ペンギンの離婚率を上げる要因を他に二つ見つけた。前回、雛を育て上げることに成功したつがいは、次の年にも再びつがいになる可能性が高い。ただ、長い冬の間の移住から帰還する時期に大きなずれがあると、その二羽は離婚しやすい。南極の夏はあまりにも短いので、たとえどれほど素晴らしい相手であっても、メスには長々と待っていられる余裕はないのだ。

＊

一九〇九年時点のマレー・レビックはまだ、自分がパートナーとして優れていることを女性に知らせることはできていなかった。しかし、極地への遠征にふさわしい人間であることは、徐々に周囲に知られるようになっていたようだ。極地への遠征は、ペンギンの抱卵と同じように、忍耐の必要な仕事である。忍耐力があるかどうかが成功と失敗とを分けるのだ。レビックは、ロンドンの東に位置するサフォーク州沿岸のショットリーという街に駐留していた。イギリス海軍はそこで、海岸基地を拠点に練習艦を使った訓練を行っていた。その練習艦を見て海軍に憧れる少年も多かった。ガンジス号という名のその船に、レビックは軍医として乗り込んでいた。そこで彼は、練習生たちの身体的訓練に関心を持つようになる。

ショットリーは小さな街ではあるが、歴史上は重要な場所である。様々な戦いが繰り広げられたところだからだ。最初はヴァイキングとの戦いだった。そして、ウィリアム征服王（ドゥームズディ・ブックでも知られる王だ）と彼の息子たちの戦い。百年戦争と二度の世界大戦もあった。苦難の歴史であったことは間違いない。だが、その陰に隠れてはいても、きっと良い時代もあったのだろうと思う。ガンジス号は二〇世紀に長らく訓練に使われていたが、一九七六年についにその役割を終えることになった。ガンジス号のマストは無残な状態になってはいるが、小さな港のそばの丘の上に今も残っている。

このショットリーにいた時期に身体的訓練に関心を持ったことが、後にレビックを南極に大きく近づけることになるのだ。

第八章　アムンゼンの嘘

一九〇九年九月二日のことだ。その時のロアルド・アムンゼンは、次の遠征に向けた準備をしていた。世界ではじめて北極点に到達することを目的とした遠征だ。そのため、彼の子供の頃のヒーローであり、後にメンターにもなったフリチョフ・ナンセンから、極地での航海のために特別に設計された船であるフラム号を譲り受けた。

だがその日、アムンゼンは、協力者たちから驚くべき知らせを受けることになった。ベルジカ遠征に医師として参加し、その遠征でアムンゼン自身を救ってくれたフレデリック・クックから「北極点到達に成功した」との電報が入ったというのだ。それはスコットランド北部のシェトランド諸島からの電報だった。クック本人によれば、北極点には一九〇八年四月二一日に到達したという。だが、帰還のための旅があまりに長く過酷だったために、電報を打てるだけの文明のある地域にたどり着くまでに一八ヶ月も要したというのである。

だが、それから一週間もしないうちに、信じがたいことが起きた。クックのメンターでもあるロバート・ピアリー――クックはこのピアリーとともにグリーンランドを横断しているし、極地探検の技術をクックに教えたのはピアリーである――からも「私は北極点に到達した」という電報が届いたのだ。ピアリーはクックとはまったく別に北極点に向かい、本人によれば、一九〇九年四月六日に到達に成功したという。まるで二頭のオスのセイウチが唇の上で向かい合っているような立派な口ひげが印象的なピアリーは、かつての教え子であるクックにとって最大の脅威となったわけだ。ピアリーとその支援者たちは即座に、クックは信用のできない人間であるという主張を始めた。クックにとって何より大きな打撃となったのは、三年前のアラスカ、マッキンリー山（現在はデナリ山が正式名称になっている）への初登頂が嘘だと言われたことだ。登頂の証拠とされてきた写真―クック自身がマッキンリー山頂から撮影したと言った写真―は、付近の別の山から撮影された偽物である可能性が非常に高いというのだ。

クックやピアリーの発表のすぐあと、ロバート・ファルコン・スコットも独自に重大な発表をした。一九〇九年九月一三日、妻のキャサリンが息子のピーターを生んだまさにその日に、スコットは南極への新たな遠征に向かうことを正式に発表したのだ。それは「南極点への到達と大英帝国の名誉のため」(1)の遠征だった。

その遠征の約八〇〇〇名の参加者の中には、マレー・レビックも含まれていた。そうなるにあたっては、すでに面識があったスコットの助力があったのは間違いない。レビックは、医師として、また空いた時間には動物学者としても活動するべく、遠征に加わることになった。その頃のレビックは、すでに地元では医師として名を知られるようになっていたし、遠征参加者の食生活、体調管理や体力作りを管理する人物としては適任だと思われた。

レビックはその時まだ、ペンギンという生物を一度も見たことはなかったし、ペンギンを研究したいという意思もまったく持っていなかった。実のところ、動物学の研究自体、したいとは思っていなかったのだ。彼がその遠征に参加したのは、六七年後の私と同じで、ただ南極に行きたかったからだ。

その南極に行きたいという気持ちがどこから来たのかはよくわからない。ただ、彼が海軍に入り、最初に医学に関する訓練を受けていた時、共に訓練を受けていた中にアリスター・マッケイがいたことはわかっている。マッケイ博士は、シャクルトンのニムロッド遠征に参加した医師である。レビックがマッケイと南極探検のことを何か話した可能性は十分にあるし、少なくとも、マッケイという人物の存在は認識していただろうと思われる。その影響で、自分も南極に行ってみたいと思うようになったとしても不思議はない。

あるいは、探検そのものにはさほど興味がなかったとしても、祖国の名誉のために南極点到達という偉業を成し遂げることに興味を持った可能性はある。スコットの発表から三日後のニューヨーク・タイムズ紙には、ロバート・ピアリーが次は南極点への初到達を狙っているという記事が載った。もしそれが成功すれば、地球の両極への到達という名誉をアメリカに独占されてしまうことになる。しかも同様の発表は、その他にも、ドイツのヴィルヘルム・フィルヒナー、フランスのジャン＝バティスト・シャルコー、日本の白瀬矗など、多くの探検家によってなされていた。ただし、ノルウェーからは、南極点到達を目指すという発表はなされなかった。アムンゼンは、最初に北極点に到達したのはフレデリック・クックだと信じ、クックを支持していた――ベルジカ遠征での命の恩人への忠誠を守っていたのである。そして、クックやピアリーの発表とは無関係に、北極への遠征は決行するつもりでいた。ただし主目的は、北極点への到達ではなく、北極の海洋調査へと変わったと本人は発言している(2)。

極地遠征には多額の費用がかかるが――まず移動のための船が必要で、食料や備品等も調達しなくてはならず、雇い入れた人員の何年分かの給与も必要になる――資金を入手するのは容易なことではなかった。それは、アムンゼン、ピアリー、スコット、シャクルトンなどの有名人であっても同じだったし、王立地理学会のような権威ある団体の支援を受けていてもやはり同じだった。不足分を補うためには、どうしても名のある人間が自ら講演などを何度も行わなくてはならなかった。スコットが、黒板にペンギンの絵を描いたウィットワース・ホールでの公開講座に出たのも資金を得るためだったし、シャクルトンにしても事情はまったく同じだった。

特にシャクルトンは金銭的に厳しい状態にあったようだ。たとえば、ダグラス・モーソンは二年間も給与が支払われないまま仕事をしていたし、結局、支払われたのは遠征が終わって何ヶ月も経ったあとのことだった。シャクルトンはエミリーを伴って各地へ出向き、公開講座を多数こなすことになった。ヨーロッパを広範囲旅しただけでなく、アメリカまでも出かけて行った。一九〇九年一〇月にはオスロに立ち寄り、会場を満員に埋めたノルウェー人の聴衆の前で話した。聴衆の中には一人、他の誰よりも熱心に話を聴く者がいた。彼は長身だが物静かな人で、大きな鼻が特徴だった。ただ、エミリーの心を何よりとらえたのは彼の目だ。夫が話をしている間、エミリーはその印象的な聴衆についてこう書いた。「目にはどこか神秘的なところがあり、そのせいで眼差しが柔らかく感じられる。あれは幻を見ている人の目だ(3)」

その聴衆、ロアルド・アムンゼンは、シャクルトンの言葉をすべて漏らすことなく吸収しようとしていた。たとえば、ロス棚氷の話―アムンゼンの子供の頃の友人、カルステン・ボルクグレヴィンクが発見したロス棚氷だ。その場所をスコットとシャクルトンは一九〇二年に訪れている。シャクルトンは、自分たちが訪れた地点のそばのバルーン・バイトで氷の塊が分離したことから大きな入江、クジラ湾ができた経緯を詳しく話した。また、一つ間違えば大惨事になったかもしれない気球からの観測、撮影の話もした。気球の上から見えたのは、見渡す限り平坦な棚氷だった。それは南極点にまで続くハイウェイのように思えた。そういう話をアムンゼンはすべて注意深く聴いていたのである。

アムンゼン自身がそう認めたわけではないが、シャクルトンの話を聴いていた時にはもう、自分が行くべきは北極ではなく南極であると考えていたのではないだろうか。北極点到達が成し遂げられてしまった以上、残る名誉はもはや南極点到達しかなかったからだ。

一九〇九年一二月一四日、シャクルトンにはバッキンガム宮殿で素晴らしい名誉が与えられた。南極点の近くまで到達した功績を称え、エドワード七世は彼にナイトの称号を授けたのだ。まさに、あのロイズ岬の小屋の壁に写真が飾られていた王である。王は、ひざまずいたシャクルトンの肩に剣で触れた。どちらも女好きで、魅力的な二人の人物が剣によって結びついた瞬間だった。サー・アーネスト・シャクルトンの誕生だ。シャクルトンがナイトとなったことはスコットにも少なからぬ影響を与えただろう。「サー・アーネスト」という言葉を耳にするだけでも、スコットは、二人から喉に剣を突きつけられているような気分になったのではないだろうか。

クックとピアリーのどちらが本当に北極点に到達したのか、という論争はその頃もまだ終息していなかった。バッキンガム宮殿でシャクルトンがナイトになり、同時にニムロッド遠征の参加メンバー全員に王から極地メダルが授けられた式典から一週間後、調査を委託されていたコペンハーゲン大学は、フレデリック・クックの北極点到達には十分な証拠がないという見解を発表した。クックの主張の証拠となるはずの詳細な航海記録はハンターのハリー・ウィットニーが持っており、彼はその時、グリーンランドにいた。ウィットニーはクックのためにその記録をアメリカまで持って来てくれるはずだった。皮肉なことに、ウィットニーはピアリーの船に乗ってアメリカに戻って来た。そして、ピアリーは、クックの航海記録を船に乗せることを拒否したのだ。グリーンランドに残されたままになったクックの航海記録は、その後、誰の目にも触れることはなかった。また奇妙なのは、ピアリーは自らの記録の調査を拒んだということである。その記録は現在、ナショナル・ジオグラフィック協会が保管しているが、協会とピアリーの家族の希望により、外部の人間は誰もそれを閲覧できないことになっている。

クックについては様々な意見があったが、アムンゼンは少なくとも表向きはクックを信じると言っていた。クックは彼にとって忠誠を尽くす相手だったからだ。そのアムンゼンですら結局、クックは北極点に到達しておらず、一方のピアリーは間違いなく到達したであろうことを認めざるを得なくなった。北極点初到達の名誉はピアリーのものになったのだ。

アムンゼンは密かに、北極ではなく南極へ行く計画を立て始めた。

＊

一九八八年八月二二日、ニューヨーク・タイムズ紙に、ロバート・ピアリーの北極点到達を否定する記事が掲載された。それは世界で同紙だけの独占報道だった。記事によれば、ピアリーの偉業から一〇〇周年ということで、ナショナル・ジオグラフィック協会は彼の遺した記録資料をはじめて詳しく調査したという。実際の調査作業を担当したのは極地探検家で作家のウォーリー・ハーバートである。ハーバートは、ニール・アームストロングが月面に偉大な一歩を印したのとまさに同じ年、史上はじめて犬ぞりで北極点に到達した人物である。彼の偉業には確かな証拠があり疑う余地はなかった。だが、ピアリーの記録は調査の結果、完全なものとは言えないことがわかった。彼が北極点に到達したとされるその日の日記のページには、自分の現在地を示す記述が一切、なかったのだ。ただ、「ついに北極点に到達！」とだけ書かれた紙がそのページに挟み込まれていただけだ。(4) 一日あたりの移動距離―七〇マイル（約一一二キロメートル）を超えていた―についての記述はあったが、とても信用できる数字ではない。日記の別のページでは、現在地を計算しているのだが、海流の影響や、自分が乗っている氷の移動などを考慮した修正は加えていない。極地で自分の現在地を正確に特定するには、そうした修正が極めて重要になる。ピアリー自身が「北極点に到達した」と判断した時、実際には北極点から三〇〜六〇マイル（四八〜九六キロメートル）離れた場所にいたのだろうとハーバートは結論づけた。

私はこの報道に大きな衝撃を受けた。何という皮肉な話だろうか。

＊

一九〇九年にクックとピアリーが相次いで自らの北極点到達を主張し始めたことが、ロアルド・アムンゼンに大きな影響を与えたことは間違いないだろう。アムンゼン自身は公には正反対のことを言っているが、やはり影響は否定しようがない。この出来事をきっかけに、アムンゼンの関心は南極へと向かい、そしてそれがまったく意図していなかったスコットとの激しい南極点到達競争へと発展していく。また、この事実は、マレー・レビックがペンギン生物学者になったことにも大いに関係がある。

ダグラス・モーソンも南極に行くことを強く希望していた。ただし、彼の場合は、磁南極や南極点に最初に到達して名誉を得たいとはまったく考えていなかった。彼が南極に行きたかったのはあくまで科学、地質学の研究のためだ。その白く巨大な大陸について調べれば、地球の歴史について多くのことがわかると考えたのだ。彼が特に知りたかったのは、南極大陸とオーストラリア大陸との関係だった。

モーソンはニムロッド遠征に参加していたが、彼はその中でバッキングガム宮殿での式典に出席しなかった数少ない一人だった。シャクルトンが王の前でひざまずき、単なるアーネストからサー・アーネストになったあの式典の場にモーソンはいなかった。国王エドワード七世は、ニムロッド遠征のメンバーに極地メダルを授けたが、欠席したモーソンも同じメダルを授かっている。

しかし、モーソンはそれから一ヶ月後の一九一〇年一月半ばにロンドンに行き、スコットと会っている。スコットは、次の南極遠征、つまりテラノバ遠征に同行しないかとモーソンを誘った。モーソンは、自分はアダレ岬で隊から外れること、またその際、自分以外に三人の人員が同行することを認めてもらえるのなら行く、と返事をした。彼は、その合計四人でアダレ岬の西側の海岸線を調査したいと考えていた。その場所を調べれば、かつて南極大陸とオーストラリア大陸が一体だった証拠が見つかるはずだと信じていたからだ。スコットは一回の遠征で設ける基地をもう一つ増やすことに難色を示した。テラノバ遠征ではすでに、マクマード入江の本部基地に加え、エドワード七世半島にも第二基地を設けることにしていたからだ。モーソンは、要望が受け入れられないのなら、自分はスコットの遠征には参加せず、自力でアダレ岬に行くと言った。その後、ビル・ウィルソンも同席するかたちで再度、二人の会合がもたれたが、進展はなかった。

一九一〇年一月二六日、スコットは話し合いを続けるため、モーソンを夕食に招待した。その場でモーソンはキャサリンと出会い、すぐに彼女に強く惹きつけられてしまった。ジョージ・バーナード・ショー、ジェームズ・バリー、オーギュスト・ロダンなどと同様、彼女の美しい身体に惹かれ、彼女を中心とした太陽系の惑星の一つになってしまった。

スコットがどうしても条件を呑んでくれなかったことから、モーソンはテラノバ遠征への参加を断り、独自にアダレ岬に行く道を探し始めた。その頃、サー・アーネスト・シャクルトンはまだヨーロッパでの講演旅行を続けていた。モーソンは母国へと帰ってきたシャクルトンに会い、相談した。するとナイトになったばかりのシャクルトンはモーソンに、次回の自分の南極遠征に主任科学者として同行するよう求めた。

シャクルトンは、以前と同じようにまた、彼がスコットの領分を侵そうとしていると思われるのを恐れ、スコット宛に手紙を書いた。

私は南極遠征に向けて準備を進めていますが、これは純粋に科学研究が目的の遠征です。一九一一年中に南極の海岸線での調査を開始する予定にしています。東側の基地はアダレ岬に設置します……[5]

スコットは引き続き、遠征への参加者を集め、南極点到達のために必要な備品、機材の調達も進めていた。スコットが特に注目していたのは、まだ作られ始めたばかりの雪上車だった。雪上車は、雪の上でも進めるようキャタピラを履いた車である。一九一〇年三月のはじめ、スコットはキャサリンとともにノルウェーに向かい、雪上車のテストを見たのだが、残念ながら走り始めてすぐ、車軸が折れて動かなくなった。

ノルウェー滞在中、二人はフリチョフ・ナンセンを訪ねている。ナンセンはおそらくスコットをあまり快く思っていなかったが、それでも会ってくれたのは、モーソンなどと同様、ナンセンもキャサリンに惹かれていたからだろう。スコットが、エイヴィンド・アストラップが極地探検での有効性を証明した犬ぞりとスキーではなく、ガソリン・エンジンの雪上車に頼ろうとしていることに知り、ナンセンは愕然とした。

ただ、アストラップの前例を忘れていない者もいた。ちょうどその頃、地球の裏側、オーストラリアのメルボルンには、バートラム・アーミテージがいた。アーミテージは、レイモンド・プリーストリーとともに、ニムロッド遠征の西隊のメンバーだった人物である。彼は、会員制ホテルであるメルボルン・クラブの一室にチェック・インをした。タキシードを着用し、三ヶ月前にバッキンガム宮殿でエドワード七世から授かった銀色の極地メダルも下げていた。彼は部屋の床にタオルを敷き、その上に横たわると、自らの頭に拳銃を向けて発砲した。

ナンセンはスコットの計画を自殺行為とまでは言わないまでも、あまりにも愚かだと考えた。ナンセンはスコットに、少なくともノルウェーの若きスキーの名手、トリグヴェ・グランを遠征に同行させることを強く勧めた。グランがいれば、隊員たちにスキーを教えることができるはずとナンセンは考えた。グランはすでにアムンゼンには会っていた。グランは、公には間もなく北極に行くことになっていたアムンゼンをスコットに引き合わせようとした。地球の両極へと向かう二人が科学的なデータを共有すれば、互いにとって役に立つだろうと考えたのだ。グランは、アムンゼンの兄、グスタフを仲介として、アムンゼンに会うことにした。グランはスコットとともに、バネフィヨルデンの岸辺に立つアムンゼンの自宅を訪れたのだが、そこにいたのは兄のグスタフだけだった。一時間ほど待ったのだが、会合のことを知っているはずのアムンゼンは不思議にも姿を見せなかった。アムンゼンがこの時に考えていたことを知っていれば、彼のこの行動は褒められたことではないとはいえ、理解はできる。

クックとピアリーのことがあっても計画は変えないと言っていたアムンゼンは、実際、頭の中で何を考えていたにせよ、表向きには北極行きの準備を進めてはいた。ただ、彼は密かに、別の兄、レオンに助けられて、南極遠征の準備もしていたのだ。アムンゼンは自分の本当の計画を、遠征のために集めた人たちにも秘密にしていた。それは一つには、ナンセンの支持を失うことを恐れたためだ。またノルウェーの新王、ホーコン七世の支持を失うことも恐れていた。ホーコン七世は、アムンゼンの遠征によって、ノルウェーの北極地域での地位が向上することを喜んでいたからだ。ノルウェー政府がこの遠征のために元来ナンセンの船であるフラム号を提供したのも、ナンセンの支持があったためである。ただ、ナンセンは、フラム号だけでなく、ヤルマル・ヨハンセンも遠征に連れて行くようアムンゼンにもとめていた。ヨハンセンは以前、勇敢にも北極点到達に挑んだが、失敗に終わっていた。ヨハンセンが経験豊富で、極地探検に必要な知識や技能も十分に備えていることは確かだったが、彼は大酒飲みで、きっとトラブルの元になるだろうとアムンゼンは思っていた。アムンゼンはできればヨハンセンを同行させたくはなかったが、遠征の出資者であるナンセンの機嫌を損ねるわけにはいかなかったので、結局は折れた。

自身が「ウラニエンボルグ」と呼んでいたアムンゼンの家は、クリスチャニアの南、バネフィヨルデンの海岸からわずか数メートルという場所にある。それでも海に生きた男の家としては十分、海から離れていると言えるだろう。実はその頃、密かに家のそばの桟橋では、南極へ持って行くつもりの小屋を建てていたのだが、玄関からその埠頭までは結構な距離がある。彼はその小屋を、ジェームズ・クラーク・ロスによって発見され、子供時代の友人、カルステン・ボルクグレヴィンクがはじめて上陸を果たした棚氷の上、サー・アーネスト・シャクルトンがクジラ湾と名づけた場所のすぐそばに設置する予定にしていた。アムンゼンは徹底的に秘密主義を貫いた。小屋ができたあとはその中に自ら実際に住んでテストもしたのだが、その間、誰もそばに来させることはなかった。ただし、シグリット・カストバーグだけは例外だった。二人は小屋の中、トナカイの毛皮を敷いたベッドで愛し合った。それはアムンゼンの人生の中でも最も幸せな瞬間だったのかもしれない。

それまでほとんど女性との関わりはなく世捨て人のように生きてきたアムンゼンである。愛によってもたらされる身の震えるような幸福感も知らずにきた。そのアムンゼンが自分のパートナーに選んだのが、既婚の女性だった。当然のことながら、事態は複雑になり、物事は思い通りには進まない。そのおかげで、彼はかえって楽に極地へと旅立てたとも言えるだろう。ただそう言い切ってしまうと嘘になる。アムンゼンは、彼がはじめて心から愛したシグリットに、夫と別れて自分と結婚して欲しいと頼んだ。しかし彼女はそれを拒んだ。

それ以後、アムンゼンは再び極地探検家らしく常に冷静に振る舞う人間になる。感情を交えることなく冷静に自らに迫る危険の大きさを判断し、人間と動物の命の価値を比べることもできる探検家だ。必要とあれば、苦楽を共にしてきた犬たちを平気で殺し、その肉を食べることもできる。その力は実際に彼を大いに助けることになる。アムンゼンはシグリットとはきっぱり別れた。

*

一九一〇年五月六日、エドワード七世は崩御した。それ以後、国の性に対する価値観は再び禁欲的、清教徒的なものへと変わり始める。ただし、王室内での近親婚はまだなくならなかった。いずれにしても、「愛撫王」という異名のあったエドワード七世自身は、当然のことながらもはやその後の世の中の変化とは無関係である。女性と同じくらいにタバコ、葉巻を愛した王は、心臓疾患にかかり、闘病生活の後に亡くなったのだが、その間はタバコも女性も彼の役には立たなかっただろう。ただ驚いたことに、最後の愛妾だったアリス・ケッペルは、王妃アレクサンドラによって、死の床にいる王に会うことを許されている。エドワード七世の後を継いで国王となったのは彼の次男ジョージ五世である。

ジョージ五世は王位に就く前にいとこと結婚しようとしたことがあった。結局、その結婚は母親と叔母の反対で立ち消えとなったが、その後、彼が結婚した相手は、いとこよりは遠い関係とはいえ、やはり親族のヴィクトリア・メアリー（「メイ」の名で知られている）だった。しかも彼女は元々、ジョージ五世の兄の婚約者である。兄が肺炎で死亡したために、彼は王位とともに妻も引き継ぐことになった。

結婚から一〇年あまりの間に、ジョージとメアリーの間には六人の子供が生まれた。その後は本来であれば、親は子に子は親にすべての愛情を注ぐもののはずであるが、父親のジョージは相変わらず、王女たち、娼婦たちとの放蕩を続けていた。それは彼の死の間際まで変わることがなかったのだ。

ヨーロッパの王族には異常なほど近親婚が多い。それに比較すれば、ペンギンの繁殖行動が至極「真っ当」なものに思えてくる。ジョージ五世が国王となる少し前には、彼のまた別のいとこがノルウェー最初の国王、ホーコン七世となったが、彼の結婚相手、モード・オブ・ウェールズもやはりいとこである。

一九一〇年六月一日、テラノバ号は新たな国王、王妃のいるイングランドを出発した。船に乗り組んでいたのは六〇人ほどの男たちで、その中にはマレー・レビックもいた。レビックはスコットの要請によって海軍の任務を解かれていた。スコットの遠征の第一の目的はあくまで科学研究であり、南極点への到達はあくまで二次的な目的にすぎなかった。ただ、それはもちろん、建前である。積まれていた機材や備品、動物たち、そして船に乗っていた人間たちをよく見れば、彼の本当の目的は明らかだった。スコットは、参加者の中の「東隊」を、南極点到達を目指す人員にしようと考えていた。

東隊を率いるのはヴィクトール・キャンベル大尉である。当時三四歳だったキャンベルは、テラノバ号の一等航海士でもあり、またスコット同様、数少ない子持ちでもあった。キャンベルには八歳になる息子がいたが、彼の結婚生活はうまくいってはいなかった。妻が、自身の妹の死後、鬱病になってしまったからである。キャンベルは、妻から遠く離れ、見知らぬ土地を旅できることを密かに喜んでいた。

東隊が調査することになっていたのは、一九〇二年にスコットが今は亡き国王にちなみ「エドワード七世半島」と名づけた土地だった。これは、ロス棚氷の東端から目にすることができる半島だが、シャクルトンが到達に失敗したためにまだ未踏のままになっていた。またスコットはそれを失敗ではなく、シャクルトンの裏切りだと信じていた。

出発に際しては、スコットの長年の支援者であるサー・クレメンツ・マーカムも埠頭まで見送りに来た。テラノバ号はグレート・ブリテン島の南岸に沿って進み、その間にいくつかの港に立ち寄った。最後の寄航港となったのはカーディフ港である。カーディフ港を出て、大西洋へと乗り出したのは六月一五日だった。キャンベルは日記に彼らしい素っ気ない書き方でその日を記録している。

我々はカーディフ港を出た。天気は良く穏やかだ。出航を祝うように何隻かの汽船がしばらくついてきた。船長とスコット夫人、そして友人たちは、はしけに乗って船を離れた。[6]

船長のスコットがそこで船を離れて残ったのは、まだ資金集めの必要があったからだ。彼は、高速船で後を追い、六週間後、南アフリカでテラノバ号に合流する予定だった。そこまではキャサリンも、息子のピーターをあとに残して同行する。そして、ビル・ウィルソンの夫人や、副船長のテディ・エヴァンズも同じ船でやって来ることになっていた。

祖国を離れたテラノバ号はまず、マデイラ諸島へと向かった。そこは亜熱帯の島々でポルトガル領となっている。船は六月二三日にマデイラ諸島に到着し、その地に三日間留まった。

＊

一九一〇年九月三日には、フラム号もマディラ諸島に立ち寄っている。三日間停泊し、その間に新鮮な水と食料を補給し、壊れたスクリューの修理もしている。フラム号がオスロを出発したのは六月三日で、その後すぐアムンゼンの住むバネフィヨルデンに向かっている。そこには、アムンゼンが自宅の庭に建てた小屋があったからだ。シグリットと愛し合ったあの小屋である。小屋はいったん解体の上、船に積み込まれた。部品には、あとで元に戻せるようそれぞれに番号が振られた。真夜中、ノルウェーの独立記念日である六月七日に日付が変わった頃、フラム号は華々しいファンファーレもなく静かに出航した。船はフィヨルドを縫うように進み、やがてクリスチャニアから離れて行った。その時、ナンセンはポルホグダの自宅にいた。彼は赤レンガの塔の最上部にある自分の仕事部屋から船を見ていた。アムンゼンの指揮の下、フィヨルドを抜け出し、外海に向かって行くフラム号の姿は、ナンセンの心に強く残ったようだ。彼はその時のことを「自分の人生でも最も辛い瞬間」と言っている(7)。

フラム号は一ヶ月ほど北アイリッシュ海に留まっていた。その表向きの目的は海洋調査ということになっていたが、アムンゼンはその時、密かに船のエンジンをテストし、隊員たちの人間性や仕事ぶりを見ていたのだ。その後、船はいったんノルウェーに戻り、燃料や積荷を補充した。またさらに、ノース・グリーンランドの犬、九七頭も載せられた。強い犬ばかり特別に選りすぐった九七頭である。ついにノルウェーの海岸を離れたのは八月一〇日のことだった。目的地は北極点ということになっていた。予定ではいったん南へ向かい、ホーン岬を回って太平洋へ出て、ベーリング海峡を抜けて北極に向かうはずだった。

あと三時間でマデイラ諸島を出発するという時、アムンゼンは話したいことがあると言ってすべての隊員をデッキに呼び集めた。彼は、メイン・マストに大きな南極な地図を固定し、全員の前に立った。ついに、皆を騙していたことを告白する時が来たのだ。北極に行くと言っていたのは嘘で、本当は南極に行く、とアムンゼンは告げた。その秘密を前もって知っていたのは、アムンゼンの兄のレオン、一等航海士のクリスティアン・プレストルード、そしてフレデリック・ジェルトセン大尉だけだった。ジェルトセンは、一九〇六年のホーコン七世の戴冠式の時点ではまだ訓練を受けていたという若い将校だった。

アムンゼンはなぜ自分が皆を騙さなくてはならなかったのか、その理由を説明した。もし、まだノルウェーにいる時に秘密が漏れてしまったら、おそらく出資者たちからの支援を失うことになっただろうと彼は言った。この話には誰もが驚いた。その場は完全に静まり返ってしまった。アムンゼンは一人ひとりに、自分と行動を共にしてくれるかを尋ねた。この場を離れる者には、ノルウェーに帰るための旅費は払うと言った。だが、結局、そんな必要はなかった。全員がアムンゼンと南極に向かうと答えたからだ。

レオン・アムンゼンは、フラム号がマデイラ諸島を出航する直前に下船した。彼は弟であるロアルド・アムンゼンが書いた国王とナンセンに宛てた手紙を持ってノルウェーへと向かったのだ。手紙が届くまでには三週間ほどを要したが、それだけの時間があれば、フラム号は十分に南極に近づくことができた。レオンは、アムンゼンが家族に宛てて書いた手紙も持っていた。その中で彼は自分の置かれた新しい状況について説明していた。間もなくスコットに打電をし、マスコミにも事実を公表するつもりであることも知らせていた。

アムンゼンは自分の子供の頃からの英雄、ナンセンに宛てた手紙を謝罪の言葉で締めくくっている。細心の注意を払い、完全に彼を騙したことを侘びているのだが、その言葉は不思議にもイエスの言葉を思わせるものになっていた。

私は自分のしたことについてあなたの許しを乞わねばなりません。さぞや気分を害されたと思います。私としては、このあとの仕事を見事に成功させることでせめてもの罪滅ぼしをするしかありません。(8)

「主よ許し給え。我は自らの為したことを知っている。たとえ我を信じなくとも、我のこれから為す仕事は信じたまえ」そうイエスは言っているのだ。

アムンゼンと彼の「仕事」は、スコットの「東隊」と前触れもなくいきなり競合することになった。そして、マレー・レビックもその東隊の一員になるのだ。

第九章　東隊

スコット率いるテラノバ号は、南アフリカを経て、オーストラリアに向けて航行中だった。遠征の資金はまだ不足していたので、スコットは、ビル・ウィルソンと、乗組員何人かの夫人たちに資金集めを頼むことにした。ウィルソンたちは高速船に乗って先にオーストラリアへと向かう。そこで、スコットたちが到着するまでの間に資金を集めるのだ。スコットとウィルソンたちはメルボルンで会うことになっていた。

スコットとキャンベルは、オーストラリアに向かうまでの間に、人員の分担を決めることにした。誰を東隊に入れるのか、また南極点に挑む隊を支援する海岸隊には誰を入れるのかを決めなくてはならない。キャンベルは東隊を率いることになっていたが、この隊は一年以上もの長い期間、まったく孤立するので、医師を一人入れる必要があった。船には医師が二人乗っていた。マレー・レビックとエドワード・アトキンソンである。アトキンソンはレビックよりも五歳下だった。二人のうち東隊のメンバーにふさわしいのは、どう考えてもレビックだった。彼は食事や運動についての知識が豊富だったからだ。どちらも、南極点への旅には必ず役に立つだろう。

スコットは、レビックが自分の下ではなく、キャンベルの下についたことを密かに喜んでいた。スコットは自分から彼を遠征のメンバーとして選んだにもかかわらず、実のところあまり高い評価はしていなかったからだ。彼はこんなふうに書き残してる。

彼はどうも、新しいことを学ぶという能力に欠けている。自発的に動く力もないので、放っておかれると何もできないのではないかと思う。(1)

東隊は、レビックに三つの仕事をしてもらう必要があった。医師以外に、動物学者、そして写真家としての仕事があったのだ。

未踏の地だったエドワード七世半島の地図を作り、詳しい記録をする地質学者としての仕事は、オーストラリア人のレイモンド・プリーストリーが担当することになった。ニムロッド遠征でシャクルトンと行動を共にした人物である。シドニー在住のプリーストリーは途中までは単独で移動し、テラノバ号にはニュージーランドのリトルトンで合流することになっていた。

キャンベルは東隊のメンバーとして、屈強の船乗りを三人、選ぶ必要があったが、そのうちの一人は最初から決めていた。ジョージ・アボットだ。アボットはハンサムで、三〇歳にしてすでに髪に白いものが混じってはいるが、見るからに丈夫そうな身体をした下士官だった。遠征の参加メンバーの中で最も長身な男でもある。アボットは、ビル・ウィルソン医師から剥製術を学んでもいた。ウィルソンはアボットを「人柄が極めて良い。紳士的で、特に困った時には頼りになるような男だ」と評している。長身のアボットだったが、他のメンバーはあえて「タイニー(=Tiny:小さい)」というニックネームで彼を呼ぶようになった。キャンベルが二人目に選んだのは、フランク・ブラウニングだった。彼も下士官で、魚雷の専門家である。農場育ちの二八歳。選ばれたのは、とにかく環境、状況への適応能力が高いからだ。黒髪、小柄で動作が機敏な彼は、「リングス(Rings)」というこれも本人に似合わないニックネームで呼ばれるようになった。三人目は、若い優秀な船乗り、ハリー・ディッカソンだ。二五歳の彼は、腕の良いコックであることも証明済みだった。ブラウニングと同じく小柄な彼につけられたニックネームは、ごく普通の「ディック（Dick）」だった。

東隊のメンバーに選ばれたマレー・レビックが、そこからどのようにしてペンギンの調査を始め、その性行動に興味を惹かれるようになったのか。それを知りたいと思えば、もちろん、隊のメンバー全員、つまりレビック、キャンベル、プリーストリー、タイニー、リングス、ディックについて詳しく調べることが理想である。ただ、そのためには一つ大きな問題があった。どの人もすでに遠い昔に亡くなっているということだ。

＊

私はその時、ケンブリッジにいた。イングランドの美しい学園都市である。石畳の道があり、もちろん大学がある。パブがあり、川にはパント船が走る。地上でも最高の頭脳の持ち主たちがそこかしこを行き交う。アイザック・ニュートンも、アーネスト・ラザフォードも、スティーヴン・ホーキングもかつてここにいたのだ。私は道を歩いていても、今、自分が足をのせている敷石を、彼らのうちの誰かがいつか踏んだのかもしれない、と思わずにはいられなかった。私がそこに来たのは、ケンブリッジ大学のスコット極地研究所を訪ねるためだった。一九二〇年に、テラノバ遠征のメンバーだったレイモンド・プリーストリーとフランク・デベナムによって設立されたこの研究所は、主として、収集された極地関連の資料の保管庫としての役割を果たしてきた。現在は、レンズフィールド・ロードに立つグレーの地味な建物の中に入っている。中に入る時には当然、セキュリティ・チェックを受けることになるが、トリングほど厳重ではない。事前に予約をしておけば、小さな閲覧室の中にあるいくつかのデスク・スペースを借りて調査作業をすることができる。私は一週間の予約を入れていた。中に入ると、小さなグレーの部屋のデスクまで案内された。部屋にはすでに二人の人がいて、どちらも下を向いて熱心に何かを読んでいる。私は青い表紙のカタログ・ファイルを渡され、そこに載っているものであれば何でも閲覧してよいと言われた。本当に何もかもがそこにあった。その中には、スコットやシャクルトン、キャサリン・スコットの書いた手紙もある。

私が特に興味を持っていたのは、東隊に属していた男たちの日記だ。隊のリーダー、ヴィクトール・キャンベルの日記は収蔵されていなかったが、他のメンバーの日記はほぼすべて揃っていた。そして、キャンベルの日記は本として出版されているので問題はない。また、プリーストリーは遠征についての本を一九一五年に出しているが、その本は、キャンベルの日記を基に書かれている。その一世紀近く後には、ハリー・ディッカソンの簡潔な記述しかない素っ気ない日記までもが本として出版されている。私が何より読みたいと思っていたのは、もちろん、ジョージ・マレー・レビックの日記である。レビックの日記はディッカソンのものよりはるかに多弁で、日記帳にして何冊もあるのだが、出版物となったのはそのうちの一冊だけだ。私はその本になった日記を見せて欲しいと頼んだ。しばらくして運ばれてきた本には、補強のためのビニールの柔らかい表紙が取りつけてあった。本に触れる時には、興奮のため指が少し震えた。

日記を読んでいると、レビックという人に直接、触れているような気がした。においまでも感じられる気がする。そして頭の中をのぞき込んでいる気分を味わった。動物学に関する記述はなかったが、書かれていたのは科学的なことがらだった。ジョージ・マレー・レビックが何を考えていたのか、何に心を動かされ、また動かされなかったのかがわかった。彼の身にどういうことが起きたのかも、もちろんわかったが、彼が自分の身に何が起きて欲しいと願っていたのかがわかったのがさらに面白かった。また、仲間たちをどう考えていたのか、どういう人生観を持っていたのかも知ることができた。

そこにいられることが大変な特権のように思えた。私はすっかり、私にとってのアムンゼンとも言うべき、マレー・レビックという人物の虜になってしまった。一週間、もちろん、直接話をすることはかなわないのだが、日記を読めたのは、それに次いで素晴らしいことだった。私は、その部屋に出入りする他の人たちをまったく気に留めることなく、夢中で日記を読み続けた。

*

一九一〇年一〇月一二日、テラノバ号は、メルボルンのフィリップ・ベイ港に到着した。その港は大きな幅の広い入江にあった。キャサリンは、同行していたウィルソンと夫人たちに、港に入って来るテラノバ号を小型ボートで出迎えようと提案した。ただ、キャサリンは、テディ・エヴァンズ夫人のヒルダや、ビル・ウィルソン夫人のオリアーナにあまり好感を持たれていなかった。そのせいで三人は常に緊張関係にあった。三人の間にはさまれたウィルソンは苦労していたようで、こんな告白もしている。

　妻が二人以上になるといつもこうなのだろうか。そんな立場には決してなりたくないものだ。妻は一人でたくさんだ[2]。

ウィルソンは絶対にペンギンにはなれない人だろう。

スコットとキャサリンは、二組の夫婦とともに小型ボートで陸へと向かった。ホテルに着くと、キャサリンはスコットに彼を待っていた何通かの手紙を渡した。その中には、電報の入った封筒もあった。スコットがその封筒を開けると、中の紙にはわずか九語から成る文が書かれているのが見えた。それは、スコットの人生を、そしてレビックの人生も永久に変えてしまう九語だった。

BEG LEAVE TO INFORM YOU FRAM PROCEEDING ANTARCTIC AMUNDSEN(3)
(フラム号がこれから南極に向かいますことを謹んで報告いたします　アムンゼン)

今度はスコットがこの事実を乗組員から隠さねばならなくなった。この知らせによって皆の士気が下がることを恐れたのだ。スコットは、アムンゼンからの電報をどう扱うべきかをトリグヴェ・グランに相談したのだが、グランにも何も妙案はなかった。仕方がないので、スコットはナンセンに電報を打ち、「あなたはアムンゼンの行き先を知っているのか」と尋ねた。ナンセンから届いた返事の電報は、アムンゼンよりもさらに簡潔だった。そこにはただ一言「知らない(UNKNOWN)」とだけ書かれていた。(4)

一九一〇年一〇月二八日、テラノバ号はニュージーランドのリトルトン港に到着した。この港には、クェイル島という小さな緑の島がある。家畜や、病気にかかっていると思われる移民の検疫所として使われる島だ。一九〇六年からは、ハンセン病患者の小さな隔離所もその島に置かれるようになった。セシル・ミアーズと、キャサリンの兄、ウィルフレッド・ブルースの二人が連れて来た一九頭の満州ポニーと三〇頭のシベリア犬、合計四九頭の外来動物たちは、それまでの六週間、クェイル島に留め置かれていた。スコットは、ニムロッド遠征でのシャクルトンの経験を踏まえ、ポニーと雪上車が南極点までの移動手段としてはおそらく最も良いだろうと判断した。絶対に犬を使うべきだ強く主張したフリチョフ・ナンセンに敬意を表し、一応、犬も連れて行くことになったが、三〇頭という数は南極点到達にはとても十分とは言えない。スコットは、犬たちには食料貯蔵庫の設営の手伝いなど、あくまで補助的な仕事だけをさせるつもりでいたのだ。

スコットには機転が利かず、自主性にも欠けていると見られていたレビックだが、南極に着くまでの間の行動を見る限り、それはどうも誤解だったようだ。たとえば彼は、南極の地に到着してからスコットたちに必要になりそうな備品、機材などを、使われないよう密かに隠し持っていたりしている。

テラノバ号の最後の寄港地となったのが、まさに私の地元、ポート・チャーマーズである。私の自宅のすぐそばの丘に、スコットと乗組員たちの記念碑が立っている。それは、この地域で採れる石で作った一〇メートル近くの高さがある大きな碑で、上には錨がのせてある。私はその碑の前を毎日のように行き来していたのだが、長い間、それを見て何かを考えたことはなかった。その碑を、当時のスコットやレビックと結びつけて考えることがなかったのである。私は改めて丘の上から小さな街を見下ろしてみた。おそらく、そこに並ぶ家々や商店は、スコットが来た当時とあまり変わっていないだろう。そこにいる彼らの姿を想像するうち、私は自然に笑顔になった。彼らが文明に触れ、文明を楽しむことができたのはそれが最後だった。アルコールを飲み、女性たちと接する喜びを味わったのも最後だったのだ。レビックは街の特産品の食べ物を数多く買い、自分の船室のマットレスの下にしまい込んだ。彼が書いた日記の冒頭では、ポート・チャーマーズの女性たちの存在がほのめかされている。

おそらく私たちのほとんどがニュージーランドを離れることを悲しんでいるだろう。この地では多くの友人ができた。そして、友人以上と言える相手を得た者も何人かいる[5]。

オタゴ港は狭く美しい入江で、海は浅く、波は穏やかだ。入江の出口近くの岬がタイアロア・ヘッドで、そこには灯台が立っている。狭い湾に入って来る時には、一方に険しい崖になった岬を、もう一方に砂州を見ながら進むことになる。テラノバ号がポート・チャーマーズを出発したのは、一九一〇年一一月二九日の午後のことだった。港では盛大な見送りを受けることになったが、その見送りよりもはるかに派手だったのは、船が出る直前にホテルで起きたキャサリン・スコットとヒルダ・エヴェンズの喧嘩だった。この喧嘩は、オリアーナ・ウィルソンが仲裁に入ろうとしたことで結局、三つ巴の争いになってしまった。

ポニーの管理を任されていたタイタス・オーツは、母親への手紙にこんな風に書いている。

…ホテルでは、髪を振り乱しての大変な喧嘩がありました。血が流れるほどの喧嘩です。シカゴの屠殺場で見るよりも凄惨な光景を見たかもしれません[6]。

夫人たちはタイアロア・ヘッドまでは夫とともに船に乗っていた。船から降り、はしけに乗り換える前、他の夫人たちは夫に別れのキスをしたのだが、キャサリンだけはそうしなかった。彼女は後に、他の男たちに夫の悲しい顔を見せたくなかったからだと語っている。だが、別れに際してのこの堅苦しく他人行儀な態度から、二人の間の関係がどういうものだったのかが推し量れるのかもしれない。

ペンギンの場合は、いわゆる「ミューチュアル・コール」など、互いの絆を強めようとする行動が見られるかどうかで、そのつがいが長続きするか、それとも別れてしまうかをかなり正確に予測できる。

私の一九八五年夏の調査でわかったのは、前年に繁殖に成功しなかったつがいは、たとえ再びつがいになっても、結局別れてしまうことが多いということだった。そして、そういうつがいは、やはり互いの絆を強めるような行動をほとんど取らないこともわかった。アデリー・ペンギンのオスとメスは求愛の際に、「ミューチュアル・コール」と呼ばれる行動を取る。ミューチュアル・コールでは、二羽は胸と胸を突き合わせるように立ち、同じように大きな声で鳴く。クチバシを空に向けて、互いに頭を振り合う。

この行動は特に、海からコロニーに戻って来たペンギンが前年のパートナーに再会した時に多く見られる。二羽はお互いの間の絆を認識しているように見える。人間で言えば、長く離れていた恋人たちが、再会した時にハグをし、キスをするのと同じようなものだ。

最初の二回の抱卵期間には、つがいのオスとメスは交替でそれぞれに二週間かそれ以上、巣を離れて海に行くことになる。その間に二羽が何らかの理由で卵を失った場合、絆を強められる機会は二度か三度しか得られない。一度目か二度目の抱卵期間が終わったあとの求愛期間か、巣を変更する期間だけだ。その期間が過ぎてしまうと、ペンギンたちは一日か二日ごとに場所を移動し、その度に相手を変えてミューチュアル・コールをする。少なくとも一羽の雛を成鳥になるまで育てられるのに十分なほど絆を強められる相手が見つかるまではそれが続くのである。南極が冬になると、ペンギンたちは北へと移動し、つがいはすべてばらばらになる。翌年の繁殖期、コロニーに戻って来た際に前年のパートナーに早い段階でうまく再会できれば、そのあと絆を強められる機会を多く持てる可能性が高い。つがいが安心できる巣にいられれば、それだけミューチュアル・コールの回数も増え、絆はその分、強まっていく。そして繁殖が成功する可能性も高まっていくわけだ。

＊

キャサリンは、タイアロア・ヘッドの赤と白の灯台のそばではしけに乗り込んだ。彼女は、夫であるロバート・ファルコン・スコット船長に別れを告げたが、その時、あえて夫にキスをすることは控えた。互いの絆を強める行動をあえて取らなかったということだ。

そして彼女が夫に会うことはその後、二度となかった。

＊

私はロシアの船、アカデミック・ショカルスキー号でニュージーランドからロス海へ向けて出発した。レビックの足跡をたどるつもりだった。何しろ、ただ水を見ているだけでも船酔いを起こしかねない人間なので、乗船の前には、何種類もの酔い止めの薬を合計で三〇〇ドル分も買い込んだ。

はじめのうち海は穏やかだったのだが、一日も経たないうちに、大嵐に襲われてしまった。波は船首の上まで押し寄せて来る。船は次から次へと来る大波のせいで激しく上下に動いた。私は寝台に横たわっていたのだが、船が動き揺れる度に強い力に引かれ、ベッドの両端の壁の間を何度も転がされることになった。薬は色々と飲んでみたが、どれもまったく効きはしない。船酔いになったのは私だけではなく、乗っていたほぼ全員だった。船員の大半も、そして船医までもが酔ったのだ。二日経ってようやく風が弱まってきたので、私たちは損害を確認し始めた。船の揺れで転がされたせいで、ほとんどの人がひどいケガを負っていた。鎖骨を折った人までいる。内出血のせいで、船がオークランド諸島に着いてから、ヘリコプターで病院までの長距離を運ばれた人もいた。

＊

一九一〇年一一月二九日、テラノバ号はオタゴ港を出ると、南へと進路を取った。船は積荷で満杯だった。甲板の下にはありとあらゆるものが詰め込まれていた。まず、三台の雪上車、四〇トンの石炭、二〇〇〇ガロン（約七五七〇リットル）のガソリン。ポニーの飼い葉は上甲板に置かれることになった。フラム号より大きいとはいえ、はるかに大きいとまでは言えないテラノバ号に、六五名の人員、一九頭のポニー、三〇頭の犬が乗り、さらに雪上車も三台乗っていたのだ。それに対し、フラム号に乗っていた乗員はわずか一九名である。一人ひとりに小さいが個室が与えられた。そして犬はなんと九七頭も乗っていた。過積載のテラノバ号は速度が出ず、海の上で大きく揺れて、中の人たちの多くが船酔いになった。キャンベルは「我々は皆、良い航海になるよう祈るしかなかった」と書いているが、その祈りは叶わなかった。(7) ニュージーランドを出て三日後に、恐ろしい嵐に襲われるのだ。

その嵐で船体には穴が空き、そこから大量の水が流れ込んで来た。しかもポンプが故障してしまった。そのため、水はバケツか手押しポンプで外へ出すしかなくなった。キャンベルはその時の様子をまるで他人事のように平然とこう書いている。「水を外に出す作業はあまりにも遅く、そのせいで全員が絶えず脚を洗っているような状態になった(8)」嵐が荒れ狂っている間、男たちは船の揺れであちこちへと振り回され、嘔吐を繰り返しながら、必死になって船に入った水を出そうとしたのだ。
嵐が収まってから、彼らは損害を確認した。ポニーが二頭、犬が一頭、死んでいた。そして一〇袋の石炭が波に洗われてしまっていた。

*

一九一〇年のクリスマス、テラノバ号の進行は密集する海氷に妨げられていた。その時点まで、野生動物とは、とにかく「殺して食べる」という関わり方しかしていなかった。カニクイアザラシはステーキにされた。レビックはそのステーキを「素晴らしく美味い。牛肉のステーキより柔らかく、味も同じくらいに良い」[9]と評した。そして、アデリー・ペンギンはシチューになった。レビックはそれについてこう書いている。

…鳥の肉としては本当に一級品だ—味はクロライチョウに似ているが、それよりもかなり美味い—肉の色はアザラシと同じように黒い。[10]

レビックのアザラシやペンギンへの対応は、南極での食料事情を考えれば適切だったと言うしかない。実際にペンギンの肉は美味く、ペンギンのシチューは氷の中でのはじめてのクリスマスを祝うのにふさわしい素晴らしい料理になったのだろう。
その前日、クリスマス・イブのレビックの日記には、アデリー・ペンギンたちの鳴き声に合わせ、「恐ろしく調子外れに歌う男たち」の話が書かれている。[11] アデリー・ペンギンは、動けなくなった船の周りに多く集まって来ていたのだ。歌が終わると、ペンギンたちは「盛んに声を出し、何度もおじぎをして称えてくれた」[12]という。

しばらくすると海氷が緩み始め、テラノバ号は再び、ロス海に向けて進み始めた。ただ、氷は完全に割れたわけではなかったので、スコットが上陸地点と考えていたハット・ポイントへの到達は不可能だった。かつてディスカバー遠征で過ごした場所に戻ることはかなわなかったのだ。そこで、少し北のエヴァンズ岬に小屋を設営し、そこを基地とすることにした。エヴァンズ岬には、一九一一年一月五日に到着している。そこからは、船からひたすら積荷を下ろすという長く退屈な作業が続くことになった。すぐにわかったのは、生死、もしくは成功と失敗を隔てる線は極めて細い、ということだった。ほんの少しのことで計画は失敗し、彼らは命を落とすことになってしまうということである。

探検隊に同行していた写真家、ハーバート・ポンティング（本人は「カメラ・アーティスト」と自称していたようだが）[13]は、海氷の縁にいるペンギンを食おうと狙うシャチの姿の撮影に挑んだ。ポンティングは自らも海氷の縁に行って三脚を立て、その上にカメラを取りつけたのだが、シャチは彼の姿を見ると氷の下に潜ってしまった。しばらくすると海面に出て来たが、その後、再び小さな氷盤の下に姿を消した。ポンティングは揺れる氷の上で一人、立ち尽くしていたのだが、そこへ一頭のシャチが水の中から顔を出し、今度はポンティングを捕らえようとした。彼は氷から氷へと飛び移り、どうにか大きく安全な氷の上まで逃げることができた。その様子を見ていたレビックは「見事だったのは、彼がその状況でもカメラと三脚を無事に救い出したということだ」と褒め称えている。[14]

レビックはポンティングを本当に尊敬しており、東隊ではカメラマンを務めることになっていたので、是非とも彼から写真の技術を教わりたいと願っていた。だが残念ながらポンティングの方は、しつこくつきまとうレビックを疎ましく思い、彼をほぼ無視するような態度を取っていたらしい。レビックは日記にこう書いている。

どうもポンディングからは何も教わることができないようだ—露出のことも、現像のこともまったく教えてくれようとはしない。教えたからと言って彼が何か損をするとも思えないのだが。(15)

その後、隊を次なる災難が襲った。それは隊にとって非常に深刻な問題につながり得る出来事だった。隊員たちが三台ある雪上車の最後の一台を船から下ろしていた時のことだ。小屋が建てられている陸地に上げるため、海氷の上を引いて行かねばならないのだが、船から一キロメートルも行かないうちに、氷が突然割れてしまった。重い雪上車は当然、水に浮くことはなく沈んでいく。引いていた隊員のうちの二人も今度は雪上車に引かれて同じく海に沈んだ。一人はプリーストリーで、彼はもう一人よりもはるかに危険な状況に置かれた。いったん氷盤の下に入り込んでしまったのだ。二人を助けたのは、まさに少年時代の私が南極へ行きたいと思うきっかけとなったアプスレイ・チェリー＝ガラードである。彼はまず、割れた氷の上に取り残された隊員たちのところまでスキーで向かった。チェリー＝ガラードは彼らと力を合わせ、命綱を使って二人を凍りそうな冷たい海から引っ張り上げた。しかし、雪上車にそんな幸せな結末は待っていなかった。何しろ水深二〇〇メートルの海である。そこから雪上車を引き上げることはとてもできない。

一九一一年一月一六日、レビック、キャンベル、プリーストリーの三人はエヴァンズ岬で本隊から離れ、そこからはスキーでロイズ岬まで向かった。ジェームズ・マレーが小屋の扉を閉め、世界初のペンギン生物学者になる可能性を閉ざして以来、はじめて人間がその地を踏んだことになる。

スコット本人はその地へ行く気がまったくなかった。なぜならそこはシャクルトンが基地にした場所だからだ。スコットはキャサリンへの手紙にこう書いている。「ロイズ岬も妙に有名になり、すっかり印象の悪い土地になってしまったと思う(16)」。彼が当初、クロージャー岬に基地を設置しようと考えたのはそのためだ。「そこならばシャクルトンの足跡はまったくない」とスコットは妻への手紙に書いた(17)。彼があの長身のアイルランド人――今やナイトの称号を得た長身のアイルランド人だ――をどれほど嫌っていたかがうかがえる。

シャクルトンの小屋に最初に着いたのはレビックとプリーストリーだった。そこはプリーストリーにとってはニムロッド遠征で暮らした場所でもあった。二人はドアの前に張っていた氷を割って、暗い小屋の中へと入って行った。窓が雨戸で塞がれていたので光が入って来なかったのだ。レビックは入り口のところでろうそくに火をつけた。長い時を隔ててはいるが、小屋に入った時のレビックの感想は、不気味なくらい私が同じ小屋に入った時に抱いた感想に似ていた。

小屋の中ほどに置かれた長いテーブルの上にあったのは、彼らの最後の食事の残り物だった。スコーンを食べるのに使ったらしい皿が箱の上にのせられている。壁に吊った棚には、ありとあらゆる種類の食べ物の缶詰がある。ベッドは部屋の端の方に、一定の間隔を空けて並べられている。急いでここを離れることになったためだろう。前の遠征の隊員たちの持ち物があちこちに置かれたままになっている(18)。

レビックが小屋に入った時もやはり、ほんの少し前までそこに人がいたように見えたのだ。そして、まさにかつてそこにいた一人だったプリーストリーは、誰よりもそれを「気味悪く」感じた。(19) プリーストリーはこんなふうに感想を書いている。

私は、近くの丘を散策した隊員たちが今にもここに入って来るのではないかと思った。(20)

レビックはペンギンのコロニーをしばらく歩き回り、成鳥たちが「柔らかい綿毛のような羽毛に覆われた雛たちのために食べ物を運んで来る」(21) のを見た。彼がそこで、親鳥たちが子育てのために必死で働いている姿を見たことは間違いないのだが、「この鳥を本格的に研究してみたい」という情熱はその時点では欠片も感じられない。むしろその逆だ。レビックの日記にはこう書かれている。「この鳥たちの特徴、習性などは、ウィルソンが自身の「発見報告書」に詳しく書いているので、それと同じことを繰り返し調べる意味はないだろう(22)…」

彼はペンギンを観察することよりも、ウェッデルアザラシを殺すことに熱心になっていた。殺したアザラシを雪と氷の中に入れておけば、あとでいつでも取り出して食べることができるからだ。またシャクルトンの小屋の中から自分たちの役に立ちそうなものを探すことにも熱心だった。外に出た時も、ペンギンの後を追うことはほとんどなく、それよりも、シャクルトンが連れていたポニーが雪だまりの上に残したひずめの跡を追うことの方が多かった。

一九一一年一月二六日、スコットはその場にいた隊員たちに、その後の計画について話した。そしてテラノバ号は、東隊のメンバー全員を乗せてエヴァンズ岬を出発した。彼らはエドワード七世半島の探検のための基地を設営する予定にしていた。南極に来るまでの間にスコットはキャンベルと計画について話し合っていた。元々はロス棚氷に沿ってエドワード七世半島へと向かうつもりだったのだが、スコットはいったんクジラ湾（スコット自身はまだ頑なに「バルーン・バイト」と呼んでいた）で上陸し、そこを基地にしてエドワード七世半島を目指す方がいいのではないかと主張した。スコットの提案には二つの目的があった。一つは、バルーン・バイトで氷の塊が分離し、棚氷の上に到達するのに便利な経路がなくなってしまったというシャクルトンの報告の真偽を確かめることだ。スコットはこの報告を信用していなかった。スコットの「縄張り」であるマクマード入江から離れるという約束を破るための言い訳だったに違いないと思っていたのである。またもう一つの目的は、貴重な石炭を節約することだ。テラノバ号はアダレ岬の西海岸を探検し、越冬地であるニュージーランドまで戻らなくてはいけない。そのための石炭を残しておく必要があった。皮肉なことに、スコットが特に力を入れて調査しようとしていた地域は、かつてモーソンが最も関心を寄せていると公言していた場所（彼はそこを「縄張り」とまでは言わなかったが）だった。

船はロイズ岬に短い間、停泊した。レビックは再びアデリー・ペンギンに遭遇したのだが、その時はペンギンを食料としか見ていなかった。結局、二〇羽捕獲し、先日捕獲して冷凍しておいたアザラシも回収した。ロス島を離れた船は、ロス棚氷のすぐそばを東へと航行した。

＊

私の乗ったショカルスキー号もテラノバ号と同じことをした。高さ三〇メートルもの氷の崖からわずか数メートルというところを航行したのだ。その光景には圧倒された。見渡す限り、巨大な氷の壁が続いている。上の部分は完全に平らになっている。まったく人を寄せつけない場所に見えた。時々、氷が崩れ落ち、その崩れ落ちた氷が氷山となって漂っているので、この巨大な氷の塊は実は生きて動いているのだとわかる。海は深く、本来、水はインクのように真っ黒なのだが、氷のある場所だけ光が反射して、日差しのない曇った日でも鮮やかなターコイズブルーに見える。棚氷の勾配は垂直に近いほど急で、ノミで彫られたようになっている。どこかに巨人の彫刻家―巨人のロダン、あるいはキャサリン・スコットだろうか―がいて、巨大なノミと木槌で彫ったかのようだ。船と棚氷の間の狭い隙間に二頭のミンククジラが入って来た。実を言えば、これは当然のことである。その場所が最も氷が少なく、通りやすいのだ。シャクルトンが「クジラ湾」という名前をつけただけあって、クジラの数は本当に多い。

＊

ハリー・ペンネルが指揮を取り、ウィルフレッド・ブルース、ヴィクトール・キャンベルの二人が補佐を務めて航行していたテラノバ号は、最初のうちエドワード七世半島に直接向かうコースを取っていたのだが、三年前のシャクルトンと同様、密集した海氷という障害に阻まれて進めなくなってしまった。しかたなく彼らは船を反転させ、スコットの提案どおり、バルーン・バイトへと向かうことにした。二月四日の夜遅く、強風の吹く中、船は目的地に到着したのだが、ボルクグレヴィンクが発見した小さな入江はすでになくなっていた。その代わりに大きな湾ができていて、棚氷の縁は元よりもかなり南へと移動していた。それこそがまさにシャクルトンが「クジラ湾」と名づけた場所である。プリーストリーはもちろん、すでにその場所のことを知っていた。彼はむしろ、自分が見た時と状況が変わっていなかったことに安堵していたのだ。(23)

一九一一年二月四日の真夜中過ぎ、テラノバ号は湾の中へとゆっくり入って行った。もちろん、船の周りではクジラたちが潮を吹いていた。その時、ブリッジにいたブルースは、まったく思いがけないものを目にした。彼らはその時、南極の巨大なロス棚氷の縁にいたのだ。ブルース自身、その場所について妹への手紙の中で「世界で最も寂しい場所」と表現している。なのに、氷のそばで彼が見たのは、テラノバ号以外の別の船だった。

レビックもその時、目を覚まし、他の人たちと同様、急いで甲板へと向かった。日記にはこう書いている。「その船がフラム号であることは、言われなくとも全員にわかった[24]」

彼らはテラノバ号を停泊させた。そしてキャンベル、レビック、プリーストリーは船を降り、ノルウェー隊が小屋を設営しているらしい場所の近くまでスキーで行った。すると小屋はすでに完成していることがわかった。フラム号を近くで見た後に三人は船へと戻った。小屋は棚氷の縁から三キロメートルほど離れたところに立っていた。そこからどうやらアムンゼンはフラム号に午前六時頃に戻るようだった。

＊

一九一一年二月四日の午前六時三〇分頃、アムンゼンは一頭の犬に引かせた空のそりで船へと向かっていた。必要な物資を運び出すためだ。だが、二台前のそりが突然止まり、乗っていた男が腕を激しく振り始めた。彼に追いついて事情を聞いたアムンゼンは自らも同じように後から来る者たちに向かって腕を激しく振り始めた。その場にいた誰もが狂ったように腕を振った[25]。アムンゼンはこう書いている。

テラノバ号でどこかで出会う可能性があるという話はすでにしていた…だがそれが現実になったのはやはり大変な驚きだった。(26)

アムンゼンはテラノバ号までやって来た。キャンベルは彼に会っている。キャンベルはアムンゼンを見て、想像していたよりも老けて見えると思ったらしい。「整った顔立ちをしていて、髪はほとんど真っ白になっている」と書いている。(27) プリーストリーもアムンゼンに会ったが、何よりも彼の印象に残ったのは、アムンゼンが楽々と完璧に犬ぞりを操縦していたことだったようだ。日記にはこう書いている。

彼らの隊がどれだけ優れた能力を備えているかは、こうしてテラノバ号に追いついてきたという事実だけでも十分にわかった。アムンゼンの犬たちの走りは素晴らしかった。船のそばに来るまでの間、彼は一切、犬たちの動きを確認する必要がなかった。そしてアムンゼンが口笛を吹くだけで、犬たちはまるで一頭の犬のように一斉に動きを止めるのだ。(28)

その朝、プリーストリーだけでなく、テラノバ号の全員が同じことを考えた。極地到達を巡る競争において、「ノルウェー隊の最大の武器となるのは、疑いの余地なくこの優秀な犬たちだろう」(29)ということだ。

両船の男たちの間には、心温まる交流があった。アムンゼンは、テラノバ号を指揮していたペンネル大尉、キャンベル、レビックを自分たちの小屋と、「フラムハイム」と名づけた基地に招待した。レビックはノルウェー隊の人たちの人間性に強い感銘を受けている。

全員が実に、実に、素晴らしい人たちで、会合は非常に楽しい時間となった[30]。

アムンゼンは、自分たちのすぐ隣に基地を設営してはどうかとイギリス隊に提案してきた。ノルウェー語を話せるキャンベルはその案を魅力的なものと感じた。ここからならエドワード七世半島には確実に到達できるだろう。未踏の地を探検する野心的な計画を実行に移すことができるのだ。だが、ブルースをはじめ、他の隊員たちは反対した。「二つの隊は仮にも競争をしているのだから、やはり互いの間に緊張感が必要」だと考えたのだ[31]。

もはや話し合いの余地はなかった。イギリス隊は返礼のためアムンゼンと何人かの隊員たちをテラノバ号に招き、昼食を共にしたが、午後二時にそれが終わると、皆が自分の任務へと戻って行った。

レビックの人生の進路は、そこに至るまでに三人のノルウェー人によって大きく変えられたと言えるだろう。一人はボルクグレヴィンクである。ボルクグレヴィンクはかつてその場にあった小さな入江を発見した（その入江はおそらく、海面下にある島の動きで氷が破壊されたことでなくなってしまった）。もう一人はナンセンだ。そのナンセンは、キャンベルが「整った顔立ちをしている」と評したもう一人のノルウェー人、アムンゼンにフラム号という船を与えた。アムンゼンはフラム号に乗ってこの地までやって来て、基地を設営した。イギリス隊も、予定している探検を実行するには同じ場所に基地を置くべきだったのだが、彼らはそうしなかった。

テラノバ号はエヴァンズ岬へと向かい、そこからフラム号に遭遇したことを本国へと報告した。またそこでは積んでいたポニーを二頭、船から降ろした。スコットはその時、どうすればノルウェー隊と彼らの犬たちに勝つことができるかを必死で考えていたのだ。彼らはその後、北のアダレ岬を目指した。

レビックは一九一一年二月四日の出来事に不安を感じたかもしれない。彼の人生にとってもその日は重要な日だったはずだ。だが、少なくとも彼の日記を見る限り、それは感じられない。彼はただ、その日のことを「実に素晴らしい一日だった」と書いているだけである。(32)

第三部　アダレ岬

不倫

ペンギンは、一般には、つがいの相手を決めたら一生、同じ相手と添い遂げるとされ、そこに魅力を感じている人も多い。だが、事実はまったく逆で、ペンギンは次々に違う相手を誘惑するような放蕩者ばかりだと言えば、裏切られた気分になる人も少なくないだろう。しかも、すでに決まった相手がいるにもかかわらず、その関係を保ったまま、別の相手と交尾する者もいる。つまり「不倫をする」わけだ。ペンギンは人間と同じようにそういう罪深い存在だと知れば驚く人もいるだろう。ペンギンはきっと、自分でそうなろうと意識はしていなくても、私たち人間より道徳的に正しい生き物に違いないと、多くの人がそう思い込んでいる。一般の人だけでなく、科学者ですら多くはそう思っている。

だが、南極のペンギンが、道徳的には褒められることではないにせよ、同じ相手と一生添い遂げることはせず、頻繁に「離婚」をし、パートナーを変えるのには十分な理由がある。まず、ペンギンたちには時間がない。繁殖に使える時間はごく短いので、急がなくてはいけないのだ。ただでさえ、繁殖の成功率は高くない。卵や、孵化したばかりの雛が死んでしまうことも珍しくない。雛がある程度は育ったとしても、成鳥になり、自分でも繁殖ができるようにまで生き延びる確率は高くない。ダーウィンの進化論に照らすと、ペンギンたちの繁殖の試みの多くは、報われない無駄な努力ということになる。激しい嵐は吹き荒れる、捕食者はいる、一面が氷に覆われた厳しい環境、食べ物を確保するのも容易ではない。そのすべてが繁殖の成功に影響する。しかも、どの条件も、ペンギン自身の力で変えることはできない。ペンギンが自ら変えられるとしたら、繁殖の時期だけである。生まれた雛が繁殖ができるまで生き延びられるか否かは、親鳥から離れて独り立ちするまでにどれだけ大きくなれるかにかかっている。したがって、繁殖の成功確率を少しでも上げたいのであれば、親鳥たちは、条件が良くなり次第できるだけ早く繁殖行動を開始すべきということになる。前年のパートナーが来るのが少しでも遅れた場合には待っているわけにはいかない。待っていて繁殖行動の開始を遅らせるのは、いわば「ダーウィン的自殺」である。前年のパートナーが幸運にも生きていて、単に遅刻しているだけだとしても、待つことはできないのだ。

だが、その年のパートナーが決まれば、その年の間は変えずにいる方がいいはずだ。生涯、同じ相手と添い遂げる必要はないかもしれないが、少なくともその年の間だけは、同じ相手とパートナーでい続けるのが生物学的に見て得策のように思える。だが、実際にはそうなっていないのはなぜだろうか。

第一〇章　北隊

地球が人間の身体だとしたら、南極のアダレ岬という場所は、ちょうど生殖器のような位置にある。そこは私たち人間にとってとてつもなく過酷な場所である。何もなく荒涼としていて、極めて寒く、常に強い風が吹いていて、ただいるだけで危険だ。南極高原から吹き下ろすハリケーン並みの強さの風は砂嵐を起こし―正確には「岩嵐」と呼ぶべきかもしれない―人間はその中で何もできずにただ自然に服従するだけである。現在でもアダレ岬は、南極の中でも「辺鄙な」場所で、めったにそこを訪れる人はいない。それにはもっともな理由がある。まず、アダレ岬は南極にある各国の基地からヘリコプターで行ける範囲の外に位置している。また、海氷の状態のせいで、船で到達することも困難である。だが皮肉にも、カルステン・ボルクグレヴィンクとその部下たちが雪と氷の大陸での越冬を決意したのは、よりによってこのアダレ岬だった。そして、それから一〇年あまり後、北隊もボルクグレヴィンクたちと同じくこの地で越冬をすることになった。

＊

一九一一年二月一八日、テラノバ号は再びロバートソン湾へと入り、早朝にアダレ岬付近まで到達した。海には大量の海氷が浮かび、波のうねりによって上下に大きく動いていた。海岸は、凍結したばかりのパンケーキ・アイスで覆われており、そのせいで上陸は困難になっていた。

キャンベルもレビックも、本音ではそこに越冬のための基地を設営したくはなかった。二人はすでにボルクグレヴィンクのその地についての報告書を読んでいて、過酷な場所であることを知っていたからだ。二人が目にしたのは、まさにその報告書に書いてあったとおりの場所だった。たとえそこに上陸しても、山々と氷河に囲まれたごくせまい場所に閉じ込められて動けなくなるだろう。山も氷河もあまりにも険しく、上に登って移動することはとてもできない。北や西の地域を探検することもできないだろう。だが、彼らはまさにそこに行くよう指示を受けていたのだ。レビックは日記の中で自分たちの置かれた状況を次のような簡潔な文章で表現している。

その、半島の切れ端のような狭い土地に行けば、私たちは完全に囚人のようになる。土地は一辺が一マイルほどの三角形で、山に囲まれているが、山をそりで越えることはとても不可能だ。秋になって海が凍り、その上をそりで移動できるようになるまで、どこにも行けそうもない……[1]

アダレ岬から移動して、どこか別の場所で越冬したければ、春の間にロバートソン湾にまだ凍っている場所が残っていれば、そこにそりを出す以外に方法がなかった。ただ、それはあまりに危険な方法だった。彼らには迷っている暇はなかった。早く方針を決めて上陸をしなくては、時間がかかりすぎると、テラノバ号の石炭が足りなくなってしまう。テラノバ号はアダレ岬から西に数日間、航行したが、沿岸はどこも高さ三〇〇メートルはある断崖絶壁になっていた。キャンベルも航海日誌に「上陸できそうな場所はどこにもなかった」と書いていて、困っていた様子がよくわかる。[2]

テラノバ号はそのあと、はるばるニュージーランドまで戻り、石炭その他、必要な物資を補充する。

船は次の夏まで南極には来ない。キャンベル、レビック、プリーストリーは自分たちのこれからの行動について話し合った。荒涼たる過酷な場所ではあるけれど、アダレ岬に上陸すれば、少なくとも西側を探検できる可能性がわずかにはある。だが、そうしなかった場合には、このまま船とともにニュージーランドに戻り、ただ一冬を無為に過ごすことになる。それではあまりにも惨めだ。そう考え、彼らは結局、アダレ岬への上陸を決めた。

船から、海氷と波を乗り越え、物資や組み立て式の小屋の部品を陸揚げするのは容易なことではなかった。テラノバ号はその間、何日も停泊せざるを得なかった。ボルクグレヴィンクの小屋はまだその場に立っていて、レビックの日記によれば「保存状態も良かった」[3]。小屋があったのはリドリー・ビーチで、そのあたりはほぼ全体がペンギンのコロニーと言ってもよかった。キャンベルは、ノルウェー人の小屋は自分たちのものより──少なくとも小規模のパーティーで滞在する分には──作りが良いとまで言っている。ただ、困ったことにその小屋はすでに換羽中の一羽のペンギンに占拠されていた。彼らはそのペンギンを「パーシー」と名づけた。ボルクグレヴィンクの小屋は、ペンギンが多く出入りしたせいで汚れていて、悪臭もしたが、隣に自分たちの小屋が建つまで男たちはそこにいることを余儀なくされた。パーシーはそう簡単に立ち退いてはくれなかった。小屋の出入り口のあたりを自分の居場所と決めているのか、そこから動こうとはしない。

そのうち他のペンギンたちも、新参者の人間たちが動き回るのに興味を引かれたのか近づいてきた。まったく無警戒に近くを歩き回って様子を探ろうとする。男たちは食料にする一六頭の羊の死骸を船から下ろしたのだが、残念ながら、その肉は青カビに覆われていた[4]。それを見て男たちのペンギンを見る目は変わった。それはペンギンたちにとって不幸なことだっただろう。

心苦しいことではあったが、私たちはその大勢の訪問客たちの頭を殴って殺し、食料貯蔵庫に入れた。ただし、パーシーにだけは手を出さなかった。(5)

パーシーは彼らとともに二週間、その場所に留まっていた。ボルクグレヴィンクの小屋の貯蔵室を東隊から北隊へと移った六人の男たちと共有していたのだ。ただパーシーはある日、突然、姿を消した。換羽を終えたパーシーが、生え変わった新しい羽毛に身を包んで姿を現したのはいいが、他のペンギンと間違えられ誰かに殺されてしまったのではないか、とプリーストリーは考えた。(6)

三月四日になってようやく彼らの小屋は完成し、男たちはそちらへ移動した。自分たちの小屋に入れば、それまでにはない嬉しいことが数多く待っているはずだった。まず大事なのは暖かさだ。蓄音機で音楽も聴けるし、ウィスキー・トディ（ウィスキーを水で割り、砂糖を加えたもの）も飲める。(7) 六台のベッドはそれぞれが適切と思われる場所に配置された。まず、窓のある側には、将校たち、つまりレビック、プリーストリー、キャンベルのベッドが置かれた。反対側の狭い場所には、部下たち、つまりアボット、ディッカソン、ブラウニングのベッドが置かれた。彼らは南極にいるにしては良い暮らしをしていたと言えるだろう。ただ、そこは巨大な白い大陸の中でも特に他から隔絶された、孤立した場所だった。キャンベルはそこにいても、少なくとも表面上は、一切、海軍の規律を乱すことなく普段通りに行動していた。そうしてとにかく秩序を保とうとしていたのだろう。

男たちはそこで、まだコロニーにわずかに残ったペンギンたちとともに、越冬のための準備をした。その段階ではまだ、レビックがペンギンに特別に関心を持っていた様子はない。ただ、食料としてしか見ていなかったようだ。だが、パーシーの仲間たち（パーシー自身だったかもしれない）が殺された時の反応を見ると、彼の中に少しペンギンを思う優しい気持ちが芽生えているのもわかる。レビックは日記にこんなふうに書いている。

…あの小さくかわいい者たち。私は彼らを殺したくはない(8)。

＊

ショカルスキー号はロバートソン湾に入って行った。そこで私が見たのは、一世紀以上前に北隊が見たものとまったく同じだった。狭いリドリー・ビーチを海氷が取り囲み、その氷がうねりで上下に動いている。確かに上陸は容易ではないだろう。

ボルクグレヴィンクの小屋は、おそらくそこに建てられた時のまま、変わることなくまだそこにあった。すぐそばには、日除けを作るのに使われたであろう木材が残されていた。北隊の小屋の残骸だ。こちらの方は随分昔に、南極高原から吹き下ろして来るリドリー・ビーチを切り裂くような強風に吹かれ、粉々に破壊されてしまった。何万、何十万ものアデリー・ペンギンが繁殖するアダレ岬の海岸に並んでいた二つの小屋がまったく違う運命をたどったことは一目見ればわかった。二つを比べれば、南極で生き延びていくのに何が必要かがよくわかるに違いない。雪と氷の中で生まれ育ったノルウェー人と、たとえ熱意はあってもノルウェー人のような経験に欠けるイギリス人との間の競争がなぜ、よく知られている通りノルウェー人の勝利に終わったのかもよくわかるはずだ。

北隊がアダレ岬に基地を設営している間にも、すでにノルウェー隊とイギリス隊の間には決定的な違いが生まれていた。その時点ですでに結果は見えていたのだとも言える。一つの隊がはじめから十分な食料や燃料を持って一気に南極点まで行って無事に戻って来るということは絶対に不可能である。どうしても、あらかじめ途中に何箇所も貯蔵所を設けておき、そこで補充をしながら進む必要がある。そのため、一九一一年の二月には、アムンゼン隊もスコット隊も、貯蔵所の設営に追われることになった。

＊

一九一一年二月一八日、北隊がアダレ岬の海岸付近まで来たのと同じ日、スコット隊は、最も南の地点に置く貯蔵所の設営をしていた。翌春に南極点に挑む際にはこの貯蔵所を利用するのだ。南緯七九度二八分三〇秒。スコット隊はその貯蔵所を「一トン貯蔵所」と名づけた。そこに貯蔵される食料や物資の重さが一トンくらいだったからだ。その地点まで食料、物資を運ぶのには、一三人の隊員と、八頭のポニー、二六頭の犬を必要とし、二四日間という長く苦しい日々を過ごさなくてはならなかった。雪上車は結局、故障してしまい、貯蔵所の設営にはまったく役立たなかった。

またポニーは実のところ、彼らにとって障害となった。隊にはナンセンの推薦で、スキーの名手のノルウェー人、グランが同行していた。彼はスコットたちに、スキーを使えば雪上での移動がいかに楽になるかを実際にやって見せて教えたのだが、結局、スコットがスキーを使わなかったので驚いてしまった。彼らがスキーを使わなかったのは、スキーを履いているとポニーを引いて行くことができないからだった。気温はマイナス二〇度を下回り、ブリザードにも遭ったため、風速冷却によって体感温度はさらに下がった。ポニーはそれほどの寒さに耐えることはできない。ポニーにできるだけ風が当たらないよう、雪の壁を築きながら進まなくてはならないため、彼らの歩みは極端に遅くなってしまった。それに対し、犬たちは、激しい雪と風の中でもただじっと座っていれば平気で過ごすことができた。ブリザードに襲われたところで、犬にとっては少し休めて嬉しいという程度のことだった。[9] スコットは日記にこう書いている。「犬たちは雪に降られても、小さな穴を掘って、その中で身を縮め、丸くなってやり過ごす。餌の時間になると、湯気が立つほど暖かくなった穴から飛び出して来る」[10] 一方のポニーは苦しんでいた。「寒さのせいで、ほとんど食べることすらできなくなった」[11] とグランは日記に書いている。

ポニーのうち三頭はあまりにひどい状態になったので、スコットは早い段階でエヴァンズ岬へと送り返した。また、残ったポニーのうちの一頭、スコットが連れていた「ウィアリー・ウィリー」の体調が極端に悪化したため、彼は南緯八〇度までは到達するとしていた当初の計画を変更し、それ以上、南に進むことは断念した。そこから南緯八〇度の地点まではまだ六五キロメートル近くもあった。

ポニーの管理をしていたタイタス・オーツは、ウィリーを殺すべきだと主張してスコットと口論になった。ここでウィリーを殺せば、その肉を人間と犬のための食料として貯蔵所に入れることもできるし、さらに南に進んで予定どおり貯蔵所を南緯八〇度により近い地点に設けることもできる。しかし、ここで動物を殺すという残虐なことをして、その記憶が長く残ることはスコットには耐えられなかった。[12] オーツの立場ではスコットに従う他はなかったのだが、せめてもの抵抗として彼は「きっと後悔することになりますよ」と予言めいたことを口にした。[13]

引き返すことを決めたが、そのあとの進行も遅く、過酷であることに変わりはなかった。引き返す途中でウィリーは死んだ。

はじめ八頭いたポニーのうち、最後の貯蔵所まで行ってエヴァンズ岬まで無事に戻って来たのは二頭だけだった。三頭は先に送り返され、そしてウィリーを含む残りの三頭は、すっかり痩せてしまい、身体的に衰弱しきって死んだ。ブリザードと寒さに耐えることができなかったのだ。

バーディー・バウワーズは、彼自身の他に、トム・クリーン、アプスリー・チェリー＝ガラード、そして四頭のポニーから成る隊を率い、ハット・ポイントに向けて海氷の上を進んでいた。彼らは氷の上にテントを張り、その中で眠っていたのだが、風向きの変化のせいでその氷が割れてしまった。バウワーズが目を覚ましてテントの外を見ると、氷はまさにポニーをつないでいた綱の下で割れていた。ポニーのうちの一頭は姿が見えない。おそらくマクマード入江の凍るほど冷たい海水に落ち、溺れたのだろう。このままでは誰も生き残れないだろう。やむなく男たちは命賭けの行動に出た。ポニーや持っていた機材を固く安全な棚氷の上に移すことにしたのだ。そのためには、小さな海氷から海氷へと飛び移る必要がある。時間をかけ、海氷がちょうどいい位置に移動し、通り道ができるまで待たなくてはならない。途中で強い風が吹き、マクマード入江に落ちてそのまま命を落とす恐れもあった。彼らが動く度、シャチがあとを追って来る。なんとかポニー一頭を棚氷の上まで移動させることができたが、残りの二頭は水に落ちてしまった。引き上げることはできたが、もうポニーは動くことができなかった。その時、彼らのパーティーに加わっていたタイタス・オーツは一頭のポニーをつるはしで殺した。続いてバウワーズも仕方なくもう一頭を同じように殺した。身の毛もよだつほど恐ろしい出来事ではあるが、乗っていた氷が割れたにもかかわらず、人間が全員無事で、ポニーも一頭生き残ることができたのは、大変な幸運と言うしかない。バウワーズは、ポニーを助けることができず、代わりに血のついたつるはしが残ったことを嘆いていたが、(14) 本当はそうして嘆くことができたのが奇跡なのである。

ポニーはブリザードに弱かった。だが、それに対して犬は、うまく操縦してやれば速く移動できるし、ブリザードの中でも平気で生きられる。そのことを男たちは体験によって学ぶことになったのだが、スコット一人だけは苦い経験をしても、それを学ばなかったのかもしれない。

貯蔵所の設営から戻った一行には良くない知らせが待っていた。クジラ湾から上陸し、ロス棚氷の上に見事な小屋を建てていたアムンゼン隊が、すでにスコット隊よりも一〇〇キロメートルほども南極点に近い場所に到達したというのである。それだけではない。重要なのは、アムンゼン隊がポニーではなく、主に犬を使っているということだ。犬の方がポニーよりも寒さに強いことを考えれば、春になれば、二つの隊の間の差はさらに広がる可能性が高かった。貯蔵所を設営してみてわかったのは、ポニーを連れているスコット隊は、ともかくポニーを守ることを考えなくてはいけないということだった。そのためスコットは、翌春の出発は少し遅らせる必要があると考えていた[15]。

アムンゼンは、七人の男たちとともに、それぞれ六頭の犬に引かせた合計七台のそりでフラムハイムを出発した。その移動速度は、ポニーを連れたスコットたちの二倍から三倍にも達した。そのため、最後の貯蔵所も南緯八二度と、一トン貯蔵所よりも二八〇キロメートルも南極点に近い地点に設けることができた。

アムンゼンは慎重だった。取るべき経路を見失わないよう、一マイル（約一・六キロメートル）ごとに目印となる旗を立て、派手な色の食べ物の缶詰をそばに置いて行った。また、三マイル（約四・八キロメートル）ごとに、雪と氷の塚を立てた。その塚には、進むべき方向と、次の食料貯蔵所までの距離を記した。ノルウェー隊は、イギリス隊の三倍もの数の食料貯蔵所を設置していた。しかも、どの貯蔵所も、前後五マイル（約八キロメートル）には旗を並べて、どちらの方向からでも迷わずに到達できるようにしてあった。悪天候の中でも、地吹雪や霧で経路や貯蔵所を見失うことがないよう工夫をしてあったというわけだ。

それに対し、スコットは経路に目印をつけることはしなかったし、食料貯蔵所の数も少なく、しかもその貯蔵所の目印も、雪の塚に立てた一本の旗だけだった。それだけでもスコットは慎重さを欠いていたと言える。ただ、これは確かに危険ではあるが、決定的に誤った判断というわけではない。一つ決定的に誤っていたのは、最後の食料貯蔵所を予定の南緯八〇度の地点よりも手前に設置してしまったことである。一トン貯蔵所を予定よりも六五キロメートルも手間の地点に設置したことが、オーツが予言したとおり、スコットを苦しめることになった。南極の地で生き延びるために必要なものは、何と言っても食料だった。そしてそれは南極で手に入れることが極めて難しいものだった。

＊

ペンギンという生き物は常に、二つの世界に引き裂かれて生きている。繁殖をする陸の世界と、食べ物を採る海の世界だ。一九八五年の夏、私は、博士号を持つ学生たちの一人とともにバード岬に行き、アデリー・ペンギンがロス海で何を食べているのか調査をした。

当然、海での生態を調べるより、陸での生態を調べる方がはるかに簡単である。まさか私たちがペンギンたちとともに海の中を泳いで直接、食べているところを観察し、記録するなどということはできない。そこで「リバース・フィーディング」という手法を使うことになる。これは、ペンギンたちに食べたものを吐き出させてその内容を調べるという手法である。気の弱い人には向かない手法だし、少しでも動物福祉ということを考えてしまうと使えない手法でもある。おそらくスコットは嫌がっただろうと思う。

私たちは海岸にいて、抱卵期間のペンギンたちが海での採餌から戻って来るのを待って捕まえた。ペンギンを捕まえるのは実にたやすいことだ。食べたものを出させるには「ウォーター・オフローディング法」と呼ばれる手法を使う。まず、ペンギンの口からチューブを入れ、それを食道を通して胃まで到達させる。チューブで海水を胃の中に入れてやると、ペンギンは胃の中のものを吐き出してしまうのだ。その時には、ペンギンを持ち上げて下にバケツを置いておく。酔っぱらいにトイレで吐かせるのとほとんど同じである。嘔吐物には、直前の二四時間くらいに食べたものが含まれている。胃の中のものをすべて出させるため、この作業は何度か繰り返す。

正直に言えば、ペンギンに対してそんなことをしたくはない。その点で私はアムンゼンよりもスコットに近いと思う。だが、実は食べ物を吐き出させるよりもっと嫌なことがある。それは嘔吐物を選り分ける作業だ。魚屋に並んでいる新鮮な海産物を見るのとはわけが違うのだ。嘔吐物の中には、オキアミもいれば魚もいるし、端脚類もいる。どれもペンギンが食べたもので、それぞれ消化の段階は違っている。私はこの選り分け作業を専ら学生たちに任せていた。

科学的に見て良い点は、ペンギンの嘔吐物の中に硬い殻を持つ生物が多く含まれていることである。硬い殻を持つ生物は、当然、消化に時間がかかり、他の生物が胃液でどろどろに溶けたあとでもかなり形を保っている。そのおかげでその生物の種や数、大きさがわかるし、生まれてからの期間までもわかることがある。

調べてわかったのは、この地域のアデリー・ペンギンが小さい種類のオキアミ（具体的には、*Euphausia crystallorophias* という学名のオキアミだ）を多く食べていることだ。これは南極でも別の場所、たとえば南極半島周辺で繁殖をするアデリー・ペンギンとは違っている。その地のアデリー・ペンギンは、もっと大きい種類のオキアミ（学名：*Euphausia superba*）を食べることが多いからだ。オキアミは甲殻類の生物で、小さなエビのようなものだと考えてそう間違いではない。動物性プランクトンと呼ばれる生物の一種でもある。南極海には夏の間、オキアミが大量に発生する。*Euphausia superba* は個々にはとても小さな生物ではあるが、南極海に発生する量を合計すると四億トン近くにもなると推定される。地球上のどの生物種よりも大きなバイオマスを形成するわけだ。ペンギンたちは、その大量に発生するオキアミを見つけ、捕まえ、大量に食べる。そうして繁殖に必要なエネルギーを得るのだ。同じことは私たちが調査したロス海のアデリー・ペンギンにも言えるのだが、その地のオキアミは *Euphausia superba* よりも小さいのでその分、さらに大量に食べなくてはならない。私たちが調べたペンギンの中には、胃の中に四万一九三八匹のオキアミが残っていた個体もいた。

ウォーター・オフローディング法は一見、拷問に使われる水責めにも似ているが、実はペンギンへの害はまったくない方法である。もちろん、ペンギンにとって気分の良いものではないだろう。ペンギンの身体は生まれつき、長い期間の絶食に耐えられるようにできている。海でしか餌を採ることができないペンギンたちは、海から離れ陸にいる間は必然的に何も食べることができないからだ。そういう身体を持ったペンギンなので、食べたものを吐き出させたとしても、生存にはほとんど影響しない。とはいえ最近では、羽毛や排泄物の分析によって食べたものを推測する方法が主に用いられるようになり、ウォーター・オフローディング法が用いられることが少なくなったのは私としては嬉しい。ただし、糞や尿も私は得意ではないので、採取はやはり学生たちに任せている。

ペンギンが何を食べているかを知るのは大切だが、それよりさらに大切なのは、ペンギンがどこで餌を採っているか、である。それも繁殖の成功に大きな影響を与える。私が一九七七年の夏にはじめてペンギンの調査をした際に集めたデータによれば、ペンギンが採餌のためにあまりに遠くへ行き、あまり時間をかけてしまうと、パートナーは巣を離れることになる。卵や雛は見捨てられ、温められることも、餌を与えられることもなく死んでしまう。ペンギンが長い抱卵の期間にコロニーのすぐそばで採餌をしているのであれば、巣に戻って来るのがそれほど遅くなることはない。時間がかかるのは、それだけ遠くまで出かけて採餌をしているからだ。だが、時間を要すれば、ペンギンのつがいがちょうど良いタイミングで役割を交替することが難しくなってしまう。

距離が広がればその分、問題は大きくなる。会えない時間が長くなればそれだけ愛情が深くなるということはペンギンにはない。長く会えなければただ怒りが募るだけである。

＊

一九一一年三月二八日、ダグラス・モーソンは南極から遠く離れたロンドンにいて、アダレ岬への遠征に向かう準備をしていた。モーソンは、テラノバ号がニュージーランドのスチュアート島に来た時に船に乗り込む予定だった。スチュアート島はニュージーランドの南端に位置するほとんど人の住まない豊かな森に覆われた島だ。木など一本もない真っ白な大陸にいたテラノバ号は完全に好対照の島へとやって来たわけだ。ただ、真っ白な何もない大陸から伝えられたニュースは、そんな大陸の何もなさとは裏腹の、多くの人の心を浮き立たせる派手なものだった。アムンゼンはクジラ湾にいて、一方のスコットはマクマード入江にいる。夏になれば、両者はどちらも南極点を目指し、正面から対決することになるのだ。

ただ、モーソンを動揺させるニュースもあった。東隊が、予定していたエドワード七世半島への探検を断念し、その代りにアダレ岬に上陸したというのだ。デイリー・メイル紙の取材を受けたモーソンは、怒りを隠しきれず、こんな発言をしている。

スコット船長がアダレ岬に隊を上陸させたという知らせは私にとって驚きです。彼と私の間には事前の合意事項もあり、それにしたがって私の方も情報の提供をしていたわけですから…スコット船長はオーストラリアを離れる前に私に個人的に手紙をくれています。その手紙での求めに応じ、私は自分の計画の内容を細かいところまで伝えました。私自身、アダレ岬に上陸するつもりであるということも含め、あらゆる情報を喜んで提供したのです。(16)

何とも皮肉な話だ。スコットはその時、南極点を目指すための基地をアムンゼンがクジラ湾に設けたことに動揺していたのだ。同行していたチェリー＝ガラードは、ノルウェー隊についての話をキャンベルから聞かされた時のイギリス隊の様子をこう記している。

一時間くらい我々は皆、怒り狂っていた。そして、愚かな考えにとりつかれた。今すぐクジラ湾まで行き、アムンゼンたちと決着をつけなくては、と考えたのだ…正当な根拠は何もないのに、その場所に関しては自分たちに優先権があると思い込んでいたからだ。(17)

そういう状況にもかかわらず、スコットは、モーソンの優先権は無視してもまったく問題ないと考えていたのだ。彼はモーソンが以前から探検すると言っていた土地に先に行こうとしていた。モーソンの計画を本人から聞かされて知っていたにもかかわらず、彼の「縄張り」を奪ったのである。今度はスコット自身がシャクルトンと同じことをモーソンにしたわけだ。

モーソンが激しく怒っていることは新聞でも報じられ、キャサリン・スコットもその記事を目にした。キャサリンはモーソンをなだめるべく手紙を書き、彼を自宅での昼食に招待した。それで彼のスコットに対する怒りが和らぐことはなかったが、キャサリンに対しては好感を持つようになった。また、キャサリンの方もモーソンに対し良い印象を持った。キャサリンの夫は南極にいて、これから暗く寒い冬を迎えるところだった。そして、モーソンの婚約者、パキータはオーストラリアで彼が来るのを待っていた。

もし私が、ペンギンを観察していた時のように木箱に入ってキャサリン・スコットとダグラス・モーソンの会食の様子をそばで観察していたとしたら、二人は慎重に接近し、求愛行動を始めるところだと解釈しただろう。オスが恍惚のディスプレイを見せ、メスがその様子を見ている。求愛行動の初期の段階である。ただ多くの場合、そのあとには何も起きない。メスが回れ右をしてどこかへ行ってしまうからだ。そのはずだ。

第一一章　最悪の旅

私たち人間はペンギンという生物について勝手に色々なことをこうに違いないと思い込むのだが、当然ながら、その中には結局、正しくなかったとわかることも多い。

一九一一年六月二二日、その日、ロス海周辺では、三つの小屋にいた男たちが南極の冬至を祝っていた。アムンゼンとその部下たちはクジラ湾の小屋の中にいた。小屋は暖かく快適だった。小屋のすぐ隣には、棚氷から削り出した氷で作った部屋もいくつかあった。食料は豊富で、三〇〇〇冊もの本を収めた図書室や、ピアノ、蓄音機、サウナまであった。それに比べればアダレ岬の小屋は質素なものではあったが一応、快適に過ごすことはできた。普段の日課が厳格に守られてはいたが、レビックの日記によれば、彼らもシャンパンやブランデー、葉巻、そして長々と歌を歌うことで冬至を祝うことはできたらしい(1)。

アプスリー・チェリー＝ガラードはエヴァンズ岬にいた。この若き近眼の冒険家は、スコットに動物学者として雇われた——ただし動物学の教育を受けたことはまったくなかった——のだが、給与はいらないと申し出ている。それどころか、遠征の費用としてスコットに一〇〇〇ポンド支払ったのだ。彼は冬至の夜のことをこう書いている。

小屋の中は飲めや歌えの大騒ぎだ。私たちは本当に浮かれていた——それも当然ではないだろうか。この日を境に太陽が私たちのところに帰って来るのだ。そんな日は一年に一回しかない。[2]

私がエヴァンズ岬のスコットの小屋にはじめて行ったのは一九八五年だった。だが、その細長い部屋の暗い室内を見て、その中で浮かれている男たちを想像するのは非常に困難だった。

その時、チェリー＝ガラードと二人の仲間たち、エドワード・ウィルソン医師とバーディー・バウワーズには、陽気に浮かれてなどいられない理由があったはずだ。彼らは五日後にクロージャー岬のエンペラー・ペンギンのコロニーへと出発する予定になっており、その準備を進めていたからだ。クロージャー岬のコロニーでは、エンペラー・ペンギンの卵とその中の胚を採取することになっていた。ウィルソンは、その卵と胚を調べれば、爬虫類から鳥類へと至る進化の「ミッシング・リンク」を埋めることにつながるのではと考えていた。

ウィルソンはすでにディスカバリー遠征の際に、エンペラー・ペンギンは夏に繁殖をするアデリー・ペンギンとは違い、南極の冬に繁殖するということを発見していた。二〇世紀のはじめ頃、この巨大な飛べない鳥は、空を飛ぶ鳥の先祖だと考えられていた。だから、冬に繁殖をするエンペラー・ペンギンの卵を採取して調べれば、鳥の進化について何か重要なことがわかるのではないかと推測したのだ。その頃すでに「個体発生は系統発生を繰り返す」という考え方は科学者たちの間の常識になっていたからだ。これはつまり、卵や子宮の中で胚、胎児に起きる単純なものから複雑なものへ、という変化は、その生物のそれまでの進化の歴史を再現したようなものになる、という考え方である。

一九一一年当時、エンペラー・ペンギンの繁殖地として唯一知られていたのは、クロージャー岬そばの海氷の上だけだった。そこはロス島の、エヴァンズ岬の小屋とはちょうど反対側に位置する。

漆黒の闇の中、三人の男たちは、重さが合計で三五〇キログラムほどにもなる二台のそりを引いて小屋を離れた。気温はマイナス四五度を上回ることはほとんどない。彼らのクロージャー岬への旅のことは、彼自身の著書『世界最悪の旅（加納一郎訳、中央公論新社、二〇〇二年）』に書かれている。まさに私が南極への憧れを抱くきっかけになった本だ。だが、この本の記述はあまりにも衝撃的である。これを読んだ私が恐れをなし、絶対に南極へなど行くまいと思っても当然だったはずだ。なぜそうならなかったのかが今となっては不思議でならない。

そりの引き具を三人のそれぞれに取りつけるのだが、その作業は常に二人がかりでないとできなかった。引き具と私たちの衣服の布が凍りついてしまうからだ。一人の力ではとても必要なだけ曲げることができない。時には二人がかりでさえ曲がらないことがあるくらいだ…屋外では、あたりを見回そうとしてうっかり顔を上げげただけで、それきり元に戻せなくなってしまう。ただその場に立っているだけで衣服は凍りつく―ものの五〇秒でそうなる。四時間にもわたり、私は顔を上げたまま動かすことができなかった。腰は凍りつく前にそりを引けるよう曲げていたが、そのあとはまったく動かせなかった。[3]

彼らはクレバスだらけの氷の上を、クロージャー岬まで一〇〇キロメートルほど、一九日間かけて歩いた。

エヴァンズ岬からクロージャー岬への一九日間の旅がどれほど恐ろしいものだったか、それは経験した者にしかわからないだろう。この先、同じことをしようとする愚か者が現れるかはわからないが、もしいたとしても、この恐ろしさをどう表現すればいいのかはわからないと思う。それに比べれば、その後の何週間かは実に楽なものだった。あとになって私たちの置かれている状況が好転したわけではない――むしろはるかに悪化していた――ただ単に私たちが無感覚になっただけだ。あまりに苦しすぎたために、それで苦しみがなくなるのならむしろ死んだ方がましだと思うくらいの域に達していたのである。(4)

二台のそりはあちこちにクレバスのある結晶化した雪の上を引くだけではない。時には砂の上を引いていかなくてはならないこともあった――砂の上だと、一台のそりを少し前に進めた後に、後ろに戻ってもう一台を少し前に進める、ということを繰り返さなくてはならない。つまり、雪の上の三倍の距離を歩かなくてはならないということだ。そうしないといつまでもペンギンのいる場所は近づいて来ない。一日に一マイルか二マイルしか進めないこともあった。真の暗闇の中である。ほんの少し前も見えないし、後ろのそりのあるところに行こうにもそりが見えない。とてつもない寒さで衣服も寝袋も、凍った汗、息、雪によって固まってしまう。チェリー＝ガラードは「「寒さで歯の根が合わない」とよく言うが、その寒さはもはや歯だけでなく全身が音を立てて震えるようなものだった」と書いている。(5)気温はマイナス六〇度を下回っていた。

クロージャー岬に着いた彼らは、露出したモレーンの上に、石と雪のイグルーを建てた。屋根には布を使った。そこは、テラー山の斜面で、海氷から二五〇メートルほど上の地点だった。

＊

一九八五年、私はバード岬でペンギンの調査をしていた。そこへ一機のヘリコプターが降り立った。二人の研究者をクロージャー岬へと連れて行くためだ。ヘリには私と助手一人が乗る場所もあると言う。「お連れしますから一緒に行きませんか？」パイロットは、そう言われた。氷の世界で思いがけず温かい言葉をかけてもらって嬉しかった。いずれにしてもあとでバード岬へ戻って来なくてはいけないので、その時に私たちを連れ戻すことも可能だという。スコット基地にいるニュージーランドの担当者から、そういう任務の許可は得ていなかったが、これはアメリカ人からの申し出なので問題はなかろうと思った。以前、別のヘリコプターのパイロットに「決して次の便を待ってはいけない」と言われたことを思い出した。私たちはヘリに乗り込んだ。

クロージャー岬で私たちの乗ったヘリが降り立ったのは、チェリー＝ガラードとウィルソン、バウワーズの三人が石と雪のイグルーを建てた場所に近い丘の上だった。イグルーのあった場所にはその名残があった。黒い大きな石が積み重ねられ、長方形になるよう並べられていたのだ。高さは膝くらいまでで、一部、雪に覆われていた。それは人の住処と言うよりは、どちらかと言えば私が観察の際に入っていた箱に近いものだ。斜面は氷に覆われた海まで続いていた。雪の間から見える黒い火山岩から、テラー山は今は違うにしてもかつては活火山だったのだということがはっきりとわかった。右手には、ロス棚氷が広がっているのが見えた。そこは巨大な氷河が海氷と接する場所である。冬の間、海面は凍結するのだが、海氷は、常に、ゆっくりと動いている棚氷からの圧力にさらされる。そのせいで形を変えられて、海の上には数多くの氷の小山が並ぶことになるのだ。その先、おそらく六・五キロメートルほど先には、黒く染まったように見える海氷があった。双眼鏡で見ると、そこにはエンペラー・ペンギンとグレーの柔らかい羽毛に覆われた大きな雛たちが集まっているのが見えた。海氷は、グアノ（海鳥の糞の堆積物）のせいで黒く染まっているのだろう。そして、ペンギンたちの足もグアノで汚れているのだろうと思った。

夏なので明るい日の光はあり、比較的暖かではあったのだが、それでも、ペンギンたちに近づくのは容易なことではなかった。私たちがヘリに乗ったままどうしたものかと考えていると、思いがけず急に風が変わった。風速は一気に一〇メートル以上にまでなった。瞬間的にはもっと上がっていたと思う。パイロットはヘリの扉を閉めた。すぐにでもローターを回して離陸しなくてはならなかった。さもなければ、私たちは、チェリー＝ガラードがしたようにこの丘のふもとまで避難しなくてはいけなくなる。パイロットにそんなつもりがないのは明らかだった。

ヘリは力強く離陸し、東に向けて飛び始めた。もちろん、エンジンの力ではあるが、強い風に流されてもいただろう。その状況ではバード岬に戻ることはとてもできない。パイロットは南へと進路を取った。テラー山の風下に向かい、少しでも安全な進路を探りながら飛ぶことになった。結局、私と助手が降ろされたのはスコット基地だった。基地にいた部隊長は私たちを見て、驚き、困惑していた─とにかく何をするにもまず許可を得るという南極の旅における基本的なルールを私が破ったのはそれがはじめてだった。

その後、嵐は三日間続いた。バード岬に戻れたのはそのあとのことだ。私はすっかり意気消沈していた。

*

ウィルソン、バウワーズ、チェリー＝ガラードがはじめて、エンペラー・ペンギンの繁殖地と思われる場所のすぐそばまで近づいたのは一九一一年七月一九日のことだった。ただ、そこはクレバスと氷丘脈があまりにも多く、しかも真っ暗闇なので彼らはうかつには前に進めなかった。ペンギンの声は聞いたが、その姿は見ることなくキャンプに戻るしかなかった。翌日、再び繁殖地への到達を試みた。今度は真っ昼間の時間を選んだので、周囲は暗いが真っ暗闇というほどではなかった。(6)

言葉では言い表せないほどの苦労と困難があったが、私たちはようやくのことで自然界の驚異をこの目で見ることができた。その光景を目にした世界で最初の、そして唯一の人間になったのだ(7)……

ペンギンのコロニーは大騒ぎになっていた。激しい喧嘩でも起きているのかと思うほどだ。そこにいたペンギンは一〇〇羽ほどで、ディスカバー遠征でウィルソンが見た二〇〇〇羽もの群れに比べると少ない。しかも卵を抱いているのは全体の四分の一にもならない。だが卵を持たないペンギンたちの中にも、ホルモンや本能に駆り立てられ、どうしても卵が抱きたいのだろう、代りに卵の形をした氷の塊を抱いている者が多くいた。

男たちは卵を五つ採取し、三羽のペンギンを殺して皮を剥いだ。そして寒さと暗闇の中を極めて慎重にイグルーまで戻って行った。

…私たちはこの旅を続けるうちに、死を友達と思うようになっていた。眠ることもままならず、疲れ切った身体で、風と雪が吹きつける中、夜の闇を手探りで進んでいると、クレバスが優しい友達からの贈り物のように思えてくるのだ。(8)

卵は毛皮を張った手袋で包み、それを紐で首のあたりに押しつけるようにして運んで来たのだが、イグルーに戻る頃には、チェリー＝ガラードが持ってきた二つの卵はすでに割れていた。そこで、残った三つの卵から胎児を取り出してアルコール漬けにした。

翌日は天候が極端に悪化した。ハリケーン並みの嵐でイグルーの布の屋根は剥ぎ取られ、側面も崩れ、一つしかなかったテントを含め、持ち物の一部も吹き飛ばされてしまった。

…世界がヒステリーの発作を起こしているかのような風だった。このままでは地球が粉々に砕けるのではないかと思った。とてつもない怒り、うなり声。言葉でどう表現していいかわからないし、たとえ言葉で伝えられても想像することは難しいだろう。(9)

三人は地吹雪の中、寝袋に入ったまま二日間を過ごした。風の音でお互いの声はほとんど聞こえない。もはや死を免れることは不可能にも思えた。そうして希望のない時間が長く続いたあと、突然、嵐が和らいだ。おかげでバウワーズは吹き飛ばされたテントを見つけ出し、回収することができた。それでどうにか――チェリー＝ガラードの著書を読むと、その時点では具体的にどうすればいいかはわからなかったようだが――三つの卵とともにハット・ポイントの小屋まで行ける見込みが出てきた。スコットが最初の遠征で建てた小屋である。世界最悪の旅の中でも最悪の部分は終わりつつあった。

＊

私はウェストコートを着たダグラス・ラッセルのあとをついて行った。ラッセルは驚くほど早足で歩く。トリングの自然史博物館、その保管施設の奥深くまで私を案内してくれようとしていたのだ。そこには大変な数の鳥の卵と巣が収蔵されていたし、また生物学の研究にとって最も重要な道具は銃だと思われていた時代に採取された大量の動物の遺体を収めた安置所のようになっていた。やがて生命について学ぶためにまさにその生命を奪うということの皮肉に人々が気づき、殺して標本にすることは行われなくなったのだが、それまでには何百年という時間を要した。

ラッセルはグレーの大きな金属製のキャビネットを開け、分厚いガラスでできたビール・ジョッキくらいの大きさの瓶を中から引っ張り出した。瓶の底には、黄色くなったアルコールに漬けられたペンギンの胎児がいた。三人の男たちが真冬の南極で大変な苦労をして手に入れた卵の胎児である。色褪せているが、意外なほど大きい。ラッセルの親指ほどの大きさはある。頭部のほとんどは、二つの黒い巨大な眼で占められている。何の予備知識もなくエンペラー・ペンギンの胎児を見たとしても、この胎児が成長すればとても視力の良い鳥になるだろう、ということだけは確実にわかるだろう。

この博物館には一〇〇万を超える数の標本が収蔵されているが、ラッセルの話では、このエンペラー・ペンギンの胎児の標本を見に来る人は、他のすべての標本を合わせたよりも多いという。ラッセルは一見、何の変哲もない長方形のダンボール箱を取り出し、恭しくその蓋を取った。中から姿を現したのは二つの卵だった。これはまさにチェリー＝ガラード本人が自ら博物館に持って来た卵である。これを手に入れるために、彼はウィルソン、バウワーズとともに長く大きな困難に耐えたのだ。三つ目の卵は、ラッセルの話では、現在、サウス・ケンジントンの自然史博物館に収蔵されているということだった。

私はその幾分大げさな彼の見せ方よりも、目の前の卵そのものに驚いていた。その白く楕円形の卵は、まずとにかく異常に大きかった。そして、ウィルソンが胎児を取り出した時に空けた穴があった。大きさ以外には目立った特徴はない。それだけを見ていたら、男たちが死にかけるほどの困難を乗り越えてまで手に入れたいほどの魅力があるとは思えない。

ラッセルは卵を写真に撮るかと私に尋ねた。私はそう言われてはじめてカメラを構えたが、レンズはしっかりとカメラに取りつけられていますか、と問われてうろたえてしまった。カメラはまさに卵の真上にあった。卵までの距離はわずか三〇センチメートルほどだ。カメラにはストラップすらなかった。ただ手に持っているだけだ。咳でもしてカメラが大きく動いたら、また手を滑らせてカメラを落としでもしたら、私は自然史博物館で最も有名で最も見る人の多い収蔵物を破壊してしまうことになる。私は急いで何度かシャッターを切ると、急いでカメラを脇へよけた。

＊

情緒的な価値は非常に高いが、その卵には科学的な価値はほとんどないことが証明された。卵が博物館に収められてからしばらくして、ペンギンは原始的な鳥ではないことがわかったからだ。ペンギンは空を飛ぶ鳥から派生して、比較的最近になって生まれた鳥だった。はじめのうちこそ一応、関心を持たれた卵だが、博物館が真剣にそれを調べようとしたのはそれから何十年も経ってからのことだ。

チェリー＝ガラードとその仲間たちが命懸けでしたことは科学的には価値が低いのかもしれないが、世界ではじめてエンペラー・ペンギンの繁殖について書いた彼の文章は、私の目を開いてくれた。チェリー＝ガラードはこう書いている。「気温マイナス七〇度を下回るような南極の真冬だ。そこではブリザードが吹き荒れている。絶えず吹き荒れている」。ペンギンたちは巣すら作らず、ただ、足の上に卵を載せてのろのろと歩き回るだけなのだ。

チェリー＝ガラードは、卵を抱えているペンギンはメスだと思っていたのだが、それが間違いだった。彼はペンギンの抱卵を目撃しただけで結局、世界初のペンギン生物学者にはならなかったが、この勘違いだけでその理由は説明できると思う。それが彼の運命だったのだろう。

この哀れな母鳥たちは、やむを得ず生き物としての他の機能をすべて犠牲にしているように見える。この激しい生存競争の下では、溢れる母性によって生き抜く以外に道はないのだろう。そのように生きることが果たして幸福や満足につながるのか私はそこに興味がある。(10)

彼とレビックを比較すると私はどうしても運命の皮肉を感じてしまう。チェリー＝ガラードはテラノバ遠征の動物学者助手として雇われた人である。彼は科学者として常に冷静で感情に流されない判断を心がけていたのだが、南極の驚くべき冬に身を置いたことで普段ならあり得ない感情のこもった文章を書いた。その文章が約半世紀後に、ニュージーランドの一人の少年を鼓舞することになるのだ。一方のレビックは軍医ではあったが、二連発の散弾銃を万年筆と交換し、作家になることを望んでいた人だった。その彼が後に、客観的で理路整然とした自然の観察者となる。そしてニュージーランドの少年は、知らず知らずのうちに彼と同じ研究をし、同じ発見をすることになるのだ。
しかし、まったく科学的とは言えないチェリー＝ガラードの回想もその時の状況を考えれば仕方のないものだったとも思う。その旅はペンギンを調べるためのものではあったが、旅の最中の彼はペンギンではなく、まず自分の生存のことで必死だったのだ。

私はその時、自分が天国に行く可能性すら考えるべき状況だったのだとは思う。だが、実のところ私は特に何も考えてはいなかった。たとえ自分が死ぬとわかったところで涙も出なかっただろうと思う……人は死を恐れるのではなく、死に向かう時の痛み苦しみを恐れるのだ。(11)

南極の冬の真っ暗闇の中にいるエンペラー・ペンギンたちは、実はすべてオスだ。それはこの鳥の驚くべき特徴の一つと言えるだろう。オスたちは、ブリザードが常に止むことなく背中に吹きつける中、二ヶ月もの間ひたすら卵を抱き続ける。それは卵から雛が孵るまで続くのだ。チェリー＝ガラードが母親だと思っていたペンギンたちはすべて父親だった。その点は確かに大きな間違いではあったが、エンペラー・ペンギンたちが特定の巣を持たず、ただ集まってそれぞれにうろうろと歩き回っているとわかったのは一つの大きな発見だった。結局、科学者たちがエンペラー・ペンギンの繁殖行動について十分に理解するまでには、その後、何十年という時間を要することになった。

＊

エンペラー・ペンギンの胚が科学的に非常に重要なものだとウィルソンは考え、だからこそ、三人は冬の南極をクロージャー岬まで旅することになったのだが、結局その考えは誤りだった。しかし、自分たちは自然界の驚異を目の当たりにした、というチェリー＝ガラードの考えは決して誤りではなかった。冬の南極は生物にとって極めて厳しい場所である。そこをわざわざ生きる場所に選び、しかも繁殖までする生物がいるとはとても信じられない。南極大陸を生きる場所とする鳥類、哺乳類は少なくないが、どれもすべて夏の南極を選んでいる。夏ならば二四時間いつでも日光があり、海はオキアミで満たされている。地球上でも最も命に溢れた場所になると言ってもいいだろう。しかし、冬が訪れる兆しが少しでも見えると、生物は急いでそこを去って行く。唯一、エンペラー・ペンギンを除いては。

二〇〇五年、私はエンペラー・ペンギンの映画を劇場に見に行った。「皇帝ペンギン（March of the Penguins）」という長編ドキュメンタリー映画だ。この映画が公開されて以来、エンペラー・ペンギンたちの特異な生態に世界中の人たちが注目するようになった。映画は大変な人気を集め、ドキュメンタリー映画としては史上最高となる、一億二七〇〇万ドルという興行収入を稼ぎ出した。

映画の中ではエンペラー・ペンギンの生態が描かれ、それがストーリーの根本となっているが、その描写は極めて正確だ。エンペラー・ペンギンたちは南極の真冬に繁殖をする。つがいを作るのは四月で、メスは卵を必ず一個だけ生む。その卵をオスが二ヶ月もの間、足の上に載せ続ける。その間、メスは海に餌を採りに行く。冬の南極は完全な暗闇だ。気温は、マイナス五〇度を下回ることがある。風速四五メートルにもなる風が吹き荒れるので、体感温度はさらに低くなるだろう。その過酷な環境に耐えるペンギンたちの力は、もはや大自然の驚異という言葉ではとても言い表せないほどのものである。ちょうど雛が卵から孵る頃、母親たちは戻って来る。その後は、母親と父親は交替で子育てをするのだ。一方が海に餌を採りに行っている間にもう一方が雛に餌を与えて世話をする。

ペンギンたちの生存のための闘いを描いたその映画は確かに魅力的だが、ただペンギンの特異な生態を克明に描いただけでは、とてもこれほどのヒットにはならなかっただろう。その裏には巧みな演出があった。製作者はこの映画を一つのラヴ・ストーリーに仕上げたのだ。そのことは映画の宣伝ポスターの「地球上で最も過酷な環境にも愛はある」というコピーからもよくわかる。映画を見ていると、どのような状況にも負けない強い愛情こそがエンペラー・ペンギンの何よりも素晴らしい力なのだと思えてくる。

アメリカのキリスト教右派はこの映画を絶賛している。保守的なキリスト教徒たちは、エンペラー・ペンギンの存在を、いわゆる「インテリジェント・デザイン」が正しいことの証拠、そして家族に価値があることの証拠だとみなしている。キリスト教右派はたとえば、映画「皇帝ペンギン」についてこのようなコメントをしている。

…この映画は、異性愛の一夫一婦制を基礎とした核家族こそが本来、生物の基本要素として望ましいということを証明するものだろう。

だがそれはまったく真実からはかけ離れている。まずエンペラー・ペンギンはペンギンの中でも特に「貞操観念」が低い。離婚率は八五パーセントにも達する。多くのつがいが一年で別れ、翌年にはまた新しいパートナーとつがいになる。すでに書いたとおり、アデリー・ペンギンの場合は、巣の場所がつがいの相手を決める上で大きな要素になっており、できるだけ早く繁殖を始めなくてはならないという圧力にもさらされていることから、前年と同じ相手とつがいになることも多い。しかし、エンペラー・

ペンギンにはそもそも巣というものがない。そのため、同じ相手と続けてつがいになる動機に乏しいのだ。もし二年続けて同じ相手とつがいになったとしたら、それは愛情のためというよりは単なる偶然とみなすべきだろう。エンペラー・ペンギンは愛の偶像などではなく、むしろ「離婚の守護聖人」とでも呼ぶべき生物なのである。

しかし、ペンギンに対する一般のイメージは今も変わっていない——一九一一年の冬に、レビックがアダレ岬の小屋の暗い窓辺でベッドに腰掛け、小説家になることを夢見ていた頃から同じだろう。その時から今も変わることなく、多くの人は、ペンギンは生涯同じ相手と添い遂げる鳥だと思っている。

第一二章　やむを得ず始めたペンギン研究

マレー・レビックは、自分の見ている暗い窓の向こうのクロージャー岬で起きている悲惨な出来事をまったく知らずにいた。彼を含めた北隊のメンバーたちはアダレ岬で冬を過ごし、春から始まるそりの旅に備えることになっていた。ただそれも、不思議にお決まりのように起きる災難が彼らを襲うまでのことだった。

その時まで、レビックは彼の第二の役割のはずの動物学者としては、ほとんど何もしていなかった。彼は専ら写真家として仕事をしていた。ボルクグレヴィンクの小屋を占領して暗室として使い、そこで写真の現像をしていた。青い大きな動物学用のノートには時折、通り一遍のことを書く程度だった。

彼らがアダレ岬に着いたのは、もうアデリー・ペンギンの繁殖期も終わりに近い頃だった。雛のほとんどは立派に成長して羽毛も大人と同じになっており、親たちはもう雛のそばからは離れていた。ただアダレ岬をうろついて、新しい羽毛が生えてくるのを待っているような状態だった。レビックの記録によれば、二月一八日の時点で、その場所のコロニーには約一五〇〇羽のアデリー・ペンギンが残っていたという。まだ大人の羽毛になっていない雛も残っていたが、そういう雛たちが生き延びられる可能性は低いように見えた。大人たちにしきりに餌をねだっている。レビックの目には、親に捨てられた雛に見えた。三月一二日になると、もう大人の羽毛になっていない雛は一羽も残っておらず、コロニーには三〇〇羽の成鳥だけがいた。その中に換羽が完了していない成鳥はまだ三〇羽いた。最後に彼がそこでペンギンを見たのは四月六日のことで、その日には六羽いた。彼は食料にするためそのうちの四羽を殺した。彼が世界初の本格的なペンギン生物学者になるという予兆はまったくない。

レビックが次に生きたペンギンを見るのは九月一九日のことだ。アダレ岬に四羽のエンペラー・ペンギンがやって来た日である。ノートを見ると、その書き方はいかにも素っ気ない。ブルーブラックのインクで「私はその全部を殺した」と走り書きしてあるだけである。[1]

ペンギンについてほとんど何も書いていないにもかかわらず、自分がペンギンを殺したことは認めている。そのことが彼の真の心情をよく表しているようにも思える。アダレ岬（レビックはなぜか“Cape Adare”を“Cape Adair”と間違えて書いている）という最果ての地で、冬の真っ暗闇の中にいても、ペンギンを殺すことにどこか良心の呵責を覚えていたようなのだ。それはもしかすると、彼がペンギン生物学者になる前触れだったのかもしれない。

はじめのうちしばらく、動物学ノートにはペンギンの数が次第に減少していくことが書かれているが、そのあとは三種のウミツバメのことや、溶かした氷の中から取り出した原生動物たちのことを書いている。原生動物に関しては色鉛筆で彩色までしたスケッチも添えられている。レビックが再びペンギンのことに触れるのは八月一二日だ。二日前に凍結した状態で発見した成鳥になったばかりのメスのペンギンを、その日に解剖している。ペンギンはひどく痩せていて、脂肪がまったくなく、胃の中には「驚くほど大きい」玄武岩が入っていただけで他に何もなかった。[2] どうやらよほど運の悪いペンギンだったらしい。

ただ、リドリー・ビーチの新しい小屋に入った六人の男たちも運が良いとは言えなかった。その後の彼らには過酷な運命が待ち受けていたのだ。

一九一一年八月一五日の夜、リドリー・ビーチには強風が吹きつけた。その強さはハリケーン並みにまでなった。元来、そこは人間が行って以降、強風の吹かなかった日はほとんどないという場所だったが、それでもその日の風は特別だった。ディッカソンも「我々が経験した中でも最も強い風」[3]と書いている。

小屋の中は火が燃えているにもかかわらず凍えるほどの寒さだった。男たちは皆、羽根布団にくるまっていた。風に飛ばされた石が次々に小屋の壁を叩く。ディッカソンは、気象データ採取のため時々、外に出たが、とても立って歩くことはできず、四つん這いで進むしかなかった。男たちが最も恐れていたことは、一ヶ月前にイグルーの中でやはり嵐に襲われたチェリー＝ガラードたちと同じく、屋根が飛ばされてしまうのではないかということだった。実際、物置小屋の屋根は吹き飛ばされていた。それは元々、ボルクグレヴィンクが建てた物置小屋だった。測候所とそこの機器の多くは破壊されてしまった。だが、嵐はその後、そんなことがどうでもよくなるくらいの壊滅的な被害をもたらすことになる。

朝、小屋の外に出たディッカソンは、ロバートソン湾に冬の間張っていた海氷が完全に吹き飛ばされているという知らせを持って急いで戻って来た。プリーストリーは、その事実が彼らにとって大変な意味を持つことを簡潔な文章にまとめている。

…朝になって海の方を見た我々は、自分たちが今後そりに乗って行くはずだった海氷が夜のうちにすべて消えてなくなったという驚くべき事実を知った。[4]

彼らの探検の任務が遂行不能になったのはこれで二度目だった。最初は、ノルウェー人ボルクグレヴィンクが発見し、その後、彼の子供時代の友達だったアムンゼンによって占拠されたロス棚氷のクジラ湾で。そして二度目は、人類（これもボルクグレヴィンクだ）がはじめて南極大陸に足を踏み入れ、越冬したまさにその場所で。彼らが引き継いだ物置小屋を建てたボルクグレヴィンクという人物は、彼らが行く先々につきまとっているようだった。吹き飛ばされた海氷は計画していた探検の唯一の手段だった。北西に向かうには海氷の上を通る経路しかなかったのだ。その経路を通って、当時まだ南極大陸の中では未踏の地だったところを探検し、地図を作るはずだったのだ。そこは結局、未踏のまま地図も作れずに残すしかなかった。彼らは広さ五平方キロメートルほどの狭い三角形の地帯に取り残され、年が明けてテラノバ号が迎えに来てくれるまでは身動きが取れないのだ。

アダレ岬は、針のように細長く伸びた土地の先端部分に位置している。細長い土地は全長が四〇キロメートルほどで、ロバートソン湾の東にある。リドリー・ビーチの真向かい、ロバートソン湾西側の三〇キロメートルほど離れた地点にはウッド岬があった。北隊が南極大陸の海岸線を西へと向かう探検の開始地点にしたいと考えていたのはそのウッド岬だ。氷に覆われたロバートソン湾を渡ればウッド岬に到達できるはずだった。嵐は彼らの希望をすべて吹き飛ばしたのである。だが、もし嵐が起きたのが一〇日遅かったら、キャンベル、プリーストリー、アボット、ディッカソンたちは予定どおりにウッド岬に向けてそりで旅立ち、今頃は全員、間違いなく死んでいただろう。それはレビックにもよくわかった。(5)

北隊にわずかに残された希望があるとすれば、それは南へ向かう海岸線のそばに細長い海氷がまだ残っているということだった。ロバートソン湾を横断して直にウッド岬に到達することはできないが、その海岸線そばに残った海氷の上を注意深くそりで進んで行けば、回り道にはなるがウッド岬に行くことは不可能ではないかもしれない。ただ、当然、行程は予定よりもはるかに長くなるし、氷も割れやすいと考えられるので神経を使うことになるだろう。

＊

一九一一年九月八日、レビックをはじめとする北隊のメンバーたちが、海氷のほぼなくなったロバートソン湾の海岸線沿いを進む旅に向けた準備をしていた頃、フラムハイムではロアルド・アムンゼンが焦りを感じながら、南極点到達に向けて出発しようとしていた。アムンゼンは、スコットの方が自分より先に出発したのではないかと思い不安になっていたのだ。まだ冬の厳しい寒さの残るこの状況ではポニーは思うように進まないだろうが、スコットは雪上車を使うのでその分、有利になるかもしれない。当初の計画では一一月一日に出発する予定だったのだが、ライバルに出し抜かれることを恐れた彼は、暗い冬が終わり、太陽がはじめて顔を出す八月二四日まで出発日を早めることにした。ところが、ナンセンとともに北極点に挑んだ経験を持つヤルマル・ヨハンセンは反対した。彼自身が、北極点に挑んだ際、出発が早すぎて寒さと厳しい環境のせいで撤退を余儀なくされたためだ。ヨハンセンはこう書き残している。

気温があまりに低いうちは出発ができない…犬でもとても耐えられないだろう。(6)

予定日とされた八月二四日が近づいても、気温はマイナス五〇度を下回る状態が続いていた。だがアムンゼンは、すでに一ヶ月前から荷物を積み込み、準備の整っていたそりを外に出すよう命令を下した。

寒さと強風のために結局、出発は遅れることになったが、一九一一年九月八日になると、気温はマイナス三五度くらいまで上がったため、ついに彼らは出発した。そり七台、隊員八人、犬八七頭という編成だった。出発後間もなく、一頭の犬を射殺せざるを得なくなった。高熱を出し、他の犬たちを混乱させたからだ。最初の数日間は順調で、一日あたり約二五キロメートルという十分な距離を進むことができた。ところが再び気温が下がり始めた。はじめは少し苦しいという程度で済んでいたのだが、やがて「エスキモー」の衣服を身に着けた彼らでさえ生命に危険が及ぶほどの寒さにまでなった。最低気温マイナス五六度を記録したのだ。アムンゼンも、出発が早すぎたことを認めざるを得なかった。犬たちは足が凍傷にかかった。二頭の犬が横たわり、そのまま凍死してしまった。人間の状態も犬とさほど変わりはなかった。何人かの隊員が足の凍傷に苦しんでいた。

もはやフラムハイムに戻る他はなかった。戻る間も恐ろしい嵐と寒さは続いたが、アムンゼンは最後の六〇キロメートルほどを一気に踏破するよう皆に命じた。すでに南緯八〇度の貯蔵所で食料と用具の大半を下ろしていたため、そりは軽くなっており、犬たちも帰れるのだということを察知して元気を取り戻していた。アムンゼンと二人の隊員たちは、二台のそりで最初に出発し、フラムハイムまでの六〇キロメートルをわずか九時間で踏破した。だが、あとから出発した隊員たちはそう順調に進むことはできなかった。足は凍傷にかかっていたし、犬たちもよろめきながらしか走れなかったからだ。それでも二人はアムンゼンよりも数時間遅れで戻って来た。さらに一人もその少しあとに戻って来た。ところが、最後の二人、ヨハンセンとクリスティアン・プレストルードは、食料も燃料もなくまだロス棚氷の上にいた。

プレストルードの犬たちはもうそりを引くことはできなかったので、彼はスキーを使っていた。足の凍傷がひどく、うまく動かすことができない。体力は限界に近づいていた。だがヨハンセンとともにどうにか前進を続け、アムンゼンよりも八時間半遅れてフラムハイムに到着した。真っ暗闇で霧も出て、気温はマイナス五〇度を下回っていた。一九時間もの間、食べる物もなかったのだ。生死の境をいつ越えても不思議ではない状態にいたのである。

朝食の時、ヨハンセンはアムンゼンを厳しく非難し、隊員たちを置いて今すぐこの場を去れ、と言った。ヨハンセンはこう書いている。

これは探検などではない、自ら遭難しようとしているようなものだ。(7)

アムンゼンの指導者としての資質に疑問が投げかけられたことになる。このままでは、世界初の南極点到達という目的の達成が危ぶまれると考えた彼は、断固たる行動に出た。ヨハンセンとプレストルードは南極点到達隊から外すと告げたのだ。彼ら二人には、エドワード七世半島の探検を命じた。そこはスコットがキャンベルやレビックなどの東隊に探検するよう命じた場所である。しかも、アムンゼンは、若く経験も浅いプレストルードを責任者に任命した。明らかにヨハンセンへの報復だった。ヨハンセンはこの命令を拒み、書面での命令を要求した。アムンゼンはその日の夜、言われたとおり彼に命令書を渡した。そこにはこのように書かれていた。

私は遠征への利益ということを第一に考えた―その結果、貴殿を南極点への旅から排除することが最も適当という判断を下した(8)……

ヨハンセンは闘いに破れた。彼は不機嫌な態度を取るようになり、そのせいでフラムハイムは陰鬱な雰囲気になった。アムンゼンはそれ以後、ほとんどヨハンセンには話しかけなかった。アムンゼンはスコットの雪上車が恐ろしくてたまらなかったが、さすがにすぐに出発しようとはしなかった。少なくとも隊員たちの足の凍傷が良くなるのを待たなくてはならなかったからだ。しかも四人の隊員は一〇日間寝たきりになっていたので動きたくても動けない。ただしアムンゼンはそのうちの一人に、ヨハンセン、プレストルードとともにエドワード七世半島に行くよう命じた。

*

一九一一年九月一一日、ノルウェー人たちが結局は挫折することになる南極点到達への旅に出発したのと同じ日、かつての東隊のメンバーだった六人の男たちはアダレ岬の小屋を閉め、皮肉にも今やノルウェー人たちが目的地の一つに定めたエドワード七世半島ではなく、より穏当な場所に目標を変えて旅立とうとしていた。レビックとブラウニングは二人で一台のそりを引くことになった。二人はウォーニング氷河―アダレ岬の真南に位置する―まで行って写真を撮る予定だった。残りのメンバーは二台のそりを引いてウッド岬に行き、そこからさらにノース岬を越えて海岸線を探検することになっていた。ディッカソンは、嵐で海氷の大半が一気になくなったのを見たことですっかり弱気になったらしい。日記の中に遺書を書き、もし再び嵐が起きて、自分たちが旅するはずの海氷が吹き飛ばされたとしたらこれを母親に渡してくれとブラウニングに頼んだ。

レビックとブラウニングは氷河のすぐ前の海氷の上にテントを張ったが、その日の夜に猛烈な嵐に襲われた。そして二日目の夜には、自分たちがテントを張っている氷が割れ始めていることに気づいた。レビックは「それは私が過ごした最も苦しい夜だった。自分たちの下で氷が上下に激しく動いていた」[9]と書いている。テントを海岸まで移動できればよかったのだが、風が強すぎてそれもできなかった。レビックとブラウニングは交替で見張りをし、いよいよとなったら、寝袋と少しの食料とプリムス・ストーブだけを持ち、テントを捨てて逃げようと決めた。嵐が少し収まった時、彼らはテントから出て、急いで何枚か写真を撮ると、小屋へと戻った。

その頃、ほんの数キロメートルしか離れていない場所にいたキャンベルたちは、嵐の影響をまったく受けなかった。ただ、ウッド岬が近づくにつれ、進行は次第に困難になった。激しい地吹雪のせいで、腰まで雪に埋まってしまったためだ。どうにかウッド岬までたどり着いたとしても、その後、探検をするだけの食料もない。そう判断した彼らは持っていた食料を捨て、すぐに小屋へと戻ることにした。彼らが小屋に着いたのは九月一八日だ。

キャンベルは一九一一日一〇月四日に、より多くの食料を持って再び出発することにした。レビックとブラウニングもまた途中までは同行することになった。キャンベルと別れたあと、レビックは氷河とロバートソン湾の端から見えるアドミラルティ山脈の写真を撮るつもりだった。そうすればプリーストリーの地質学調査の助けになるだろうと考えたのだ。二人はその場でアザラシを殺し、その肉を洞窟に残しておくよう言われていた。そうすれば、キャンベルたちの隊が帰路に食べることができるからだ。一〇月九日、二人はメスのウェッデルアザラシがアビー洞窟のそばで出産するのを見た。そして翌朝、二頭とも殺して解体した。レビック自身、それを「冷酷非情な行い」と言っているが、同時に残酷だが仕方ないことだったと正当化もしている。[10]

右：第一次世界大戦の軍服を着た外科医司令官のジョージ・マレー・レビック。イギリス探検協会（ロンドン）より提供

下：ショカルスキー号に乗っているロイド・スペンサー・デイビス。撮影：スコット・デイヴィス（ScottDavisImages.com.）

右：世界ではじめて南極に到達した後の1912年3月、オーストラリアのホバートにいるロアルド・アムンゼン。フラム博物館（ノルウェー、オスロ）より提供。

下：ノルウェー、自らウラニエンボルグと名づけたアムンゼンの家。撮影：ロイド・スペンサー・デイヴィス

上：バッドリー・ソルタートンのレビックの家。撮影：ロイド・スペンサー・デイヴィス

右：アダレ岬近くでスキーを履いたマレー・レビックのセルフポートレイト。イギリス探検協会（ロンドン）より提供

下：アプスリー・チェリー＝ギャラードが1926年にレビックスを訪れた時の写真。左から：オードリー・レビック、マレー・レビック、ロドニー・レビック、アプスリー・チェリー＝ガラード、チェリー＝ガラードの女友達。イースト・サセックス公文書館の許可を得て転載。無断転載禁止。

上：1937年、イギリス学校探検協会がグロス・モーン国立公園のトラウト・リバー（カナダ、ニューファンドランド）に行った時のベースキャンプ。イギリス探検協会（ロンドン）より提供。

左下：レビックの動物学ノートの表紙。撮影：ロイド・スペンサー・デイヴィス

右下：レビックが撮影したミューチュアル・コールをするアデリーペンギンのつがい。ヴィクトール・キャンベルのアルバムより、ニューファンドランドメモリアル大学エリザベスII世図書館（カナダ、セント・ジョンズ）の許可を得て掲載。

上：1912年9月に雪洞から出たアボット、キャンベル、ディッカソン（左から）。

下：同プリーストリー、レビック、ブラウニング（左から）。
ヴィクトール・キャンベルのアルバムより、ニューファンドランドメモリアル大学エリザベスII世図書館（カナダ、セント・ジョンズ）の許可を得て転載

上：ポルホグダのナンセンの家。

下：ポルホグダの塔の最上部にあるナンセンの仕事部屋。
（撮影：ともにロイド・スペンサー・デイヴィス）

左：フリチョフナンセン、1896年。フラム博物館（ノルウェー、オスロ）より提供。

下：ナンセンの机。左側に妻のエヴァの写真が置かれている。撮影：ロイド・スペンサー・デイヴィス

上：流氷上のアデリーペンギン、ロイズ岬。

下：ボルクグレヴィンクの小屋と物置小屋（屋根がない）、アダレ岬。 北隊の小屋の残骸は、ボルクグレヴィンクの小屋の左側に見える。
（撮影：ともにロイド・スペンサー・デイヴィス）

ヴィクトール・キャンベルによるスケッチ

左上：石の巣にいるアデリーペンギンのつがい。

右上：巣に２羽の雛がいるアデリーペンギンのつがい。

中：アダレ岬、ロバートソン湾のテラノバ号。後ろに見えるのはアドミラルティ山脈。

下：クジラ湾のテラノバ号とフラム号。
ニューファンドランドメモリアル大学エリザベスII世図書館（カナダ、セント・ジョンズ）の許可を得て転載。

上：シャクルトンの小屋の中、ロイズ岬。
中：ストーブと調理場、シャクルトンの小屋。

下：シャクルトンの小屋の壁。エドワード七世とアレクサンドラ王妃の写真がかけられている。
（撮影：すべてロイド・スペンサー・デイヴィス）

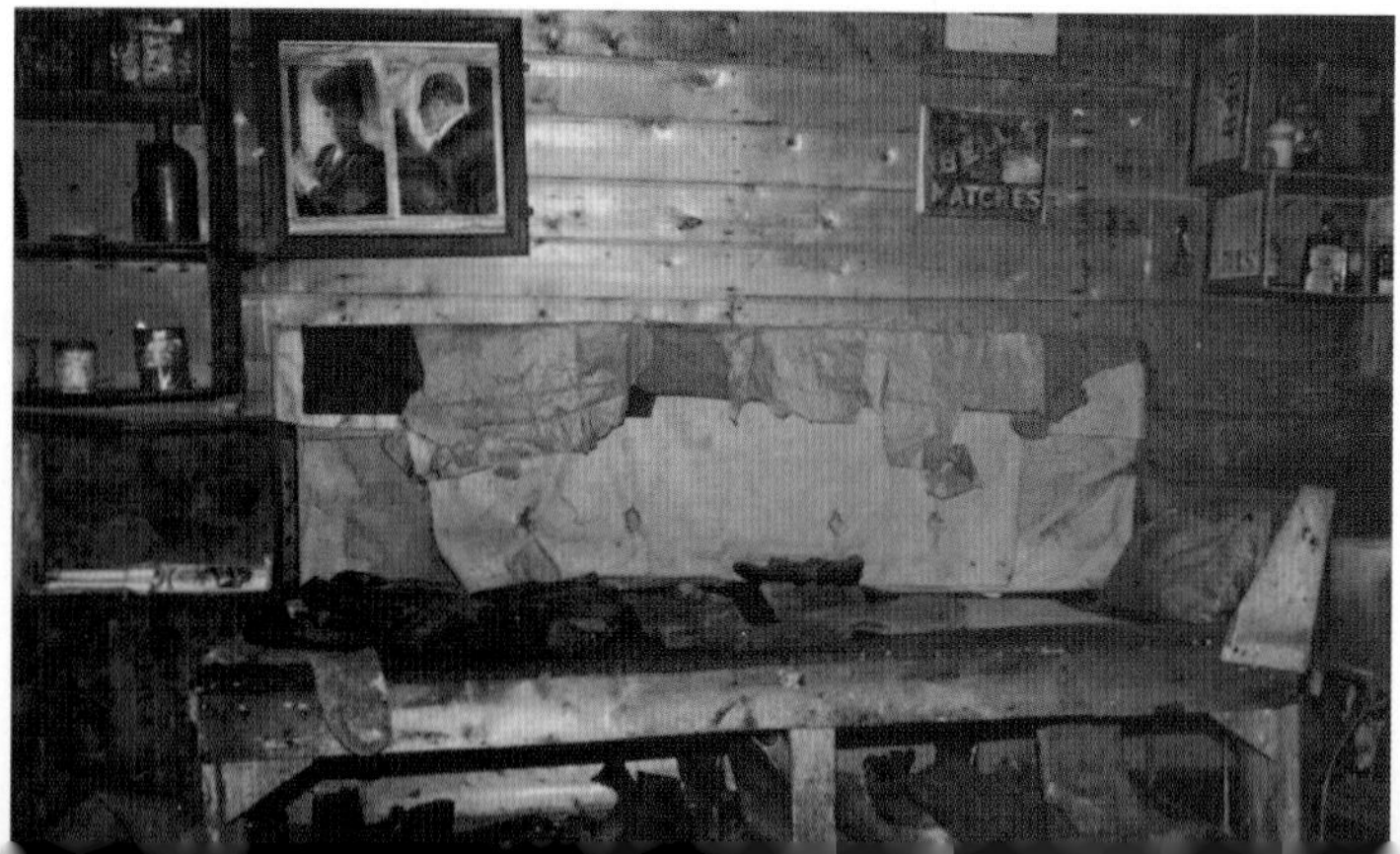

上：ヴィクトール・キャンベルによるスケッチ。ミューチュアル・コールをする求愛中のアデリー・ペンギン。ニューファンドランド・メモリアル大学エリザベスII世図書館（カナダ、セント・ジョンズ）の許可を得て転載。

中：カルステン・ボルクグレヴィンク。1897年、人類史上はじめて南極大陸に上陸し、はじめて南極大陸での越冬も経験した。

下：アダレ岬の小屋の中。 左から：アボット、キャンベル、ブラウニング、レビック、プリーストリー（ディッカソンは隠れている）。ヴィクトール・キャンベルのアルバムより、ニューファンドランドメモリアル大学エリザベスII世図書館（カナダ、セント・ジョンズ）の許可を得て転載。

上：メルボルン山、テラノバ湾。
中央：シャクルトンの小屋、ロイズ岬、エレバス山。

下：スコットの小屋、エヴァンズ岬。
（撮影：すべてロイド・スペンサー・デイヴィス）

上：スコットのハット・ポイントの小屋、マクマード入江。

中：ハット・ポイントの小屋に残されたテラノバ遠征隊が使った箱。

右：ハット・ポイントの小屋の調理場。
（撮影：すべてロイド・スペンサー・デイヴィス）

上：ドリガルスキー氷舌近くの氷山のふもとにいるアデリーペンギン。

下：氷山で休息しているアデリーペンギン、アダレ岬。
（撮影：ともにロイド・スペンサー・デイヴィス）

上：スコットのベッド、エヴァンズ岬の小屋。

中：バッドリー・ソルタートンのレビックの自宅で、レビック愛用の椅子に座る著者、ロイド・スペンサー・デイヴィス。アダレ岬の写真や、スキーも写っている。

下：アデリーペンギンの交尾。
（撮影：すべてロイド・スペンサー・デイヴィス）

左上：ヒョウアザラシに襲われ、辛くも生き延びたアデリー・ペンギン。

右上：石とアデリーペンギン。

中：恍惚のディスプレイをするオスのアデリーペンギン、バード岬。

下：テラノバ湾の氷崖の前を歩いているエンペラーペンギン。
（撮影：すべてロイド・スペンサー・デイヴィス）

上：バッドリー・ソルタートンの海岸。

左：マレー・レビックの未公開だった1915年の論文を持つダグラス・ラッセル。（撮影：ともにロイド・スペンサー・デイヴィス）

上：アデリーペンギンと雛、クロージャー岬のコロニー。 B-15A氷山とC-16氷山が、地平線の彼方に広がっている。

下：流氷の上で眠るヒョウアザラシ。背景にショカルスキー号が見える。
（撮影：ともにロイド・スペンサー・デイヴィス）

上：フィーディング・チェイス：アデリーペンギンの親鳥が2羽の雛に追われている。

中：マッコーリー島のキングペンギンのコロニー。ジョセフ・ハッチが捨てた消化槽が見える。

下：ウェッデルアザラシ、テラノバ湾。
（撮影：すべてロイド・スペンサー・デイヴィス）

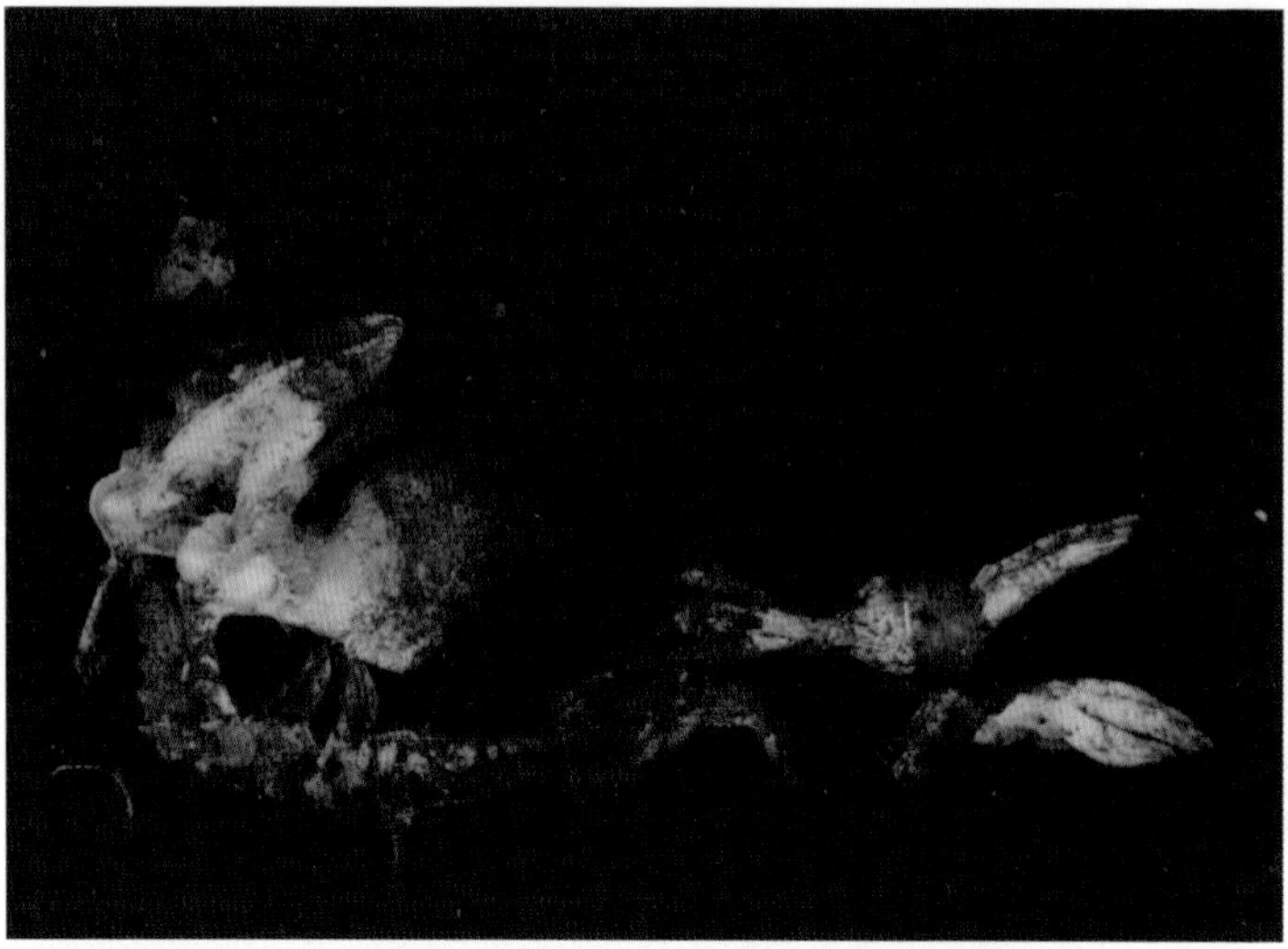

上：トウゾクカモメに食べられたアデリーペンギンの雛の残骸。

下：アデリーペンギンの雛を安全なクレイシから引き離すトウゾクカモメ。
（撮影：ともにロイド・スペンサー・デイヴィス）

上：巣立ちしたばかりのアデリー・ペンギンの雛に襲いかかるヒョウアザラシ（アダレ岬）。

中：アデリー・ペンギンの雛たちのクレイシにトウゾクカモメが襲いかかり、親鳥が反撃している。

下：襲いかかるトウゾクカモメ。（撮影：すべてロイド・スペンサー・デイヴィス）

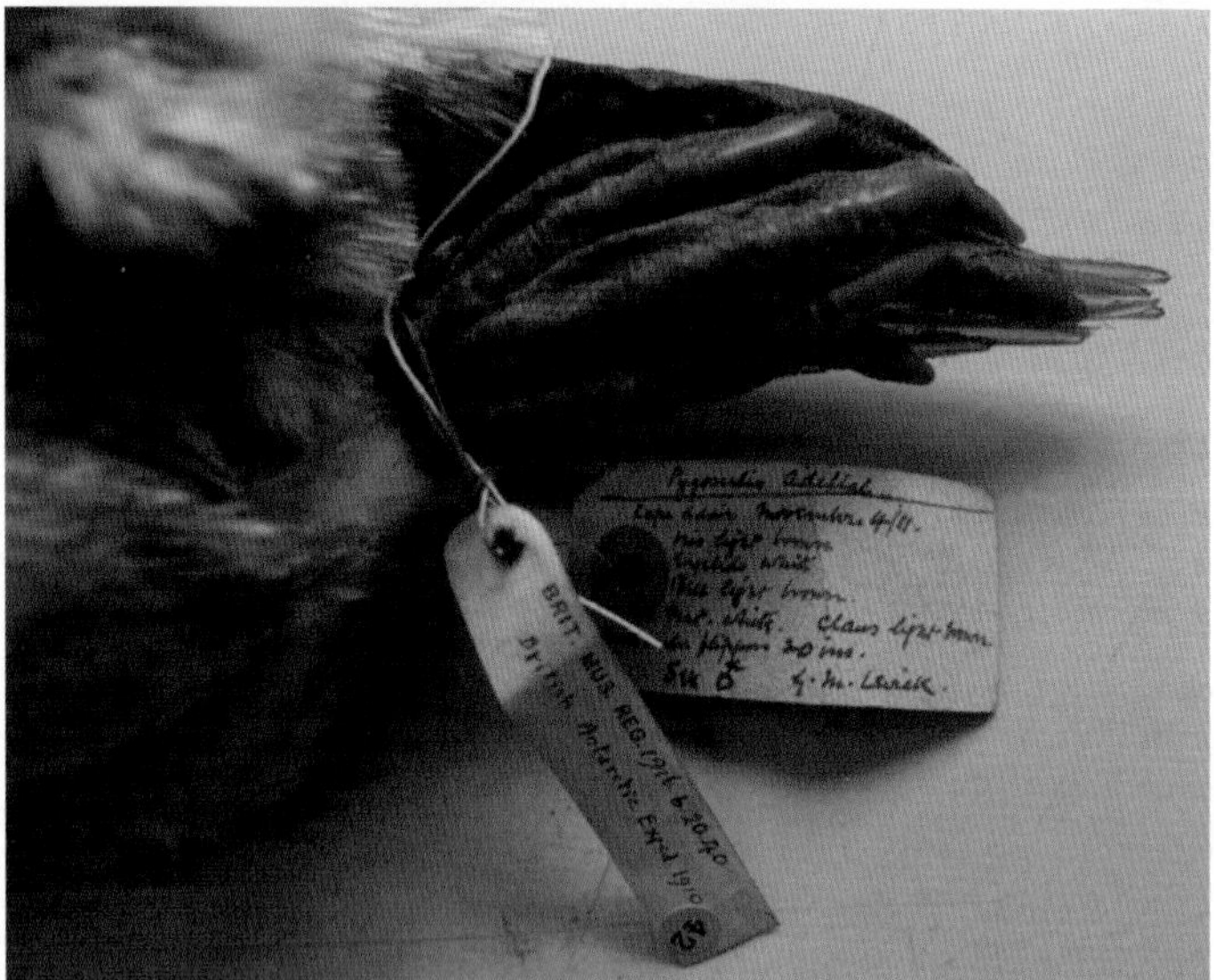
BRIT. MUS. REG.
British Antarctic Exped 1910
82

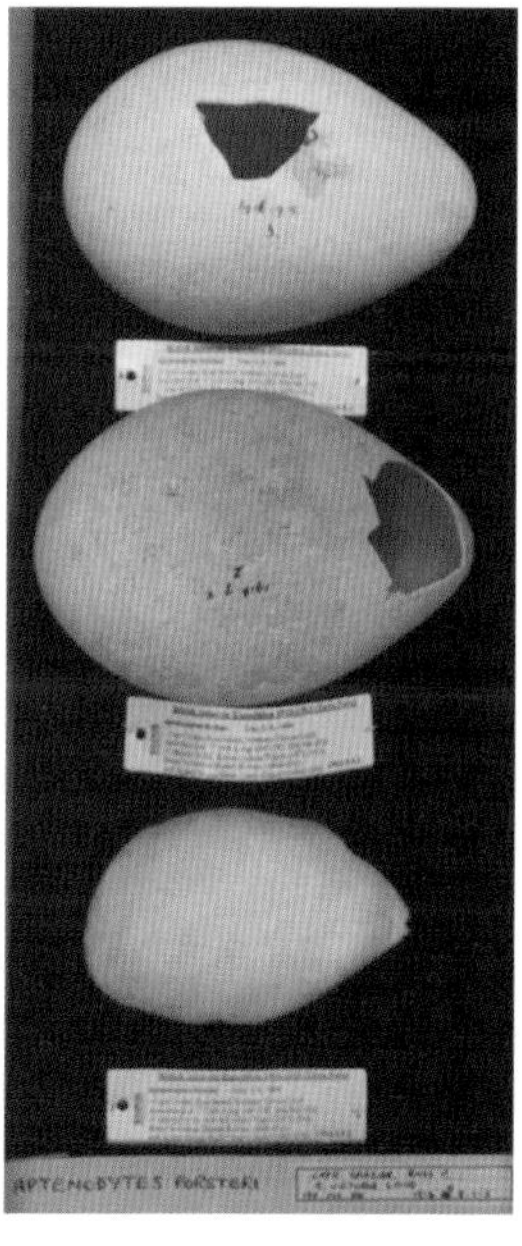

上：上：アデリー・ペンギン。ネズミイルカのような動きをしている。

左：「世界最悪の旅」の後にアプスリー・チェリー＝ガラードによって自然史博物館に寄託されたエンペラー・ペンギンの２つの卵。

次頁の上：ロス棚氷。背後にクロージャー岬とテラー山が見える。

次頁の下：マレー・レビックによって捕らえられて保存され、自然史博物館に寄託されたアデリーペンギン。
（撮影：すべてロイド・スペンサー・デイヴィス）

上：ノルウェー、バネフィヨルデンの岸辺に立つロアルド・アムンゼンの像。

右：オブザベーション・ヒルの頂上に立つ、スコット隊慰霊の十字架。アメリカのマクマード基地を見下ろしている。
（撮影：ともにロイド・スペンサー・デイヴィス）

しかし、同じ日に目撃した別の残虐行為については、レビックも正当化ができなかったようだ。彼とブラウニングはそりを引いて、ロバートソン湾の端に位置するヨーク公島まで到達した。二人は海氷の上にテントを張ったが、その氷に向かう谷で、アデリー・ペンギンのコロニーがそばにあることに気づいたのだ。レビックは、フィネスコートナカイ革の柔らかいブーツだ―を履いて、石だらけのその土地へと一人で足を踏み入れた。そこで前に進むのは容易ではなく、彼はそう遠くへ行こうとは思っていなかった。そしてレビックはしばらく歩いたところで急に立ち止まることになる。その時のことは動物学のノートにこう書かれている。

喉の黒いペンギンが一羽、横たわって死んでいた。片方の足にロープが巻かれており、ロープの一方の端は大きな岩に結わえつけられている。この哀れな鳥は、海に餌を取りに行こうと何日かもがいた後に餓死したのだろう。海に向かって倒れていることからもそれがわかる。ロープは完全に伸び切っていて、頭は海の方を向いている。あまりにやせ衰えているので、胸骨もはっきりと見えている。

この忌まわしい残虐行為はいったい誰の仕業か。それは、一〇年前にヨーク公島を訪れたボルクグラヴィンクス（原文ママ）の隊にいた誰かしかあり得ない。人間とはここまで残酷な行為ができるほどに堕落することがあり得るという確かな証拠として記録しておく価値はあるだろう。[11]

＊

私はボルクグレヴィンクの著書『南極大陸一番乗り（*First on the Antarctic Continent*）』を持ってショカルスキー号に乗り込んでいた。確かにボルクグレヴィンクは、そりでヨーク公島まで旅をし、クレッセント湾でキャンプをしている。レビックと同じだ。重要なのは、ボルクグレヴィンクがそこに来たのが一八九九年の一二月だったということだ。ちょうど、ペンギンたちが繁殖のために海岸にやって来る時期である。ヨーク公島に着いたばかりの頃の記録を見ると、ペンギンをロープで岩につないで動けなくしたという行為について、ボルクグレヴィンクは何も書いていない。ただ、そこにペンギンがいたことは書いている。

ところが、そのすぐあとの一二月二一日に、ボルクグレヴィンクはこんなことを書いている。

…フィン・サビオが、気晴らしだと言って面白いことを考えた。ペンギンを一羽、捕まえて足にひもを結えつけ、カヤックにつないだのだ。ペンギンの力でカヤックを動かそうというわけだ。ペンギンは海に飛び込むと、パーとカヤックを大変な力で引っ張り始めた[12]…

ボルクグレヴィンクはどこにも必ずパー・サビオ、フィン・サビオの二人を連れて行った。ヨーク公島で、岩にペンギンをつないだのも二人のうちのどちらかである可能性が高いだろう。それも「気晴らし」のためだったらしい。

＊

この体験がレビックにどの程度の影響を与えたのかはよくわからない。不思議なのは、彼がどうもこのことを他の誰かに伝えた形跡がないことだ。それは動物学のノートに書かれている他のことがらについても言える。将来の人のため「確かな証拠として記録しておく」などと書いているにもかかわらず、レビックには、自分の発見を他人に伝えず隠しておくところがあったらしい。

繁殖のためにアダレ岬に戻って来たアデリー・ペンギンにレビックが最初に遭遇したのは、一九一一年一〇月一三日、まさに彼がブラウニングとともに小屋に戻って来た日だった。レビックはそれを大きな青い表紙の動物学ノートに書き記している。しかも、それがいかに重要な出来事かを強調するために、万年筆で下線まで引いている。一週間後、キャンベルの隊が小屋に戻って来た頃に、プリーストリーがこう書いていることからもレビックの姿勢がうかがえる。

レビックはノートに本格的な記録をつけ始めた。おそらくアデリー・ペンギンについてここまで詳しく記録されるのは、世界ではじめてだろう。(13)

レビックの進むべき道がここでついに明確になった。彼はこれからいよいよペンギンの研究を開始することになるのだ。

私は自分がペンギンについて知り得たことをすべて書き記していこうと思う…徹底的な調査を進め、国に帰ったらペンギンについての本を書きたいという大それたことまで考えている。(14)

アダレ岬から動くことができなくなったレビックは、もてあます時間をつぶすためやむなくという面もあったのだろうが、ともかく熱心にペンギンを調査した。写真を撮り、知り得たことをノートに事細かに書き記した。プリーストリーも書いていたとおり、それは、世界ではじめてのペンギンの繁殖行動についての体系的な研究だった。

彼とともに小屋にいた男たちは、レビックという人物の厳格な科学者としての一面に触れることになったに違いない。レビックは皆に、ペンギンなどの鳥の他、アザラシ、クジラなど周囲にいるあらゆる動物について何か興味深い発見をした場合には彼の動物ノートに書くよう求めた。ノートの冒頭には、次のようなルールが記されている。

1．絶対の確証がないことを事実であるかのように書かない。確証がない場合には、こうだと言い切ることはせず、「そう思った」、「そのように見える」というように確証がないことがわかるように書く。また同時に、自分がどの程度、自信を持っているのか、またどの程度、自信がないのかも明確にする。

2．動物を観察する際には、できる限り動物の邪魔にならないよう注意する。特にペンギンがこの地に来た際には注意しなくてはならない。ペンギンが我々に影響されることなく、なるべく自然に居を定められるようにすることが重要だ。秋に我々が狩ったことで、オオフルマカモメが凶暴化したことがあったが、そのようなことが起きないようにする。

3．些細な出来事も実は重要な意味を持つことがあるので漏らさずに記録する。ただ、その場合も慎重に、正確な記述をするよう心がける。[15]

注意－鳥たちも我々と同じく生き物なので、痛みも我々と同じように感じるはずである。たとえば傷ついたトウゾクカモメがゆっくりと自然に死んでいくことは仕方がないが、人間がわざわざ半時間も追い回して殺すようなことはすべきではないだろう。

このルールは、彼が残した他のどの文章よりもレビックという人物の人となりを物語っていると思う。科学者になるべき教育を受けたわけではないが、彼は科学者としての精神を持ち、科学の方法論をよく理解していた。地中海でブルセラ症の研究をしていた頃からレビックはすでにそういう人間性を見せていたが、彼には科学者として厳密さを重んじる姿勢と同時に、研究対象を尊重し、その幸福を願う心があった。

確かに食料にするためにアザラシやペンギンを殺したことはあったが、それはやむを得ない状況だったからであり、彼は自分のしたことを悔いている。その必要もないのに動物に苦しみを与えることには断固反対している。気晴らしのために動物を苦しめることなどもってのほかだった。その点で、彼はパー・サビオやカルステン・ボルクグレヴィンクとは対極に位置する人間だったと言えるだろう。動物が苦しむ姿を見てもレビックはまったく面白いとは感じなかった。彼には悲劇としか思えない光景を目にして喜ぶような人間をレビックは軽蔑した[16]。

またその他、動物学ノートを見ると、レビックが時代を何十年とは言わないまでも、少なくとも何年かは先取りしたような実験的観察をしていたことがわかる。

レビックは、どちらも約五〇のつがいから成る二つの小さなサブコロニー（ただし、彼自身は当時の慣例に従い、それを「コロニー」と呼んでいる）を選び、特別な研究の対象とした[17]。研究対象となったサブコロニーの場所には、それがわかるよう竹の棒につけた赤い旗を掲げた。誰かがそこから食べるための卵を取るなどして研究の邪魔をするのを防ごうとしたのだ。二つのサブコロニーのうちの一つを、レビックは「グループA」と名づけた。グループAは、三方を氷の溶け始めた浅い湖に囲まれた丸い小山の上に位置していた。「主たる集団から隔離されていたため、特別な観察をして、その生態、個々のつがいの特徴などを知ることが容易だった」とレビックは書いている。またこの時、彼は、七三年後に私がしたのとほぼ同じことをしている。グループAの五つのつがいの胸に明るい赤の塗料で目印をつけたのだ。ただし、はじめにつがいだと思われた一組はあとでつがいでないことがわかった。二羽にはどちらも別のパートナーがいたのだ。これで、少なくともつがいの一方の胸には赤いマークがある、という巣が六つある状態になった。ただしレビックのしたことはそれだけではなかった。彼は六つの巣のそれぞれに目印として一から六までの数字を書いた大きな石を置いた。さらにグループAのすぐそばの巣に、傷を負っていると明らかにわかるペンギンが一羽いたので、その巣も観察の対象に加えることにした。

もう一方のサブコロニーは「グループB」と名づけられたが、このグループに対するレビックの観察態度はとても深い思慮に基づくものとは言えなかった。このグループの観察は時代を先取りするような手法ではなく、ヴィクトリア朝時代の典型的な手法で進められた。つまり、観察の対象を採集する、殺す、ということが躊躇なく行われたのである。レビックは、百葉箱のすぐそばに位置していたグループBのペンギンたちの胸にも赤い塗料でマークをつけた。そして、このグループに対しては、メスが生んだばかりの卵をすべて取り除いてしまうということをした。[18] 観察初日に生まれた四つの卵をすべて取り除いたレビックは満足げに「私が卵を取り除いてから数分後、持ち主は卵が盗まれたことをすっかり忘れてしまったようだった」と書いている。[19] 卵を取られたペンギンが生み直しをするかどうかを確かめたかったのだろう（実際、生んだばかりの卵が失われると生み直しをする鳥はいる）が、人間があまり大きな介入をすると混乱が起きて観察は失敗することが多い。おそらくそのせいだろう。レビックの動物学ノートには、グループBについての記述はほとんどない。

その夏、このようにしてやむを得ずリドリー・ビーチでペンギンの研究を始めたレビックだったが、もちろん、まだその頃には、ペンギンの奔放な性行動については何も知らなかった。それは、彼のそばにいた科学に無関心な者たちによって間もなく明らかにされることになる。当時はまだペンギンの生態について詳しく研究した人間は誰もいなかった。レビックは、研究の方法論、客観性、正確さという点で時代の先を行っていた。優れた生物学者の一人だったと言っていいだろう。

レビックの厳格な態度は、海軍での経験で培われたものである可能性が高い。アダレ岬は地球上でも文明から最も遠く離れた場所だろう。しかし、そういう場所においても、彼の中で海軍の厳しい規律は保たれていたのだ。レビックの他にキャンベルがいたこともあり、小さな小屋の中でさえ、将校と下士官とを分ける見えない線は消えずに存在していた。毎週土曜日、北隊のメンバーは妻や恋人の健康を祝して乾杯をしたし、礼拝の儀式も欠かさず行っていた。わずか六人ではあったが、全員が篤い信仰心を持った六人だったのである。小屋の中にいる時の規律が、小屋の外でのペンギンの観察にもそのまま反映されていたということなのだろう。

レビックの科学研究に向かう態度が極めて慎重で計画的だったというのは、彼の使った万年筆の元の持ち主だったウィルフレッド・ブルースにとってはまったく驚きではなかっただろう。ブルースはレビックのことを「自分がこれまでに会った誰よりものろまな男」と評した。[20] ブルースも、テラノバ遠征の隊員たちも、レビックの座右の銘は「ゆっくり急げ（Festina lente）」だったと証言している。

第一三章　レース開始

レビックはアダレ岬でアデリー・ペンギンの性的、社会的行動について調べ、その成果を少しずつノートに書きためていった。彼がブルーブラックのインクで書いた記述を見ていると、ペンギンたちの繁殖行動が実に慌ただしいものであることがわかる。南極の環境が彼らの繁殖にとって好ましい状態になる期間はとても短い。気候が変わり、食べ物が得られなくなってしまう時期が来る前に、交尾をし、卵を生み、孵し、雛を立派に育ててあげなくてはいけない。アダレ岬に来た一九一一年二月頃は、そろそろ繁殖期も終わりという時期だったので、親鳥の繁殖の開始が遅れると雛にどういう運命が待ち受けているのかをレビックはその目で見ることになった。雛たちは親に捨てられてしまう。自活できるまでに成長していない雛たちは親に捨てられれば死ぬしかない。やせ衰えて死んだ雛を解剖すると、やはり餓死であることがわかった。胃の中に入っていたのは、石ばかりで、さすがにそれは食べ物の代わりにはならなかった。南極で生き延び、繁殖を成功させられるかはすべて、食べ物とタイミングにかかっているのだ。

＊

一九一一年一〇月二〇日、五人の男たち—ロアルド・アムンゼン、オスカー・ウィスティング、オラフ・ビアランド、スヴェレ・ハッセル、ヘルマー・ハンセンの五人だ—は、フラムハイムから南極点に向けて出発した。四台のそりを五二頭の犬に引かせていた。南極点到達をめぐる競争がついに始まった。

五人はイヌイットのネトシリク族の衣服を着ていて、犬の装備もやはりネトシリク族のものだった――アムンゼンは、子供の頃の夢だった北西航路の踏破を成し遂げた時に学んだことを南極でも活かしていたのである。働きの良くなかった四頭の犬は途中で自由にしてやった。あとは自力でフラムハイムに帰れよ（もしそれが可能ならば、ということだが）ということだ。南緯八〇度に設けた最初の貯蔵所に向かう途中、濃い霧に遭ったが、それでもアムンゼンはまったく困っていなかった。冬の前に経路を知らせる旗を立てておいたので、道に迷うことはなかったからだ。それはまさに彼らの慎重さ、用意周到さが試される場面だったが、「我々の準備は素晴らしかったということがその時、証明された(1)」とアムンゼンは書いている。

貯蔵所には食料が十分過ぎるほどあった。元は八人で来ることを想定していたためだ。しかも一ヶ月以上前の無謀な挑戦の際にも、持っていた食料をその場に置いてきていた。彼らはそりに食料、物資を大量に積み込んで貯蔵所を出発した。そこからが真の競争の始まりだった。ノルウェー隊の状況はそこまでは順調そのものだった。アムンゼンは一九一一年一〇月二四日「我々は旅を楽しんでいる」と書き残している(2)。

＊

一九一一年一〇月二四日、アムンゼンと四人仲間たちが南緯八〇度の貯蔵所で「旅を楽しんで」いたまさにその日、スコットの複雑な計画――彼らのいたエヴァンズ岬の基地から約一五〇〇キロメートル先の南極点を目指す計画――がいよいよ始まろうとしていた。

二台の雪上車と四人の男たちは、合計で一・五トンにもなる食料、物資を引いて海氷上を進んで行くことになっていたが、ただその進行は非常に遅い。そのため、ポニーを連れた本隊は一週間遅れて出発することになった。

一九一一年一一月一日の朝、八人の男たちが、ディスカバリー遠征の際に使われたハット・ポイントの小屋を目指して出発した。八人の男たちがそれぞれに荷物を載せたそりを引くポニーを連れ、海氷の上を進んで行くのだ。何もかもがダーク・グレーの一行が、何もない南極のグレーの世界を進む。そこでは常にブリザードに襲われる恐怖がつきまとう。ハット・ポイントでは、二頭のポニーと二人の同行者が合流した。その二頭のポニーは歩みが遅いので、先に出発していたのだ。

ハット・ポイントを出てから五日後、一〇人と男と一〇頭のポニーから成る一行は、二台の雪上車が故障し、打ち捨てられているのを発見した。二台のうち、あとから故障したらしい一台でも、エヴァンズ岬からわずか八〇キロメートルほど進んだだけである。乗っていた四人の男たちは、食料や燃料の一部を雪上車に残したが、それでもかなりの重さの荷物を積んだそりを自力で引いて歩いて進まなくてはいけなくなった。ひとまずの目的地であるベアードモア氷河の基地までにでもまだ六五〇キロメートル近くもの距離があった。

ポニーの管理を任されていたローレンス・〝タイタス〟・オーツは、当初からポニーはこの仕事に適した動物ではないのだと不満を漏らしていた。オーツはこう書いている。

まったくあてになるはずのないポニーをこれほど多く連れて行くこと自体、考えられないことだった。(3)

実際に出発してみると、やはりポニーはブリザードの中を進んで行くための理想的な輸送手段とはとても言えないことがわかった。それどころかポニーの存在が隊の進行にとっての障害になっていた。ポニーの足が雪に沈んでしまうため、スコットは昼間の前進を諦め、専ら夜に進むことを決断せざるを得なくなった。夜と言ってもほとんど日は沈まないのだが、それでも気温が下がり、雪の表面は固くなる。ただし、気温が下がるとポニーのまつ毛につららができ、視界が遮られてしまう。立ち止まる時には、ポニーを風から守る壁を築かねばならない。ポニーは寒さに弱いからだ。オーツは日記に、やや満足げにこんなことを書いている。

ポニーがいかに使えないかをスコットもようやく悟り始めたらしい。これではまるで使い古されたぼろぼろのボートで海を行くようなものだとわかったようだ。[4]

本隊は出発から一週間で立ち往生した。一行はテントの中から動けなくなったのだ。ブリザードがあまりにもひどくてポニーをそりにつなぐことすらできない。たとえつないだとしても、風が運んで来たばかりの雪は柔らかすぎるし、強風で体感温度が極端に下がっている状況ではまったく動くことができない。だが、実はスコットの複雑な計画には他の要素もあった。移動手段として犬を使う二つのチームも含まれていたのだ。二つのチームは過酷な状況の中でも問題なく進んでいた。犬を操っていたのはセシル・ミアレスとデミトリ・ゲロフの二人だ。彼らは最後にエヴァンズ岬を出発し、予定では、本隊とも雪上車とも、南緯八〇度三〇分の地点、つまり一トン貯蔵所の少し先あたりまで出会うことはないはずだった。ところが、予定より一週間も早く、エヴァンズ岬からわずか一六〇キロメートルの時点、一トン貯蔵所よりもかなり前の地点で本隊に出会うことになってしまった。犬たちは速く進める上、休む時には身を低くしているため、ブリザードの時の地吹雪の中でも特に困ることはない。アムンゼンが最高の手段を選んだということは、誰も口に出していわなかったとしても、もはや誰の目にも明らかだった。スコットとともにテントにいたアプスリー・チェリー＝ガラードは、スコット本人ですら「犬を使っているアムンゼンの方が圧倒的に有利だ」と考えていたと日記に書いている(5)。

犬とポニーの違いは、進みの速さと南極の環境への耐性だけではなかった。食べ物の点でも両者は大きく違っていた。犬は現地で調達可能なアザラシの肉を食べることができるし、最悪の時は仲間の犬の肉を食べることもできる。ところが、ポニーの餌となると、最も近くても四〇〇〇キロメートルも離れたニュージーランドでないと手に入らない。しかもポニーの餌は非常にかさばる。そりに載せるまぐさの量をできる限り減らすため、スコット隊ではオート麦や油粕なども与えることにしたが、それはポニーにとって栄養的に望ましいとは言えない餌だ。餌のせいもあり、ポニーはすべて体調を崩してしまった。スコットはポニーを殺し、その肉を犬に与えざるを得なくなった。元の計画では、犬たちを使うのはベアードモア氷河の基地に向かう途中までのつもりだったのだが、スコットにはもう犬をその先まで連れて行く以外に方法がなくなっていた。ポニーをベアードモア氷河まで連れて行くことは断念し、それが可能だと思っているように装うことすらやめてしまった。

＊

一九一一年一〇月二四日、アムンゼン隊の男たちと犬たちが最初の貯蔵所でごちそうにありつき、スコット隊の雪上車がエヴァンズ基地を出発した頃、マレー・レビックはアダレ岬にいた。そこからどこへも移動することなく、アデリー・ペンギンの観察をしていたのだ。南極の短い夏にペンギンたちがどのようにして子を生み、育てるのかを見ていた。
雪が降り、南東から冷たく強い風が吹きつけていた。太陽が雲に隠れているため、あまり明るくない。ペンギンたちは風が来るのとは反対側を向いて巣の上に寝そべっていた。コロニー中のペンギンたちの動きが目に見えて不活発になっていた。どのペンギンもほとんど動かないのだ。(6) しかし、午後になって風が弱まり、雲が動いて明るさが急激に戻って来ると、ペンギンたちはまた急いで求愛行動や、喧嘩、巣作りの作業などを再開した。(7)
レビックはコロニー内で見た喧嘩に注目した。彼はその喧嘩はすべて、メスをめぐるオスどうしの争いだと考えた。

…叫び声、打撃音はその周囲全体に響き渡るほど大きなものだ。私はそういう喧嘩を何百と目にした。オスたちがメスをめぐって戦っているのは明らかだった。(8)

「絶対の確証がないことを事実であるかのように書かない」という指示を北隊の他の隊員たちにしていたにもかかわらず、レビックは十分な証拠もないまま、戦っているのはオスだと決めつけてしまった。彼の動物学ノートにも次のような記述がある。

私は、その翼を武器に戦う二羽の鳥を見た瞬間、これはどちらもオスだと断定した。(9)

レビックは、翼だけでなく、くちばしで戦うペンギンも見ているのだが、それもやはりオスどうしがメスをめぐって戦っているのだと思い込んだ。日記には、一羽がもう一羽の目をクチバシで突いて[10]、突かれた方のペンギンの顔の右半分が血で覆われていたという記述もある。

マレー・レビックは、著書『南極のペンギンたち』でもそうだったように、オスの中に少数の例外はあっても、アデリー・ペンギンは総じて「ごく普通の」家庭を営む生き物であると書いている。

…つがいになっているペンギンのメスに、夫が不在の間、別のオスが言い寄って来ることは珍しくない。夫が帰って来れば、直ちに侵入者は追い払われることになるのだが。ただ、つがいの間に卵が生まれ、通常の家庭生活が始まったあとに、別のオスが言い寄って来るなどということはないと私は考えている[11]…

オスのアデリー・ペンギンは総じて言えばメスよりも少しだけ大きいのだが、大きさの違いはあまりなく、ほとんど区別はつかない。陸にいる間は絶食し、その期間の長さにより同じ個体でも体重は大きく変化するため、さらに雌雄の見分けは難しくなっている。レビックが間違えたのは、彼の生まれた時代には当たり前だった偏見のせいだ。動物の二個体が戦っていれば、それはまず間違いなくオスどうしの戦いであり、また卵を抱いて温めるのはメスの役目である、というのが当時は疑う余地のない常識だったのだ。だが、私が後に行った徹底調査により、その考えは両方とも間違っていることが証明された。

アデリー・ペンギンの雌雄を正確に見分けることはできなかったが、レビックは、コロニーに新たな個体が加わった時にはすぐに察知することができた。コロニーに来たばかりの個体は胸が真っ白で汚れていなかった。しかし、コロニーで数日も過ごせば、地面に寝ることで胸がグアノの赤茶色に染まってしまう。そのおかげで彼は驚くべき発見をすることができた。その発見はレビックの動物学ノートに記録されている。

新たにコロニーに来たばかりのオスが、すでに別のオスとつがいになっているメスと交尾をしようとし、しかもメスの方も逃げようとしない、という場面を私は何度か目撃した。そこへ夫が急に戻って来ると、侵入者との間に戦いが起きることになる[12]。

これはアデリー・ペンギンがつがいの相手を途中で変更し得る可能性を暗示する出来事だった。おそらくそれをはじめて観察した例だろう。その七〇年後、私も同様の出来事を目にする。アデリー・ペンギンの性行動はどうやらヴィクトリア朝時代の価値観に合うものではないということに、彼はこの時、気づき始めた。

二日後、レビックはまた別の出来事を目撃し、そのことをノートに書いている。染み一つない真っ白な胸をしていることからコロニーに来たばかりだとわかる三羽のオス[13]が、一羽のメスのそばにいた。その個体がメスであることは、背中についた汚れから明らかだった。その汚れは、交尾の時につがいの相手によってつけられたものだ。レビックも「それは疑いなく、早いうちにここに来たオスが花嫁との交尾の際につけたものである[14]」と書いている。やがて三羽のうちの一羽がメスに近づいた。メスはそれを拒絶した。だが他の二羽の新参者と少し喧嘩したあと、そのオスは再び、メスとの交尾を試み始めた。

メスはクチバシで突くなどして抵抗するのだが、オスはあきめず、メスのすぐ隣に横たわろうとする。メスはついにはオスを受け入れることになった。

私も同様につがいの相手が変更されるのを目撃している。レビックのあとも長い間ペンギンについて信じられていたことが間違いだとわかった瞬間だった。ペンギンは一夫一婦であり、生涯同じ相手と添い遂げると思われていたが、そうではなかったのだ。

その日、一九一一年一〇月二七日、アダレ岬を激しい嵐が襲った。コロニーでのペンギンの活動はほぼ完全に停止した。ペンギンたちの、南極に完全に適応した固く密集した羽の間をも通り抜けるような強い風が吹いた。ペンギンの羽は二重ガラスのような構造になっていて、中に空気の層を作り、断熱効果を高めているのだが、それすらも効かなくなるほどの猛烈な風だったのだ。

その時レビックは、ペンギンが海岸に多く見られる黒く丸く玄武岩の小石ではなく、石英を多く含んだ、白く、角の尖った石を集めているのに気づいた。また、そのペンギンの「隣人」がクチバシを伸ばしてその石を盗んでいるのにも気づいた。[15] キャンベルもレビックとともに同じ出来事を見ていた。レビックの日記を見ると、「残念ながら、私は四日間、そりに乗って別の場所に行かなくてはいけない…」と嘆く記述がある。[16] 本来の目的だったはずの探検よりも、ペンギンの研究の方が彼にとって重要になっていた証拠だろう。結局、彼はキャンベルに観察を続けてくれるよう頼んでいる。隣人による石盗みがその後も続けられるのか見届けて欲しいと言ったのだ。

その出来事に注目したのは、レビックの科学的な洞察力が非常に優れていたためだろう。またレビックは、科学の実験とはいかなるものであるべきかをよく理解していたようだ。彼は小石に色を塗ることで、コロニー内の巣から巣へどう移動していくか、つまり石がどのように盗み、盗まれているかを正確に知ろうとした。当時、まだそうした実験をする人は稀だった。時代を数十年は先取りしていたと思われる。この実験によってわかったのは、石は次々に盗まれることで、サブコロニー周縁部の巣から、次第に中央部の巣へと移動していくということだ。サブコロニー中央部の巣はトウゾクカモメに襲われる危険性が少ない。しかも周囲を他の巣に囲まれているため、それだけ多く石を盗むことができる。その分、有利ということだ。有利な中央部の巣には、年長の繁殖経験豊かな個体がいるのが普通である。使える石の数が多いことから、中央部の巣は周縁部よりも床や壁などの作りが精緻になっている。

　石は巣の単なる装飾ではない。レビックは観察により、アデリー・ペンギンの巣が雪解け水に沈む危険にさらされていることも知った。卵は水に浸かって孵らなくなることも多い。ある時、レビックとブラウニングは、まったく石のない巣で卵を抱く個体を見つけた。レビックはその個体がメスだと思い込んでいたが、抱卵期のはじめだとすれば、その個体はオスである可能性が高いだろう。ただ、それはここではどちらでもいい。重要なのは、そのペンギンが、雪解け水に浸かり、ほとんど水に浮いていると言ってもいいような卵を温めて孵そうとしていた[17]ということだ。レビックとブラウニングは、近くの巣から石を取ってきて水に浸かっていた巣を囲み、水が入らないようにした。そして卵をいったん巣から取り出し、水がなくなったところでまた巣に置き直した。ペンギンの個体を巣に戻すと、再び元通り卵を温め始めた。この調査方法からもレビックの科学に取り組む姿勢がうかがえる。またアデリー・ペンギンにとって石がどれほど重要かもよくわかる。石はアデリー・ペンギンにとって通貨のようなものなのだろう。

　レビックはアダレ岬をいったん離れ、一〇月三一日にブラウニングとともに再びヨーク公島に到達した。彼らは、クレッセント湾近くの谷で一五〇〇〜二〇〇〇羽のペンギンが営巣しているのを見て驚く。

ボルクグレヴィンクの隊の誰かによって岩につながれ死んでいたペンギンを発見した場所である。レビックとブラウニングがよく調べたのだが、そこでは卵がまったく見つからなかった。レビックはこう書いている。「驚くべきなのは、この営巣地が水の凍っていない海から何キロメートルも離れた場所にあるということだ。つまり、少なくとも一ヶ月かそれ以上、何も食べられない状態でその場にいなくてはならないことになる[18]」繁殖の最初の長い期間、ペンギンは絶食するのだとレビックは考えたのだ。彼にはそれが自明のことに思えた。

レビックは一一月四日にアダレ岬に戻って来た。その前日、キャンベルは、アダレ岬のコロニーで最初のペンギンの卵を見つけたと記録している。レビック不在の間、キャンベルは、例の石英を含んだ石についての観察をまったく行っておらず、石盗みの結果がどうなったか確かめてはいなかったらしく、それについては何の記録も残っていない。

レビックは、グループAの巣1〜6のマークをつけたペンギンたちについて、そしてそばにいた負傷したペンギンについて、最初のうちはノートで何度か言及をしているのだが、その後、次第に言及は少なくなっていく。一一月二〇日には、「写真を撮る仕事（主にプリーストリーとともにしていた仕事だ）に時間を取られすぎて、他のことをする時間がほとんど残っていない」と嘆く記述が見られる[19]。

レビックは、アデリー・ペンギンのつがいが交替で巣を離れるパターンを正確には追いきれていないが、それは観察に割く時間が不足していたことが原因らしい。彼は「交尾したつがいは、最初の卵が生まれるまでの間、どちらも完全に絶食をするようだ。卵が生まれた後は、交替で巣を離れ、食べ物を取りに行く[20]」と書いている。実は、二つの卵を生んだあと、巣を最初に離れて海に行くのはメスで、しかも彼女は二週間も帰って来ないのだが、レビックはそれに気づかなかった。それはマークをつけたつがいについて、彼が規則正しい観察をしなかったせいでもあるし、決定的だったのは観察の頻度が少なすぎたことだ。

皮肉なことに、レビックの代わりにある程度の観察をしたのはプリーストリーだった。プリーストリーは定期的に気象観測をしていたのだが、その際、測候所付近で営巣するつがいの行動も見ていた。卵を温めていた個体が、途中でつがいの相手と交替して巣を離れる場面も目撃している。問題は、つがいのどちらがオスでどちらがメスかが判然としないことだった――大きさを手がかりに判断するくらいしか方法がなかった。レビックと同様（おそらくレビックの助言に従ったせいだろう）、プリーストリーも、最初に卵を温めていた方の個体がメスだと思い込んだ。

私は、一九一四年に刊行されたレビックの著書『南極のペンギンたち』をショカルスキー号に持ち込んでいた。何度も読み返したせいで傷んでしまった緑のカバーのその本を船室で開いてみると、九一〜九三ページに、プリーストリーが観察したアデリー・ペンギンのつがいの在巣パターンの記録が載っていた。それによると、最初の抱卵期間が一三日間となっている。その期間に卵を抱いていたのはほぼ間違いなくオスで、メスは海で餌を取っていたはずである。その後、メスは戻って来て、オスと交替して卵を温め始める。第二の抱卵期間も一三日間続く。オスが戻って来るとメスは四日間、巣を離れる。その後、雛が孵ると、つがいは毎日、あるいは一日おきに交替して巣を守ることになる。アデリー・ペンギンの場合は、おそらく誰が調べても在巣パターンはそうなっているとわかるはずだ。レビックはどうやらこのパターンの重要性まではわかっていなかったようだ。

彼の著書の記述は伝統的な価値観に縛られた、古風なものになっていた。一九七七年にバード岬に行った頃の私は、それが彼の著書の欠点だと思っていた。レビックは本の中でこう書いている。「つがいは交替で巣にいる。一方が巣に留まり、卵を温め守っている間、もう一方は海に行く[21]」。そこでレビックはペンギンを擬人化してしまう。それは、観察できた事実のみを根拠に判断を下す極めて科学的な彼の姿勢とは矛盾している。最初の採餌旅行から戻り、氷に覆われた海岸に留まっていたつがいの相手と交替するペンギンをレビックは、確かな根拠もなしにオスだと決めつけた。私が問題視したいのは、彼が誤った判断をしたことそのものよりも、彼の次のような記述の仕方である。

…彼らは社交的な動物のようで、お互いに再会を喜び合っている。ただ、やはり男というものは、しばしば家庭のことを忘れて、堂々と外に出られるのは嬉しいようだ。妻はその間、自分が巣を離れられる時が来るまでじっと夫の帰りを巣で待っている[22]。

ここでは、正確を期すため巣にもペンギンの個体にもマークをつけていた科学者レビックは完全に姿を消している。この時期は、写真家のレビックが科学者のレビックを打ち負かしてしまったかのようだ。氷縁で長い時間を過ごし、海に飛び込み自由に泳ぎ回るペンギンたちの姿を写真に撮るうちに人格が変わってしまったのかもしれない。オートフォーカス機能を備えた現代のカメラでさえ、激しく素早く動くペンギンを撮影するのは容易なことではない。当時の機材と彼の経験の浅さを考えれば、レビックの写真の質は驚異的である。だが、それだけの写真を撮るには長い時間を費やす必要があり、その分だけ巣の観察が犠牲になった。

一九一一年一一月二四日、レビックは、トウゾクカモメがペンギンの卵を多数盗んだことを記録している[23]。その六日後、彼は「繁殖地の巣の中には打ち捨てられたものも数多い[24]」と書いた。卵をトウゾクカモメに盗まれたことが原因ではないかとレビックは考えたが、親鳥たちがその後、どうなったかはわからなかった。ただとにかく、トウゾクカモメに卵を取られ、その後、親鳥たちは巣を捨てたのだと彼は推測した。[25] また、トウゾクカモメのせいではなくても、何らかの事故が起きて卵が失われれば、同じ結果になるだろうとも考えた。いずれにしろ「打ち捨てられた巣は大変な数にのぼる[26]」とレビックは書いた。

さらに四日後の一九一一年一二月四日、日記には「打ち捨てられる巣の数は増え続けている[27]」という記述がある。また「卵が何らかの理由で巣の外に出てしまったことが原因で打ち捨てられた巣も多いようだ。地面に放置されて凍結し、トウゾクカモメに食べられることなく残った卵も多く見つかる[28]」とも書かれている。実はレビックはここで重要な事実を発見し損なっている。つがいの相手が帰って来ず、卵を温めていた個体があまりに長く絶食状態に置かれたことが巣が捨てられる原因になったことに気づかなかったのだ。その個体は耐えきれずやむを得ず巣を離れ、結局、巣は捨てられることになった。サブコロニーの中に放置された卵が数多く見つかったのはそのせいだ。放置された卵の中には、コロニーの他の個体たちが動き回ったことで巣の外に出されたものもあったのだろう。レビックは、オスどうしの争いによって卵が巣の外に出てしまったのでは、と考えたのだが、それは誤りだった。まず、争うのが専らオスだという考えが間違っていた。レビックはこう書いている。

オスの方がメスよりも攻撃的なのは当然のことである[29]…

レビックの研究方法は基本的には間違っていなかった。少なくとも正しい研究をするための材料は揃っていたと言えるだろう。まず個体と巣にマークをしたことは重要である。あとは、日々欠かすことなくペンギンの行動を観察し、そこからパターンを見つけ出すだけでよかったのだ。つがいがどのようなパターンで巣を守る役割を交替しているのか、どちらの個体がそれぞれいつ、どのくらいの長さ巣にいるのかを丹念に記録し続ければよかった。レビックは私にとってのシェルパのような存在、と先に書いたが、そうではなく彼は実は私にとってのエイヴィンド・アストラップのような存在なのかもしれない。彼は私の前を歩んでいた人というより、私に旅の仕方を教えてくれた人という方が妥当な気もする。

第一四章　競争

ロアルド・アムンゼンがエイヴィンド・アストラップから教訓を得ていたことは間違いない。スキーと犬たちを使い、五人から成る彼の隊が南緯八〇度の最初の貯蔵所を出発したのは、一〇月二六日のことだった。彼らは四台のそりを使ったが、そりに積んだ荷物の重さは約四〇〇キログラムとスコット隊の二倍にもなった。進行中、氷の状態や気象条件は度々厳しくなり、霧や雪で視界が極端に悪くなることも多々あった。強風やクレバス、粘性の高い氷など、行く手を阻むものはいくらでもあったが、アムンゼン隊は南極点に向けて極めて順調に進んでいた。そのような厳しい環境では犬にも人間にも休息が重要になることをアムンゼンはよく知っていた。彼は毎日、具体的な目標地点を定めていたが、進行する距離はほぼ常に一五マイル（約二四キロメートル）ほどで、二〇マイル（約三二キロメートル）を超えることは決してなかった。その距離をだいたい五時間から六時間で走破する。そりを引くのは犬で、人間はスキーで移動をしていた。

それに対し、スコット隊は、人間とポニーが雪の中をどちらも自分の脚で歩いていて、速度はノルウェー隊の半分ほどしか出ず、それよりもはるかに遅くなることもあった。その上、彼らの一日はノルウェー隊よりも長かった。毎日八時間から一〇時間の間、歩き続けるのだ。それでやっと一〇マイル（約一六キロメートル）ほど進むだけだ。一三マイル（約二〇キロメートル）以上進める日はまずなかった。毎日、歩みを止めた時には、ポニーも人間も疲労困憊という状態だった。

アムンゼンが楽をしていたわけではない。彼はただ南極の環境に向けた準備を十分にしていただけだ。まず彼らの服装は「エスキモー」のスタイルだった。トナカイの毛皮で作った服は、特に冬の前のかなり寒い時期に貯蔵所を設置する際に役立った。南極点を目指す際、その毛皮の服は暖かすぎて袖を通さずにそりに載せていたのだが、結局は重量をへらすために捨てることになった。進行方向を確認するための装備も充実していたし、そのために必要な経験も豊富だった。全員がスキーの名手で、犬の操縦者も熟練の腕を持っていた。また全員が北欧育ちで雪と氷の多い環境に慣れていることも大きかった。南極点を目指す途上でアムンゼン隊は、スコット隊の倍ほどの回数、暴風にさらされることになったが、暴風の中でもアムンゼン隊は、スコット隊の普段の日の半分以上の距離を進むことができた。一方、無力なポニーたちを連れたスコット隊は、暴風の日にはまったく前に進めなかった。

アムンゼン隊とスコット隊の違いは他にもあった。スコット隊は既知の経路を進んでいた。シャクルトンが一九〇八年に発見し、横断したベアードモア氷河を通る経路である。そこを通れば、棚氷から南極高原までは確実に到達できるとスコットは知っていた。一方のアムンゼン隊は、地図のない、前人未踏の地をひたすら南へと進んでいた。棚氷から南極高原へと至る経路がたとえ存在したとしても、アムンゼンはそれをまったく知らなかったのだ。

アムンゼンは真南に向かって進んでいた。棚氷の上を進んでいる限り、彼が不安を感じることはまったくなかった。しかし一一月一七日に状況が変わる。彼らは棚氷の端まで到達し、南極横断山脈のふもとまで来ていたのだ。標高三五〇〇メートル、四五〇〇メートルという誰も登ったことのない山々が、アダレ岬から南極大陸の端まで三〇〇〇キロメートルほどの間、連なっている。そこから南極点に到達しようとすれば、どうにか山々を越えて南極高原まで行くしかない。何キロメートルもの厚さの氷に覆われた山脈である。山を越えた向こうにもダムのような氷があるに違いない。山と山の間も氷河である。急勾配でクレバスだらけの氷河だ。そこを通るのはあまりにも危険だろう。

いったいどうすればいいのか。妙案はすぐには浮かばなかった。その場にキャンプを張り、アムンゼンは隊員たちから案を募ることにした。アムンゼンが選択したのは、極めて恐ろしい案だった。山と山の間の急勾配の氷河、クレバスだらけの危険な氷河を越えていく、という案である。[1] 彼はその氷河を、ヨーア遠征、フラム遠征のパトロンにちなみ、「アクセルハイベルグ氷河」と名づけた。

勾配があまりに急なため、犬たちがほとんど腹ばいのような姿勢になって進む場面もあった。自分自身が前に進むだけでも大変なのに、そりを引いているのだから、その困難さは相当なものだっただろう。最も勾配が急な箇所では、二チームの犬を一つにまとめ、すべての犬で一台のそりを運ぶことにした。一台をある地点まで運び終えたら、すべての犬を連れて戻り、もう一台を同じ地点まで運ぶ、ということを繰り返したのだ。その間、犬たちを人間の思う通りに誘導するのは簡単ではない。それは操縦者たちの仕事だった。特に活躍したのが、オラフ・ビアランドである。ビアランドは最高のスキーヤーで、常に犬たちの前に出てうまく先導していた。そのおかげで、アムンゼンも「いたるところ穴だらけ、クレバスだらけで、大きな氷の塊も無数に散乱している[2]」と書いていた道をどうにか通り抜けることができたのである。

極地探検の歴史の中でも最高の偉業と言っていいだろう。まったく未知の経路、一見、そうは見えないが実は極めて危険な経路を通り、食料や装備合わせて一トンもの荷物を引いて三〇〇〇メートルもの高さを登り、たった四日間で約七〇キロメートルも走破したのである。しかもアムンゼンは、その過酷な旅の間、自分が周囲の世界と一体となっている感覚を得ていた。彼はそこを恐ろしい場所だとは考えなかった。世界の美しさに魅了されていたのだ。シグリット・カストバーグとともに過ごした時と同じだ。ただそこにいられることが嬉しかった。

きらめく白、輝く青、そして闇のような黒…ここはおとぎ話にでも出てきそうなところだ。次々に、次々に険しい山の頂きが現れる―また、深い裂け目も次々に現れる。この地球上にこれほど途方もない場所もない。誰一人、見たこともなければ足を踏み入れたこともない場所だ。そこを旅するのは最高に素晴らしい気分だ。(3)

ついに南極高原の端にまで到達した一行は、そこにキャンプを張り、アムンゼンの当初の計画通り、一八頭だけを残してあとの犬をすべて射殺した。勇敢な、そして不運な犬たちの肉は、仲間たちの食料となったのだ。またアムンゼンの要求に従い、人間たちも犬の肉を少し食べた。アムンゼンはそうすれば壊血病を防げると考えていたのである。ベルジカ号での旅やフレデリック・クックから得た教訓が彼の頭にあった。

アムンゼンはその旅のために犬を利用すること、最後にはそのほとんどを殺すことを最初から決めていたが、決してそれを楽しんでいたわけではなかった。

…その場の空気は憂鬱と悲しみで満たされていた。私たちは皆、犬とともに成長してきた人間であり、犬を深く愛していた。だがそこはまるで屠殺場のようになってしまった。(4)

レビックはアダレ岬でペンギンの観察を続けていた。その結果はやはりすべて青いノートに書き込んでいた。ただ、アムンゼンとは違い、見たものに対する自身の嫌悪感をそのまま文章にしないこともあった。だが、彼が自分の見たものに嫌悪感を抱いていたことは、彼が文章に対して「ある処理」をしていることでわかる。

レビックは、アデリー・ペンギンがつがいの相手を変える場面をはじめて見た時、そのことをノートに書いていたのだが、不思議にも彼はあとから別の紙を貼ってその部分を隠し、その上にギリシャ文字で新たに文章を書いている。

＊

ショカルスキー号はアダレ岬のすぐそばに到達した。ペンギンの姿も、レビックが滞在した小屋の残骸も船の中から見えていた。私は船室で、レビックの動物学ノートを読んでいた。もちろん現物ではなく、例のロンドンのアパートで撮影させてもらった写真をノートパソコンの画面で見ていたのだ。

何度見返しても、レビックの異常な行動には驚かされる。ノートの何行かの記述を別の紙を貼って隠し、その上からギリシャ文字を書き込む、というのはとても普通ではない。

あとからの思いつきでそうしたのは明らかだった。ひとまずは自分の見たままを書き込んだのだが、あとからこれではよくないと思い直したに違いない。一〇月一七日分の記述だ。まず最初の一行の後半だけが覆い隠されており、その後は、六行の記述が完全に隠されてしまっている。

覆い隠すのに使った紙は、同じノートのどこかから切り取ったものだろう。あるいはよく似たノートから切り取ったものという可能性はある。つまり、ノートと同質の紙ということだ。事実、ノートの最初の方に破り取られたページがあった。三倍に拡大してみても、貼られた紙と下の紙の繊維が同質だとわかる。紙の重さも色も同じだ。

隠された下の文字も、貼られた紙を通してかすかに見える。拡大して明暗差を強調すると、下の文字も判読できた。紙を貼る前には、線を引いて文章を消している。急いだのか線は歪んでいる。科学のノートなのだから、ありのままを書くのが当然のはずなのに、そこまでして記述を隠そうとするのはよほどのことだ。

暗号は簡単に解読できた。いかにもエリートのパブリック・スクールの生徒が使いそうな暗号だった。彼もきっと、ロンドンのセント・ポールズ・スクールでクラスメートと秘密のやりとりをするのにその暗号を使ったのだろう。

私は、一〇月二五日の記述に使われた暗号を解読した。それはペンギンがつがいの相手を変更するのをはじめて見たという記述だった。そのペンギンたちは、つがいの相手を変更したあと、何度も繰り返し交尾をしたと書かれている。レビックがこの発見を秘密にし、公表しないことを選んだのは本当に残念だ。時代を八〇年も先取りしていたのにもかかわらず、誰もそれを知らなかったのだ。

*

一九九三年一〇月三〇日のことだ。私はバード岬で求愛期間のアデリー・ペンギンを観察していた。この時は、フィオナ・ハンターというポスドク研究者も同行していた。その穏やかな態度に似合わない強さのある人で、南極の厳しい環境にもたやすく馴染むことができた。アムンゼンですら一目置いたのではと思うほどだ。

アデリー・ペンギンが求愛期間の途中でつがいの相手を変更することがあるのは、すでに以前の調査でわかっていたのだが、その行動は特にオスのペンギンにとって非常にコストの高いものになり得ると考えられた。他のオスからパートナーを奪い取った場合、メスのペンギンの生殖器官にはすでにそのオスの精液が入っている可能性が高いからだ。

ペンギンの卵も雛も、その世話には大変な手間がかかる。つまり親鳥たちは大きな投資をしなくてはならないということである。卵を生むのはメスだが、メス一羽では卵を孵して雛を立派に成長させることはとても不可能だ。だが、オスのペンギンがもし、ひと夏を費やして雛を育て上げたとしても、その雛が実は別のオスの子だったとしたらどうだろう。そのオスの進化的適応度は大きく低下することになってしまう。反対に、最初につがいになったオスは、何もせずに子孫を残すことができるので大きな利益をただで得ることになる。

フィオナと私は、アデリー・ペンギンのオスにそうした事態を防ぐ対抗戦略があることを発見した。すでに他のオスと交尾をした可能性が高いメスとつがいになったオスは、まさに狂ったように交尾に励むのだ。三時間に一度というほどの高い頻度で交尾をする。アデリー・ペンギンのつがいは、通常は最初の卵が生まれれば、もう求愛行動はしなくなる。メスの生殖器官の中にはもう十分な量の精液があるため、何もしなくても三日後には二つ目の卵が生まれるからだ。ところが、別のオスからパートナーを奪い取ったオスは、一つ目の卵が生まれたあとも交尾をやめようとしない。二つ目の卵が生まれるまでそれは続くのだ。

オスたちはいわば、精液を武器として一種の生物学的戦争をしているということなのだろう。何度も繰り返し交尾をするのは、そうすることで、メスの生殖器官に残った前のオスの精液を、自分の精液によって外に押し出してしまうためだ。

二羽のオスの精子は、どちらがメスの二個の卵に受精できるかの競争をするわけだ。あとからパートナーになったオスの精子は前のオスの精子に勝たなくてはいけない。これは、二つの隊が同時に南極点に向かっている状況に似ているかもしれない。勝者となるのは必ずどちらか一方だけである。勝てるかどうかは、目標に到達するための戦略によって決まる。DNAを調べると、頻繁に交尾を繰り返して前のオスの精液を外に出す、というあとから来たオスの対抗戦略は有効であるとわかる。自分の子ではない雛を一生懸命育ててしまうオスのアデリー・ペンギンはほとんどいないのだ。

私が調査した他のペンギン、たとえばシュレーター・ペンギンの場合には、つがいの相手の変更はあまり見られない。そういうペンギンは交尾の回数もアデリー・ペンギンよりはるかに少ない。せいぜい三〇時間に一回くらいの頻度である。アデリー・ペンギンは、激しい精子戦争を繰り広げるため、求愛期間にオスのペンギンが精液をすべて使い果たしてしまうことさえある。だが、たとえ何も出なくなってもオスは交尾を続けるのだ。

フィオナと私がこれだけのことを知ったのは、交尾後のメスの総排泄腔から精液を拭い取って集めたからである。またこの時、私は自分の科学者としての職歴の中でも、おそらく最も奇怪なのではないかと思われる方法を駆使した。オスのペンギンを死んだペンギンと交尾させたのだ。剥製のペンギンに、巣の中でうつ伏せになるまさに交尾の時の姿勢をさせた。背中を上に向け、尾を持ち上げるあの姿勢だ。死んだペンギンの生殖器の部分にはあらかじめセロファンで覆っておく。そうすれば、オスのペンギンの出した精液を簡単に集めることができる。オスのペンギンはこちらが特に促さなくてもすぐに死んだメスと交尾をした。
メスのペンギンは特に本物に似ていなくてもいいことがわかった。ぬいぐるみのペンギンが相手でもオスは交尾をした。フィオナが飛行機に乗る前、クライストチャーチの国際南極センターで買ったぬいぐるみである。そのぬいぐるみをサブコロニーのすぐ脇の地面にうつ伏せの姿勢で置いておくと、オスのペンギンたちが交尾をしようと列をなした。

＊

レビックが暗号化した記述の中には、私たちのこうした観察結果に合う部分もある。一九一一年一一月一〇日の記述は、多くの部分が覆い隠され、やはりギリシャ文字を使って暗号化されている。それを解読すると次のように書かれていることがわかる。

今日の午後は異様な光景を目にした。一羽のアデリー・ペンギンが、同じアデリー・ペンギンの死体を相手に男色にふけっているのだ。その行為はたっぷり一分は続けただろう。死体が取っていた姿勢は、通常の交尾でメスが取る姿勢とまったく同じだった。行為の最後には、やはり通常の交尾と同様、総排泄腔に精液が残されることになった(5)…

その死体は、前の繁殖期に育ち切らずに死んだ雛のものだった。レビックは二月に、発育が遅すぎる雛がいることに気づいていたが、そのうちの一羽らしい。これは、同性愛の証拠というよりは、ペンギンが屍姦をする証拠と言うべきだろう。

紙を貼られた部分の文章は続くのだが、意外にも、その先の記述をレビックはギリシャ文字ではなく英語で改めて次のように書いている。

私は自分の見たことを小屋に戻ってブラウニングに話した。まず信じないだろうと思っていたのだが、驚いたことに彼も同じように死体と交尾するペンギンを何度か目撃したことがあるという⑹…

ここまでは英語なのだが、そのあとは不思議にも再びギリシャ文字の暗号に戻してしまう。暗号の部分には、ブラウニングがどこでペンギンの屍姦を目撃したかが書かれている。

ブラウニングやレビックの観察からわかるのは、アデリー・ペンギンにとって屍姦は特に珍しいものではないということだ。また、レビックはアデリー・ペンギンの同性愛も目撃する。はるか後には私も同様の現象を目にすることになるのだが、レビックは、その現象が起きる原因が、屍姦と同じであることを示唆している。私も彼の考えは正しいと思う。フィオナと私の調査で、アデリー・ペンギンのオスは、ぬいぐるみのペンギンをメスだと思いこんで交尾をした。つまり、オスのペンギンは、自分が交尾をする相手をよく確認してはいないということだ。相手がオスでも死体でもぬいぐるみでも、その違いをまったく気にしていないのである。それは相手を間違えることのコストが安いからだろう。精子のコストが安いからだ。

結局これは、オスとメスとで交尾の際にかかる負担の大きさがまったく異なる、ということに起因するのだろう。オスは精子を媒介にして遺伝子を子孫に伝える。オタマジャクシに似た形をした精子は目に見えないほど小さく、一回の射精で億という数を放出できる。精子の製造コストは非常に安いので、大量の精子を誤った場所に放出しても、誤った使い方をしても、損失はないに等しい。すぐに代わりを作ることができるからだ。

それに対し、メスのペンギンは卵を媒介にして遺伝子を子孫に伝える。卵は年にたった二個しか製造できない。卵の卵黄、卵白には、胚を育むのに必要な栄養分が多く含まれている。メスは卵一個につき大きな投資をしている。そのため、誰とどこで交尾をするかは慎重に選ばなくてはならない。何か失敗をすると、即座にその年の繁殖機会は完全に失われてしまうのだ。

このように、卵と精子では投資の大きさがまったく異なることから、メスとオスでは交尾に向かう態度がまるで違ってくる。メスはとにかく、誰と、いつ、どこで交尾するかを極めて慎重に選ぶ必要がある。一方、オスは、細かいことを気にせずにあちらこちらに大量に精子をばらまけばいい。そうすれば、おそらくその中のどれかは受精を果たし、子孫を残すことにつながるだろう。人間を含め、多くの種でオスは同じ理由から同様の行動を取る。

レビックもノートでそのことに触れている。「繁殖期に入ってすでにかなりの時間が経過しているが、オスにもメスにも、まだパートナーが決まらずにさまよっている者は一定数いるに違いない…」[7]。レビックはそう書き、次の部分には紙を貼って、上からギリシャ文字でオスが見境なく精子をばらまく理由を説明している。結局、彼らには他に選択肢がないのだと彼も書いている。

繁殖をめぐる競争が屍姦や男色につながるなどと誰が考えただろうか。それは、南極点到達をめぐる競争で大勢の死者が出ると誰も思わなかったことに似ているかもしれない。

＊

一九一一年一二月九日、スコット隊はついにベアードモア氷河の基地にたどり着いた。何度も嵐に見舞われながら、重い足取りでようやくそこまで到達したのだ。五頭残っていたポニーはいずれもやせ細り、疲れ切っていた。進行中は時折、腹まで雪にうまることもあった。基地に着いたオーツは一頭ずつポニーを射殺せざるを得なかった。殺したポニーからは肉を取り出したが、その際には血や内蔵が周囲に散乱することになった。男たちは血に染まったその場所を「屠殺キャンプ」と名づけた。その点では、イギリス隊とノルウェー隊にそう違いはなかったと言える。彼らも犬を多く殺していたからだ。屠殺キャンプとは、まさに多数の動物を殺したその場にふさわしい名前だった。

ポニーの肉は雪の中で冷凍された。帰還の際の食料として備蓄したのである。だが、すでにその時点で、人間の中にもポニーと同じようにやせ細り、疲れ切っている者が何人かいた。中でも最も疲弊していたのは、雪上車の管理の担当になっていた四人の隊員たちである。雪上車が故障したために、彼らは結局、人力でそりを引いていくことになった。そりを引いて、ポニーとまったく同じ過酷な環境下を約六五〇キロメートルも歩いてきたのだ。

不思議なのは、南極での旅のために犬を殺すことは嫌がったスコットが、ポニーは抵抗なく殺したということである。明らかにこれは矛盾している。チェリー＝ガラードはポニーを殺すことを「辛い仕事」と書き残している。(8) 犬とは違い、ポニーの場合は殺しても、他のポニーの餌になることはない。そして取った肉をその場に置いておけば、帰路、人間の食料になるだろう。また、ポニーがいなければ、基地に帰り着くまでの間、大量の餌を持ち運ぶ必要はなくなる。荷物が軽くなった分、人間たちの歩ける距離は伸びるに違いない。五、六〇〇キロメートルくらいは余計に歩けるだろう。どう考えても、ポニーは途中で殺すのが合理的、ということになってしまう。

スコット隊の進行は予定よりも遅れていた。そのため、本来、南極高原で食べる分だったはずの食料にすでに氷河の上で手をつけることになった。この先、犬は連れて行かないことになっていたので、スコットはそこで大きな決断をする必要があった。そのまま前進するのであれば、二日間ほどを一日あたりビスケット一個ほどの食料で過ごさねばならない。大量のカロリーが必要な重労働をこなすのに、果たしてそれだけの食料で大丈夫なのか、それを判断しなくてはならなかったのだ。

スコット隊のポニーは「屠殺キャンプ」の時点ですべて殺されることになった。アムンゼン隊も犬の半数以上を殺した。ただ、その虐殺の行われた場所を見ると、両隊の間にどれだけ大きな差があったかがわかる。アムンゼンはすでに南極高原にいて、南極点まではあと四五〇キロメートルほどを残すだけだった。スコットはまだ棚氷の上にいて、これから三〇〇〇メートルも登らなくては南極高原にたどり着けない。南極点までの距離もまだ七〇〇キロメートル近く残っていた。しかも、屠殺キャンプでの虐殺の一八日前の一一月二一日には犬たちも殺してしまっていた。

もはやアムンゼンの優位は明らかだった。主に犬を使う彼らの方法が正しかったことが証明されたわけだ。

一九一一年一二月九日、スコット隊が屠殺キャンプでポニーを殺し、雪の上にその血と内臓をまき散らしていた頃、アムンゼンと四人の男たちはゆっくりと静かに眠っていた。その前日、彼らは、それまでシャクルトンが持っていた最南端到達記録を更新し、南極点まで約一五〇キロメートルの地点まで達していた。アムンゼンは、「最後の闘いに備えて」その日は休みにすると皆に宣言したのである。[9]

アムンゼン隊は最後の貯蔵所を設営した。目印となる石塚を築き、その周囲に合計で約一〇〇キログラムになる食料と燃料を置いた。そして、空になったそりから取り外した三〇枚ほどの黒い板を、貯蔵所の目印として前後五キロメートルほどにわたって並べていった。翌朝、五人の男たちと三台のそり、一七頭の犬から成る隊は、太陽が明るく輝く中を出発した。アムンゼンはその時のことをこう書いている。「そこまで来ると氷面がどこまでも平らで滑らかだったので、そりもスキーも楽に滑り、心地良いと感じるほどだった」(10)

競争はもう終わりに近づいていた。

第一五章　タイミング

自分自身は競争に加わっていなくても、その競争に影響を受ける、そういうことはあるものだ。

一九一一年一二月二日、ダグラス・モーソンは、マッコリー島からオーロラ号へと乗り込んだ。マッコリー島は、ホバートの約一五〇〇キロメートル南に位置する亜南極の大きな島である。モーソンの率いるオーストラリアの南極遠征隊は、その九日前にタスマニア州の州都であるホバートを出発していた。当初はアダレ岬に行く計画だったのだが、スコットがキャンベルたちの隊をそこへ行かせたため、目的地を変更せざるを得なくなった。アダレ岬よりも南へ、白い巨大な大陸の中でも人類未踏の地へと、オーストラリアから直接、向かうことになったのだ。ただ、その前にモーソンはいったんマッコリー島で船を停めた。島に電波塔を建て、そこに一部の隊員を残すことにした。その電波塔で中継をすれば、南極の基地とオーストラリアの間での通信ができるのではと考えたのである。モーソンは婚約者のパキータとアデレードで六週間前に別れた。二人の別れはさほど悲しくはなく、どちらかと言えば甘い別れだったが、オーストラリアとの間の通信ができれば、パキータにとっても思いがけない贈り物になるに違いないし、もちろん、その他にも色々と便利になるのは確かだろう。

マッコリー島は、驚くほど起伏が激しく、岩の多い島だった。まるで巨大なサメの歯が並んでいるようにも見える。島の中央部分を貫くように高い山がそびえているが、その頂上付近もやはり起伏に富み、近づくことは困難だ。ただ、北端に高さ一〇〇メートルほどの岬があり、そこにわずかに平坦な土地があったので、無線通信基地を建てることができた。

黒い砂利の浜には、ゾウアザラシたちの姿があった。生きているものも、死んでいるものもいた。島には四種類のペンギンがいる。まず、首のあたりがオレンジで美しいキング・ペンギンが多数、集まっている。このペンギンを発見し、キング・ペンギンと名づけたのは、ヨハン・ラインホルト・フォースターである。南極の海でエンペラー・ペンギンが最初に発見された時には、このキング・ペンギンと混同されていた。そこにいたキング・ペンギンは相当な数ではあったが、海と急な斜面に挟まれた海岸に集まるペンギンは本来それよりはるかに多いはずだった。ペンギンの数が減ったのは、ニュージーランドのジョゼフ・ハッチという実業家のせいだ。その一〇年ほど前からハッチは、多数のペンギンを捕獲し、蒸して油を取って大儲けをしていた。彼はペンギンだけでなく、ゾウアザラシからも同じように油を取った。そして死体のうち不要な部分は海岸に捨て腐敗するにまかせたのだ。

それを見てモーソンは愕然としたが、ペンギンとアザラシの油を島から運び出すはずの船、クライド号は、強風に吹かれて係留具とともに破壊されてしまっていた。モーソンは、オーロラ号とともに、物資を運搬するためのトロア号という船も連れて来ていたので、彼は、船が壊れ立ち往生していた男たちに、トロア号でオーストラリアへ戻ってはどうかと申し出た。ただし、その場合は、捕獲したペンギンやアザラシのうちまだ生きているものは島に返すこと、また油を売って得た利益は自分たちの遠征に寄付することを条件にした。

＊

一九一一年一二月一四日、この日までの二一日間、マレー・レビックは、自分の個人的な日記に一切、何も書いていない。その間に自分が目にしたことを記録に残したくなかったようにも見える。レビックはモーソンのように、ペンギンが殺され、油を取られていることを知って衝撃を受けたわけではない。彼はどうやら、自身が「フーリガンのオス」と名づけたオスのペンギンたちの所業に嫌悪感を抱いたらしい。

レビックは動物学ノートに、最初の雛が一二月七日に孵化したことを記録している。ただ、巣にはその時二羽の雛がいて、通常、二つの卵は少なくとも一日の間隔を空けて孵化することから、おそらく最初の雛は一二月六日に孵化したものだと考えられる。またレビックは「風が強いためか、親鳥たちは密集していて見えにくいが、おそらくその時点ですでに多くの雛が孵っていただろう」[1]と記してもいる。キャンベルがコロニーで最初に卵を発見したのが一一月三日である。アデリー・ペンギンの抱卵期間は約三三日とされるので、この日に雛が確認されたのは妥当だと言えるだろう。

レビックは、卵が孵化した後に親鳥たちの行動にかかる制約について次のように正しく推測している。

雛たちはまだ小さいが、親鳥は二羽いるので、雛たちを食べさせることはそう難しくないだろう。だが、常に一羽は巣にいて、雛を温めなくてはならず、トウゾクカモメやフーリガンのオスたちからも守ってやらねばならない。雛たちが巣から迷い出るのも防ぐ必要がある。食べ物を取りに行けるのは二羽のうち常に一羽だけである。[2]

レビックがここで取った調査方法もやはり非常に科学的である。彼は、様々な日齢の雛の体重を測り、雛の成長が著しく速いことを突き止めている。親鳥たちは海で自分の身体に入れたオキアミを吐き戻して、食べ物を激しく求める雛の大きく開いた口に入れてやる。この夏の時期の南極海は食料が豊富にあり、そのおかげで最初は小さな黒い綿毛の塊のようだった雛たちは、ごく短期間で腹の大きく膨らんだ堂々たる体格の雛へと変貌を遂げる。ニューカッスル・アポン・タインの男たちも羨むような大きな腹だ。その姿を見てレビックは楽しくなったらしい。こんなことを書いている。

アデリー・ペンギンの雛たちは二週間で驚くほど成長する。大きく育っても母親の下に隠れようとするその姿は滑稽で笑える。(3)

だが、ペンギンにとっては何も笑い事ではない。ペンギンの繁殖が成功する上で何よりも重要なのはタイミングだ。適切なタイミングに遅れるのは最悪の事態である。とにかく親たちは、雛が絶えず十分な食べ物を得られるよう、急いで行動しなくてはならない。そうして、適切なタイミングで十分に大きく成長できるようにする。一定の期間で必ず、自力で生きられる程度にまで成長させる必要があるのだ。単に羽毛が大人のものになるだけでは不十分である。その時点で十分な体重がないと、長く生き延びることはできない。再びコロニーに戻り、自ら繁殖行動をするその日まで生きることができないのだ。つまり、そういう雛たちは、ダーウィンの言う、適応に失敗して淘汰される者になるわけだ。

*

一九一一年一二月一四日、午後三時。空は青く澄み渡り、太陽は頭上高くで明るく輝いていた。スキーを履いたロアルド・アムンゼンの後ろには、三台のそりと犬たちが並び、見渡す限り真っ白で何もない平坦な土地をひたすら前に進んでいた。どこまで進んでも風景はまったく変化しない。しかし、犬を操縦する男たちは、ペンギンの卵を狙うトウゾクカモメのような鋭い目でそりに取りつけられた距離計を見ていた。それで自分たちの進んできた距離がわかる。そしてある時、男たちは声を揃えて「止まれ!」と叫んだ。ついにたどり着いた。そこが南極点だった。彼らが世界ではじめてその場所に到達したことは、その日の空のように明瞭だった。イギリス隊がすでに来ていた形跡はどこにも見当たらない。

偉業を成し遂げた五人の男たちは、静かに握手を交わし合った。歓声をあげることも、背中を叩き合うことも、抱き合うこともない。大げさに喜びを表現することはまったくなかったのだ。隊長のアムンゼンの意向に従い、五人の男たちは「風雪にさらされ、凍傷にかかった手で」ノルウェーの国旗を立て、そこが南極点であることが一目見てわかるようにした。そしてアムンゼンは、その何もない地域一帯を「ホーコン七世平原」と名づけた。

アムンゼンは、クックやピアリーと同じような批判を受けることを極端に恐れていた。そこでそのあと、自分たちが間違いなく南極点に到達したのだということを確認し始めた。翌日、晴天で明るい状況の中、アムンゼンは一人の隊員とともに、六分儀を使い、その日の太陽の正確な移動の軌跡を記録した。また、自分たちが今、確実に南極点を含む地域にいるということを証明すべく、アムンゼンは三人の隊員をそれぞれ、自分たちがここまで来た方向とは九〇度ずつ違う方向へとスキーで移動させた。三人とも、そりの予備のランナーを一本ずつ持って行った。そして一定の距離(距離はそこまでの所要時間によって図った)を滑ったら、長さ約三・六メートルのランナーを立てた。最上部には黒い旗と、スコット宛てのメモを入れた小さな袋を取りつけた。

アムンゼンの計測と計算の結果、彼らが止まったのは、正確には南極点から約九キロメートルの地点であることがわかった。一二月一七日、彼らは新しい地点にキャンプを移動した。そして、今度は五人全員で二四時間、太陽の移動の軌跡を観測、記録した。記録の信用度を高めるために、彼らはそれぞれの記録帳に互いに署名し合った。これは確実な記録を提示できなかったピアリーとは対照的である。アムンゼンは、いずれも北極点に到達したとするクックやピアリーの主張を完全には信じていなかった。それは彼が次のように書き残していることからもわかる。

実に不思議だったのは、太陽が移動はしても、昼も夜もほぼ同じ高度を保ち続けていたことだ。この不思議な光景を目にした人間は、おそらく私たちが最初だろう。(4)

南極点に見事、到達したというのに、アムンゼンの喜びの表現が控えめなのは、本当に行きたかった北極点には行けなかったという思いがあったからのようだ。

自分が望んでいたのと、ここまで正反対の場所にたどり着いた人間はこれまでにいなかったのではないだろうか。北極点周辺の地域—そしてもちろん北極点そのものも—は、私が子供の頃から強く心惹かれてきた場所である。だが私はこうして南極点に来た。これ以上、望みとかけ離れた場所は誰にも思いつかないだろう。(5)

計測によってわかったのは、彼らがキャンプをしていたのが、真の南極点から約二・三キロメートルの地点だということだ。アムンゼンは、隊員たちをそれぞれ別の方向に行かせ、何キロメートルか離れた地点に三角旗を立てさせた。南極点に向かう優先権が自分たちにあることを主張するためだ。最初に南極点に到達した人間になることこそが、彼にとってこの旅の本来の目的だったからだ。

一九一一年一二月一八日、アムンゼンたちは予備のテントを張り、そのテントにノルウェー国旗のついた竹の棒を取りつけた。彼らはそのテントを「ポールハイム」と名づけ、中にもう必要のなくなった用具類を入れた。また、ホーコン七世に宛てた手紙も残したが、カバー・レターの宛名はスコットになっていた。テントの外にはそりも一台残した。三日前、すでに犬を一頭殺し、他の犬たちの餌にしていた。あとは、北へと向かうだけだ。クジラ湾のフラムハイムへと戻るのだ。スキーを履いた五人の男たちと一六頭の犬は、二台のそりとともに出発した。

すべては予定通りだった。彼らは運が良かったのだろうか。もちろん、運もあっただろう。だが、その運のほとんどは、アムンゼンが綿密に計画を立て、移動にはスキーと犬を使うべき、というエイヴィンド・アストラップの教えを忠実に守ったことによってもたらされたものである。隊員たちは全員、スキーが得意だったし、また犬とそりの扱いにも熟達していた。十分な食料や燃料を持たずに出発するような危険も決して冒さなかった。アムンゼンが貯蔵所に置き、持ち運んだ食料は、合わせると一人あたりスコット隊の三倍にもなった。何か失敗があったとしても、それを補う余裕はスコット隊よりもはるかに大きかった。ペンギンの膨らんだ腹のような、もしもの備えがあったのだ。一方のスコットは、運頼み、天候頼みの部分が多かった。アムンゼンはそうではなかった。

*

一九一一年一二月一四日、アムンゼン隊が南極点に到達したことをスコットたちは知らなかった。スコット隊はアムンゼン隊に六五〇キロメートルほども遅れをとっていた。一二人の男たちは三台のそりを自らの力で引いていた。その重さは一人あたり九〇キログラムほどにもなる。それでベアードモア氷河を二〇〇キロメートルも進み、三〇〇〇メートルもの高さの南極高原まで上がらなくてはならなかった。ポニーたちはすでに五日前にすべて死んだ。犬たちはその二日後、操縦者のセシル・ミアレス、デミトリ・ゲロフとともに、エヴァンズ岬へと戻って行った。

行く手は雪が深かった。隊員の中にスキーに熟達した者はおらず、たとえスキーを履いていたとしても、ノルウェー隊ほどうまく活用することはできなかった。しかも彼らには犬もいない。犬が去って行った日の日記の記述からは、スコットのいらだちが伝わってくる。

スキーは問題だ。我が同胞たちは困ったことに、このような特殊な状況に備えるにはあまりにも思い込みが強すぎる。(6)

この時、スコットは隊員たちを責めている場合ではなく、自らの力でどうにかすることを考えるべきだった。ナンセンの勧めに従い、ノルウェーの若きスキーの名手、トリグヴェ・グランを同行させてはいたが、何ヶ月も南極の雪と氷の中で共に過ごしていたにもかかわらず、彼を利用して隊員たちのスキーの技術を向上させることに熱心ではなかった。特にベアードモア氷河では、スキーが前進のための最良の選択肢となる。スキーなら難なく進むことができる場所でも、徒歩では膝まで、時にはももまで雪に埋まってうまく進めない。南極高原に上がる時も、途中で何度も滑り落ちてしまい、なかなか前進ができなかった。ただでさえストレスのかかっている身体からはさらに貴重なエネルギーが失われていく。厄介なのは雪だけではなかった。バウワーズはこう記している。「無数のクレバスがあるので、私たちは全員、いつ落ちてもおかしくない状態にいた。一歩、あるいは二歩前に足を踏み出すだけで、私たち全員が相次いで落下しかねない危険な場所がいくつもあったのだ」[7]

一九一一年一二月二一日、スコット隊はようやくベアードモア氷河の上部まで到達し、間もなく南極高原を前進できるというところまで来た。ただ、氷河から高原への移行は四日経っても完了しなかった。彼らは同じ距離を進むのにアムンゼン隊の三倍の時間をかけていた。この段階で、スコットはまず支援隊を一つ、帰還させている。そり一台、隊員四名から成る隊だ。その中には、エドワード・アトキンソン医師やアプスリー・チェリー＝ガラードも含まれていた。彼らが去る前、スコットはアトキンソンに、「南極点から戻る隊を、犬を連れて迎えに来てくれ」と告げた[8]ようだ。チェリー＝ガラードの日記にはそう書かれている。

翌日、それぞれ四人の男たちが引く二台のそりは、南極点に向けて再び進み始めた。うち四人は、最終的に南極点まで行く先発隊で、残りは最終の貯蔵所のできるだけ近くまで食料や用具を運ぶための支援隊である。チェリー＝ガラードはこう書いている。

南極点までの最後の前進は、予定では四人で行うことになっていた。私たちは四人ずつ一つの隊を成していた。一つの隊には四人の一週間分の食料が配られていた。テントは四人用だったし、炊事用具や食器もすべて四人分だ。コップも鍋もスプーンもすべて四つずつである。[9]

一九一一年の大晦日、スコットは理由も説明せず、二つの隊のうちの一方にスキーを脱ぐよう命じた。

これは不可解な決断である。スコット自身がその後にこう書き残しているほどだ。「私たちは、もう一方の隊よりも一時間半も遅れて出発したのだが、それでもたやすく追いついてしまった。徒歩の隊の前進は遅かったのに対し、私たちは楽に進めたためだ[10]」

スコットが南極点には四人だけで行くつもりだったことは明らかだ。その四人は同じそりを引いていた。ウィルソン、タイタス・オーツ、船乗りのタフィー・エヴァンズ、そしてスコット自身の四人だ。ところがスコットは、残りの四人たちにスキーを脱ぐよう命じてから二日後、本来、南極点に行くことなく帰還するはずだった彼らのうちの一人、バーディー・バウワーズも南極点到達隊に加えている。この身長一六五センチメートルほどの小柄なスコットランド人は、すでにウィルソンやチェリー＝ガラードとともにエンペラー・ペンギンの観察のため冬のクロージャー岬まで旅した際、その勇気を証明していた。スコットがバウワーズを買っていたのは、身体的、精神的な強さがあったからだけではない。彼のナビゲーターとしての能力も重要だった。彼以外、そりにつけられた経緯儀を正しく扱える者が一人もいなかったのだ。ただ、南極点に向かう人間が一人、増えれば、当然、物資輸送の面で問題が生じることになる。そりも、テントも、調理道具も、食料も、すべて四人のグループを想定して用意していたからだ。そしてもう一つ、明白な問題があった。バウワーズはスキーを持っていなかったのだ。

その場合、合理的なのは、オーツをメンバーから外して、代わりにバウワーズを入れるという判断である。ウィルソンとアトキンソンから、オーツは足の凍傷がひどく、さらに先へ進むのは困難だと聞かされていたからだ。ただ、オーツは陸軍の人間だったため、スコットは彼を外さないと決めた。見事、南極点に着いた時にはどうしても、陸軍と海軍、両方の代表がいて欲しいと考えたからだ—何と言っても残りはわずか二五〇キロメートルほどなのだから、南極点にはまず間違いなくたどり着けるとスコットは考えていた。

一九一二年一月四日、三人となった支援隊は、南極点を目指す隊に別れを告げ、エヴァンズ岬へと戻り始めた。はじめのうち、三人は、ずっと五人の男たちを見ていた。遠ざかるうちに男たちは黒い点になっていく。四人はスキーを履いているが、中央にいるバウワーズだけは歩いている。彼らはそりを引き、やがて、永遠に続くような何もない風景の中に姿を消していった。三人も、これから戻るとはいえ、その行程が過酷であるのは間違いない。死がいつ訪れても不思議ではないし、いっそ死んだ方が救われるようにも思えた。だが、それでも、南極点に向かった五人に比べれば、彼らの旅は楽なものだった。

ところがスコット本人は、この先、何が自分を待ち受けているのかをほとんどわかっていなかった。その日の彼の日記にはこう書かれている。「目下のところ、何もかもが極めて順調のようだ[11]」

＊

一九一二年一月四日、北隊はその日、幸運に恵まれた。彼らはアダレ岬から動くことができず、囚われの身のようになっていたのだが、テラノバ号に乗り込み、その地を離れることができたからだ。その前の一週間ほどは、アダレ岬の頂上、ニコライ・ハンソンの墓の近くで二人ずつが交替でキャンプを張り、テラノバ号が来ていないかを見ていた。前日の朝、八時半頃、レビックは、自分たちに近づいてくる小さな蒸気船の姿を見た。彼は、小屋に向かって旗を揚げて船の到来を知らせた[12]。

テラノバ号の船長、ハリー・ペンネルはその日、一刻も早くロバートソン湾を出るべきという判断をしていた。間もなく海氷に閉じ込められて動けなくなるからだ。アダレ岬にいた男たちは荷物を捨てて、すぐに船に乗り込まなくてはならなかった。レビックはその時、湖の水や、ヒョウアザラシの毛皮など、貴重な標本をその場に置いていくことになった。
何より重要だったのは、彼がペンギンの研究もその場に置いてきたということだ。ちょうど、コロニーに大きな変化が起きているタイミングだった。その五日前、キャンベルは日記に、雛たちが「クレイシ」を作り始めたことを書いている。

ペンギンの雛たちは歩くようになり、多くが集まり、固まって行動するようになった。(13)

しかし、世界初のペンギン生物学者はクレイシを詳しく観察する前にテラノバ号に乗り込み、アダレ岬を離れなくてはならなかった。
またレビックはもう一つ大きな問題に直面することになった。それは例の動物学ノートをどうすればいいかという問題である。船は北隊をテラノバ湾へと連れて行くことになっていた。そこで隊はいよいよ本格的な探検をしなくてはならない。だとすれば、レビックは動物学ノートを船に置いていく必要がある。だが、そうすれば誰かに読まれてしまう恐れがある。あの過激な内容が他人の目に触れることになるのだ。

＊

私自身もアダレ岬にいて、これから去ろうとしているところだった。だが、その前にもう一度、周囲を見て回ろうと思っていた。私は、ショカルスキー号の甲板の上で、ゾディアック・ボートに乗り込む順番が来るのを待った。ゾディアック・ボートはすでに、クレーンでショカルスキー号の脇へと降ろされていた。海は荒れていて、ボートのグレーの船体との間に渡された板の上を歩く足取りはおぼつかなかった。すでに午後の遅い時間で、空は薄暗くなっていた。確かに二四時間、夜にならない時期ではあるが、それでも太陽は水平線の下へ沈み、昼間とはかなり明るさが変わる。空に黒い雲が出ても特に違いを感じないほどだ。

私たちは、凍結した海面の上を、リドリー・ビーチまでボートを引いていくことになった。ビーチに着くと、何箇所かで氷の下の黒い石が露出しているのが見えた。氷に覆われている部分も多いが、茶色に染まっているところもあれば、波に揺られているところもある。そして、氷の上には、あごの白い、すでに巣立ちをしたアデリー・ペンギンたちの姿があった。何千という数だ。海岸線のそばに集まり、はじめて泳ぐ時を待っている。もう親鳥は餌を与えるのをやめている。これからは自分たちの力で生きていかなくてはならない。もはや希望は、目の前に激しく打ち寄せてくるグレーの水の中にしかないのだ。ペンギンたちは微動だにせず、海を見つめている。何も知らずに見ている者の目には、恐怖で固まっていて、勇気が湧いてくるのを待っている、と映るかもしれない。だが、やがてペンギンたちは動き出すのだ。練習はできない。いきなり海に飛び込み、あとはもう自力で泳がねばならない。それができなければ、来年もその次もない。オキアミや魚の捕り方も自ら学ぶ。先生はいない。ペンギンに学校はない。ただ時が来るのを待って飛び込むだけである。

私たちは、ボートを引いて、大きな氷から海岸までの間のわずか一メートルほどの距離をゆっくり慎重に進んで行った。それだけの距離なので、大きな波が来ると、氷は海岸にぶつかることもある。時々、若いアデリー・ペンギンが海へと飛び込む。一羽が飛び込むと、続いて何羽もがまとめて飛び込むこともある。一つの氷の上にいるペンギンたちが、氷に囲まれた四角いプールのような海に一斉に飛び込むこともあった。水の中のペンギンは皆、頭を水面から上に出している。まだ水の中に入れるのが怖いのかもしれない。懸命に翼を動かしてはいるが、どうやらまだ柔らかすぎてあまり効力を発揮していないようだ。ひょっとすると怖いのは水そのものではなく、水の中にいるものかもしれない。私たちは海岸線からそう遠くない場所で黒っぽいヒョウアザラシが泳いでいる姿も見ていた。

内陸にはまだ数多くの雛鳥たちがいたが、その状況は海岸線にいた者たちに比べると悲惨である。石の散らばる海岸に立つ雛鳥たちはまだサブコロニーの中に残っており、身体の一部はまだ綿毛で覆われていた。この雛鳥たちにもはや未来はない。そばにいる成鳥はごくわずかで、その数少ない成鳥に雛は餌をねだってはみるものの、何かもらえることはない。成鳥が餌を与えるのは自分の子だけで、しかもそのほとんどはすでにコロニーを離れている。換羽期の絶食を乗り切るため、今のうちにできるだけ多くの餌を食べて脂肪を蓄えておく必要があるからだ。ペンギンたちも、南極の厳しい冬を耐えるため、新しい服に着替え、断熱性を良くしなくてはならない。

海は、海岸に集まった若いアデリー・ペンギンたちにとって恐ろしい場所である。生き延びられる保証はどこにもない。だが内陸に残った雛たちには確実に死が待っている。レビックがこのビーチに到着した時に目にしたのはまさにこの光景だろう。

私たちはボートを再び、ロバートソン湾の黒い水の上へと引っ張り出した。ペンギンたちが氷山の上に集まっているのが見えた。氷山の側面は、日光と波の力によって削られた彫刻のようになっている。彫刻家だったスコットの妻、キャサリンが彫ったもののようにも思える。氷山の側面からは時々、ペンギンが海に飛び込んでいる。飛び込むペンギンたちはまるで黒と白の滝のようだ。「早くここを離れろ」という本能の声に皆、急き立てられているのだ。日に日に黒い雲が増え、明るい時間は短くなっている。

そのことが、このあとに訪れる暗闇を、冬を予感させる。

　巣立ったばかりの若いペンギンたちも、海がどれだけ怖くとも、結局は中に飛び込んで行くことになる。ここから出るにはそれしか道がないからだ。出られなければ、未来の成功どころか未来そのものがなくなってしまう。いずれ海面はすべて凍結し、氷のカーペットのようになる。若いペンギンたちは、ペンギンというよりもアヒルのような姿で移動していく。私たちのボートの前の小さな海氷の上に二羽の若いペンギンがよじ登っていくのが見えた。だが、休息の時は短かった。

　ヒョウアザラシの大きく丸い頭がペンギンたちに近づいて来た。恐怖で目を大きく見開き、若いペンギンたちは大慌てで氷盤の反対側へと移動した。体長三メートルはあるアザラシは水面から完全にその身体を出して氷の上に乗り、ペンギンたちに向かって滑って行く。頭と背中の皮膚はオリーブの実に似たグレーで、腹側の皮膚は対照的に白く、ところどころに黒い斑点がある。アザラシはついにその巨大な口を開いた。中から大きな歯、これも大きなピンクの舌が現れた。動きの遅い方のペンギンを捕まえ、腹のあたりまで口に入れた。

　まったく音はない。アザラシがうなり声をあげることも、ペンギンが叫ぶこともなかった。それはまったく静かな殺しだった。アザラシは若いペンギンを口に入れたまま海に戻った。アザラシが海に飛び込む時、口の中でペンギンが翼を動かすのが見えた。それが唯一の抵抗だったのだろうが、功を奏することはない。

　海面に戻ったアザラシは、口の中ですでにぐったりしていたペンギンを海に激しく叩きつけ始めた。そうして身体を壊そうとしているようだ。やがてアザラシは頭を後ろに傾け、ペンギンを噛み砕き、飲み込んでしまった。若いペンギンが巣立ちをしてからの時間は数分ということはないが、まだ数時間というところだっただろう。

アダレ岬にいる間、ヴィクトール・キャンベルとマレー・レビックはヒョウアザラシも調査している。その方法は、いかにもヴィクトリア朝時代の人らしいものだ。アザラシを撃ち殺し、解剖したのだ。すると、胃からは一八頭ものペンギンが出てきた。

ヒョウアザラシは、アデリー・ペンギンの成鳥にとっても若鳥にとっても同じように危険な存在である。ただ、それも、いずれやって来る冬のもたらす死と破壊に比べればどうということもない。南極では、鳥にも人間にも、とにかく行動が遅れるということは良い結果につながらない。冬にはまともな食料は手に入らなくなり、大嵐の攻撃も受けることになる。

一九一二年一月四日、南極点に向かったスコットたちにも、北隊のメンバーにも未来は明るいものに思えただろう。その全員に悪い未来が待ち受けているなどとは予想もしなかった。南極での生存に運が大きく影響するのは確かである――突然に嵐が襲うこともあれば、不意にヒョウアザラシに出会うこともある――しかし、ペンギンでも人間でも、やはり生死を分けるのは主として「タイミング」である。適切な時に適切なことをしているかどうかが重要なのだ。

嵐が近づいていた。私たちは錨を上げて、急いでアダレ岬を離れた。

第四部　アダレ岬を離れて

強姦

「殺し」という行為は人間だけのもの、また「強姦」という行為も人間だけのもの。ごく最近まで、この考えにはすべての生物学者が賛同しただろう。ノーベル賞を受賞したオーストリアの動物行動学者、コンラート・ローレンツは一九六〇年代に、野生動物には、相手に服従姿勢を見せるなどの「行動フィードバック」のメカニズムがあり、そのおかげでいずれかの個体が意図的に同じ種の仲間を殺す事態は起きない、と主張した。ローレンツの主張に納得する人は多かった。同様に、いわゆる「性的倒錯」も長らく、人間だけのものとみなされていた。鳥や獣の同性愛など、まったく想像できなかったし、強姦や輪姦なども人間が起こした事件として新聞に載ることはあっても、動物界で起きることとは考えられていなかった。

しかし、この四〇年ほどの間に、ジリスから類人猿、ホオジロザメ、カザノワシに至るまで、臆病なハツカネズミから百獣の王ライオンに至るまで、あらゆる種類の動物について仔細な調査が行われた結果、実は人間以外の動物も仲間を殺すことはあるとわかった。同種の動物を殺すことが、時には生物学的に得になることがあると判明したわけだ。「殺し」は動物にとって有効な適応戦略になり得る。動物のＤＮＡに生まれつき「殺し」がプログラムされている可能性もあるだろう。少し前には誰も考えなかったことだ。

もし「殺し」がプログラムされているのだとしたら、他の個体に性交を強要する「強姦」も同じようにプログラムされているのではないか、と想像するのはごく自然なことである。強姦は凶悪な犯罪である。仮に生まれつき強姦がDNAにプログラムされている人間がいたとして、それを人間性の欠陥とみなすことはあっても、たとえば目の色のような特質、個性の一つだとみなすことを許す社会はどこにもないだろう。私たちはもちろん、強姦を許さないし、許すわけにはいかない。だが、進化はどうだろうか。強姦をした方が子孫を残す上で有利になる状況はあるのではないか。つまり、その方が自然選択における競争上、優位になることはあるのではないだろうか。

一つ確かなのは、ヴィクトリア朝時代のイギリスに生まれ育ったレビックの頭には、南極に行ってやむなくペンギンの観察を始めるまで、そのような考えは一切、浮かばなかっただろうということだ。

第一六章　フーリガン

私はショカルスキー号の船室にいた。ペンギンたちや、マレー・レビックが動物学ノートを書いていた小屋をあとに残して船に戻って来たのだ。小屋にはレビックが持って行けなかったものが多数、散らばっていた。私はそこで再び、彼の不可解な行動について考えをめぐらせていた。

アデリー・ペンギンの性的行動について書いたレビックの一九一五年の論文がダグラス・ラッセルの手で公になった時、私が注目したのは、その論文が検閲を受けていたことだけではなく、レビック本人も明らかにそれに加担していたことである。レビックはその論文の内容を広く公表することを拒んだだけでなく、自分以外の誰にも知られたくなかったようなのだ。彼はノートの段階から、自分で問題があると判断した箇所に紙を貼り、上からギリシャ文字を使った暗号で同じことを書き直していた。読んだ人が困惑しそうな記述、あるいは大きな反響を呼びそうな記述はすべてそうした方法で隠していた。ただ、一度は普通に観察したままを書き込んでいるので、あとから思い直して修正をしたことになる。帰国してから修正したのかもしれないが、私はそうではないと今は考えている。

多くの証拠から、レビックはまだ南極にいる間、それもアダレ岬にいる間にノートを修正したと考えられる。まず、上に貼った紙に書かれた文字も、ノートの他の部分の文字も、同じインクで書かれていること。また、あとから修正した部分も、他の部分と同じ万年筆を使っていると思われること。文字の線の特徴、特に〝k〟という文字の特徴から、どちらも同じ万年筆である可能性が高いのだ。

自分の記述の正確さに不安を抱いていたとは考えにくい。他の部分はすべて普通に英語で書いているからだ。やはりその内容の過激さが不安になったのだと考えられる。また彼自身がその種のことに過敏な人だった可能性もある。やはり彼もヴィクトリア朝時代の人らしい価値観を持ち、あまり下品なことは書くべきではないと思ったのかもしれない。

だが、これはほぼ間違いなく性的行動に関する記述ではないか、と思えるのに、紙を貼って修正せず、英語のまま残してある部分も少なくない。たとえばこういう記述だ。

オスがクチバシでメスの後頭部の羽をくわえて動きを止めるようなことはしない。そこはニワトリなどとは違っている。幸い、その場面を写真に撮ることができた。(1)

ニワトリのくだりは鉛筆で書き足され、線を引いて消してある。あとでさらに修正をしようと考えていたのだろう。合計で四箇所、同じように鉛筆で線を引いて消してある。そのページには、下の方に大きな×印がいくつも書かれているので、彼としては特に要注意と考えていたのだろう。地の文とは違う明るい青のインクで書かれた「ここにさらに注釈を入れる」という追記もある。(2) 鉛筆や明るいインクでの修正はおそらくあとから入れられたのだろう。だが、ブルーブラックのインクの万年筆での修正はそうではない。それはまだ彼がアダレ岬にいる時、つまりノートが書かれた直後に行われたのだ。

たとえば、動物学ノートの一九一一年一二月五日の記述は、ギリシャ文字で書かれている部分があり、注目に値する。ただ、そのギリシャ文字は上に貼った紙ではなく、ノートのページに直接、書かれている。つまり、これは最初に書いたことをあとから思い直して修正したのではないということだ。ノートに最初に記録する段階から、ここはあえて他人からはわかりにくくしようと考えていたわけだ。その部分はおそらくアダレ岬の小屋の中で書いたのだと思う。

その日の記述はまず普通の英語で始まる。「空だった巣にペンギンのつがいがいるのを見た。周囲の巣がどれもつがいで埋まっている中、一つだけ空いていた巣である」[3]。そう書いたあと、彼は急にギリシャ文字の暗号を使い始め、「メスが巣の上で動かなくなると、オスは交尾を始めた」と書いている。その後、再び、英語に戻し、「わざわざそれをここに書くのは、交尾の時期があまりに遅いからだ。他の巣ではもういつ雛が生まれてもおかしくない。そもそも巣が空になっていたこと自体が驚きだ」と書いている。そのあとにギリシャ文字での「しかし、繁殖地のいたるところでまだ交尾をしている姿はよく見られる」という記述が続く。

翌日、一九一一年一二月六日は、最初からいきなりギリシャ文字の暗号を直接、ページに書いている。だが、たった六語を書いたあと、彼はそれを線を引いて消し、その後は英語で書いた。

また驚くべき悪行を目にすることになった。どうやら足の近くにひどい傷を負っているらしいメスのペンギンがいた。歩くことができないのか、腹を下にして這って移動する姿が痛々しい。いっそ殺してやった方がいいのかもしれないと考えていると、そばを通りかかった一羽のオスのペンギンが彼女に近づいて来た。オスはメスをしばらく見ていたのだが、やがて強姦を始めた。メスの方は負傷していることもあり、ほとんど抵抗ができない。他のオスが近づいて来る様子もないため、オスはメスからまったく離れようとはしない。まったく迷うことなく、メスの上に乗ろうとする。最初はうまく乗れずに落ちてしまい、あきらめたかのように見えたが、近くの巣から石を二つ盗み、それをメスのすぐ前にある打ち捨てられた巣に落とすと、それを利用してオスは再びメスの上に乗り、交尾をした。オスが去ったあと、かわいそうなメスのペンギンは二〇メートルほど這って行ったが、別のオスが現れて、またさっきのオスと同じことをした。さらにそのあとにもまた別のオスが現れて同じことをしようとしたが、そのオスは、あとから来た四羽目のオスと戦って追い払われた。四羽目もやはり、前のオスと同じことをした。メスはその後、かなり元気になり、這って一〇メートルほど移動した。三羽ほどのオスがあとを追い、それぞれがメスの上に乗ろうとしたが、そこで戦いが起こり、結局オスたちは散り散りになって去って行った。メスは自分がどちらに向かって進めばいいかはわかっているようだった。相変わらず腹ばいのままだったが、まっすぐに前へと進んで行く。自分の巣にさえたどり着けば、きっと回復するに違いないと思ったので、私はその場を離れることにした。(4)

このような強姦、集団強姦、あるいは輪姦を、レビックはペンギンの性的行動の中でも最も悪辣なものと考えたらしい。レビックはこの点について簡潔に「このペンギンたちは、たとえどのような犯罪でも平気な連中のようだ」と評している。(5)

興味深いのは、この事件―自分が目にしたアデリー・ペンギンの性的行動の中でも間違いなく最も堕落したものとレビック自身が断じた事件だ―について彼がまったく隠すことなく記している点である。ギリシャ文字の暗号なども使うことなく普通に英語で書いている。書き始めの段階ではギリシャ文字で隠そうとした形跡があるのに、途中でそれをやめている。なぜ気が変わったのか。また、いったん英語で書いたにしろ、なぜ、他の部分のようにあとで紙を貼ることもしなかったのか。この行動は彼の道徳観に照らして問題ないと考えたからなのか。それとも、この部分に関しては道徳的な判断をしていないのか。

実はレビックがこの件を秘密にすることは不可能だった。ペンギンの強姦を目撃した時、彼はわざわざキャンベルを呼び寄せて二人でその現場を見ているからだ。そのことも彼はノートに記している。不思議なことに、キャンベルの側は日記で一切、それに触れていない。キャンベルは自分の見たものへの嫌悪感が強すぎて日記に書く気にならなかったのかもしれない。あるいは、動物学者としての仕事を任されているのはレビックなので、記録は自分ではなくレビックの仕事だと考えた可能性もある。ただし、キャンベルは自分の日記に時々、動物学者のような観察記録も書いているのだ。たとえば、レビックがヒョウアザラシを殺すのを手伝ったことなども書いている。その彼も強姦のことは自分の日記には書きたくなかったのだろうか。

船室の中で残された証拠と向き合う中でわかったのは、レビックはアダレ岬でテラノバ号に救い出されたあと、海岸に沿って別の場所に移送され、そこから本格的な冒険の旅に出なくてはいけなくなったということだ。動物学ノートや写真乾板は船に置いていく必要があった。レビックはおそらく、それを他人が見たらどう思うかが心配になったのだろう。特に、彼が銃と交換した万年筆の元の持ち主で、テラノバ号の副司令官でもあったウィルフレッド・ブルースの反応が心配だった。彼は、元は自分のものだったペンでレビックがいったい何を書いたのかに興味を持つ可能性があった。

＊

一九一二年一月七日、ダグラス・モーソンは歴史に名を刻んだ。岩礁と小島の間に新たに安全な港になり得る場所を見つけたのだ。彼はそこをコモンウェルス湾と名づけた。また湾の突端部をデニソン岬と名づけた。岩の多い海岸は、アデリー・ペンギンやウェッデルアザラシとその子供たちで覆い尽くされていた。穏やかで暖かい場所だ。モーソンはそこに自分の基地を設置することにした。ただ、オーロラ号が冬にホバートへと戻る前に、小規模な隊が西に行き、そこに二つ目の基地も設置する必要があった。

到着した日は眺めも良く、快適だったコモンウェルス湾だったが、モーソンはやがて、自分が地球上で最も風の強い場所を選んだのだと知ることになる。しかも、それがわかったのはすぐあとのことだった。船から荷物を下ろしている時にはすでに、彼らを歓迎するかのようなとてつもない強風が吹き荒れ始めた。それだけで自分たちがどういうところにいるのかはよくわかった。オーロラ号の船長、ジョン・キング・デイヴィスはこう書いている。

ロス海でも、世界のどのような場所でも、私はコモンウェルス湾ほどの強風、ブリザードを体験したことはなかった。ここほど突然に、しかも頻繁に激しい風に襲われる場所を私は知らない[6]。

＊

一九一二年一月八日、ヴィクトリアランド沿岸での、プリーストリーによれば「快適で平穏な旅[7]」の末、テラノバ号はテラノバ湾のエヴァンズ入江にまで到達した。そこを「テラノバ湾」と名づけたのは、スコットだ。スコットはディスカバリー遠征の際、ハット・ポイントの海氷に閉じ込められ、身動きがとれなくなったのだが、その時、救援船モーニング号とともにマクマード入江にやって来たテラノバ号に救出された。その功績にちなんで船の名前を湾につけたのである。彼らのすぐ向かい側には、標高約二七〇〇メートルのナンセン山があった。それもディスカバリー遠征の際にスコットがつけた名前だ。フリチョフ・ナンセンの協力に対し感謝の意を表そうとしたのだ。皮肉だったのは、まさにその時、スコットが南極点を目指す旅でナンセンの弟子であるアムンゼンに遅れを取っていたことだ。ナンセンの意見に従い、犬にそりを引かせていたアムンゼン隊は、人の手でそりを引いていたスコット隊よりも早く、すでに三週間前に南極点到達を果たしていた。

レビックたちは船から降りたが、はじめは海氷があまりに厚く、とてもその上を歩いて渡ることはできないように見えた。上陸は不可能に思えたのだ。何度かの挑戦の後、氷のない開水域を見つけることができ、ついにエヴァンズ入江に上陸を果たした。男たちはテラノバ号から陸地までの一キロメートルほどの距離を、荷物を持って進んだ。そして、二台のそりと、五週間の探検に必要な食料と装備とともにその場に残されることになった。テラノバ号が彼らを迎えに来るのは二月一八日の予定だった。一応、船の到着が遅れた場合のために、四週間は何とか生きられる非常用食料も持っていたが、それが必要になる可能性があるとは誰も考えていなかった。プリーストリーはこう書き残している。「私たちは皆、二月の時期にこの海岸沿いに船が着けられる場所があるとしたら、それはもうここ一箇所しかないと断言することができた[8]」

彼らがこれだけの確信を持てたのは、テラノバ湾の南端にドリガルスキー氷舌があったからだ。それは、私が飛行機ではじめて南極の地に降り立った時にも見た巨大な氷の塊である。巨大な氷の川が海岸からロス海に向かって突き出ている。突き出ている長さは七〇キロメートルほどにもなる。そのため、海氷や氷山はその南側に集まる。氷舌の先端よりも「北へと向かう氷があったとしても、それは海岸からかなり離れたところに流れることになる[9]」とプリーストリーは書いている。

だが、南極は、何にせよ、こうだと決めつけているると生存が危うくなる場所である。

＊

ショカルスキー号はドリガルスキー氷舌の脇をゆっくりと移動していた。その氷河の先端部分を見ただけでも巨大さがわかる。海に突き出した部分は七〇キロメートルほどの長さだが、横幅も二五キロメートルほどある。近づいて見るとロス棚氷の小型版のようだ。その北側では、いくつも美しい彫刻を施されたような氷山のすぐそばを通り過ぎた。古い氷山は、長い間、日光や水にさらされて薄くなり、底の海水の色が反射してターコイズブルーに見える。氷舌があるために南極点の方から吹いてくる南風からは守られ、渦を巻く海流のせいで氷はその場に囚われて遠くへは行かないらしい。一つ特別に大きな氷山の、ホタテ貝の殻のように波打った青緑色のテラスの上には三羽のアデリー・ペンギンが佇んでいた。三羽の足には、ロス海の水が打ち寄せている。まるで地中海のリゾート地にでもいるようだ。

晴れた日で、テラノバ湾はとても穏やかだった。露出した岩も、氷河も、氷山も、北にある完璧な円錐形をした火山、メルボルン山も、本物の南極というよりも南極のテーマパークの一部のように見えた。コモンウェルス湾のような人をまったく寄せつけない厳しい場所とはほど遠いように思えた。ロス海の凍結していない青い水は、岩の多い海岸に優しく打ちつけている。ロス海の氷の量は記録され始めてから最も少ないのではないかと思えた。海に凍っていない部分が多ければ、それだけ陸地に近づくのは容易になる。

ここに着いた北隊の男たちの心は浮き立っていたのではないだろうか。少なくとも、ここで彼らは本当の意味で歴史に名を残すことができるからだ。ドリガルスキー氷舌の北側の土地はまだ誰も探検してなかった。キャンベルは隊を二つに分けることにした。キャンベル自身とプリーストリーとディッカソンの三人を探検隊の本隊とする。本隊はメルボルン山の周囲を調査し、地質学的な標本を採取する。一方、レビックは第二隊を率いる。第二隊はレビック本人とブラウニング、アボットで構成され、後にキャンベル氷河と名づけられる氷河の南東を探検することになっていた。

だがその探検は予定どおりには進まなかった。レビックはキャンベルの指示を正しく理解しておらず、本来は指定の場所で彼の隊と合流することになっていたのだが、できなかった。いらだったキャンベルは、後にプリーストリー氷河と名づけられることになる地域を探索して回った。そしてそこで重要な発見をした。木の幹の化石を中に含む砂岩がそこにあったのだ。かつての南極が森林で覆われていたことを示す確かな証拠である。地質学者のプリーストリーは大喜びでこう書いている。

…遠い過去のその時代、南極の気候は、現在のイングランドよりもはるかに穏やかだったということだ[10]…

レビックの隊はその頃、どうにかキャンベルの隊と合流しようと必死だったが、完全に方向を見失ってしまう。運の悪いことに、無数のクレバスのある地帯に迷い込んで出られなくなってしまったのだ。だがそれでもレビックは悪い気分ではなかった。岩石や地衣類の標本を多く収集することができたからだ。

探検家たちは、その地から何かを持ち帰っただけではない。新たに加えたものもある。それは地名だ。プリーストリー氷河という名前もそうだが、他にも、メルボルン山からは南西に向かって巨大な氷河が走っていたので、キャンベル氷河と名づけた。また、メルボルン山の南西には、それよりも小さな山の頂きが三つ並んでいたので、それぞれに三人の男たちの名前をつけた。ディッカソン山（標高約二〇〇〇メートル）、ブラウニング山（標高約七六〇メートル）、アボット山（標高約一〇〇〇メートル）である。面白いのは身長の低いディッカソンにちなんで名づけられた山の高さが、長身のアボットの名をつけた山の倍ほどもあるということだ。レビックはこの探検でアボットとともにテントを張った。レビックは将校だけあって、他の隊員たちよりも高い山にその名をつけるという名誉を授かることになった。メルボルン山の北西に位置するレビック山の標高は、約二四〇〇メートルである。

＊

一九一二年一月一六日の午後、五人のイギリス人はひたすら前進を続けていた。そのまま進めば、あと一日で南極という地点だ。だが、その時、バウワーズは雪と氷ばかりの土地に不自然に盛り上がっている場所があるのに気づいた。雪塚ではないかと思ったが、すぐに、そんなはずはない、たまたまそこに雪が多く積もっているだけだ、と思い直した。しかし、三〇分後、彼はその盛り上がりに黒い斑点を見つけた。そして、五人の男たちが最も恐れていたものを発見した。アムンゼン隊が置いていったそりのランナーと、それに結えつけられた黒い旗だ。雪の上には、そりとスキーが通った跡も、犬の足跡も残っていた。「それがすべてを物語っていた」スコットはその夜にそう書き残している。[11]

翌日、一九一二年一月一七日の午後六時三〇分、スコットたちはついに南極点に到達した。だが、アムンゼン隊からは三四日、遅れを取っていた。彼らの失望、落胆がどれほどのものだったかは、その日のスコットの日記を読めばよくわかる。

偉大なる神よ！　我々はこれほど過酷で恐ろしい場所をとてつもない苦労を重ねて旅してきたというのに、勝利という褒賞が与えられないとしたら、それはあまりにも酷い仕打ちというものではないか。(12)

翌日、あらためて測定したところ、南極点は正確には彼らのいた地点からは五・五キロメートルほど離れていることがわかった。ノルウェー隊のテントが、イギリス隊の計算で南極点とされた地点から二・五キロメートルの場所にあるのも発見した。どうやらノルウェー隊の計算でも、まったく同じ地点が南極点とみなされたらしい。スコットはテントの中に、自分宛てのメモとホーコン七世宛ての手紙があるのを発見した。彼はその両方を手に取ると、代わりに自分も同じ場所に到達したことを告げるメモをテントの中に入れた。スコットたちは、自分たちの計算で南極点から一キロメートル足らずの地点まで来ると、その場で昼食を取り、虚しい作業を開始した。一応、そこに雪塚を作ってイギリスの国旗を立て、自分たちの写真を撮るのだ。一枚の写真が千の言葉より多くを語ることがあるが、その時にバウワーズが撮った写真はまさにそれだ。五人の男たちの顔からは、目標達成の喜びを奪われた人間の失望がすぐに読み取れる。表情は硬く、悲しげで、疲れ切っている。

さらに一キロメートル進んだところで彼らは、またアムンゼン隊の残したそりのランナーを発見した。スコットはこう書いている。

それは、ノルウェー隊が自分たちにわかる限り最も正確な南極点の位置を示すために置いたものだろうと思った。(13)

皮肉なことに、怒りからなのか、その必要があったからなのかは判然としないが、イギリス隊は、正確な南極点の位置を提示するのにノルウェー隊が残したそりのランナーを使った。それは帰路の進行方向を正確に見定めるのにも役立つことだった。彼らは、ほぼ絶え間なく吹き続けている南からの風の助けを借りて進むことができればと期待していた。

五人はその場を離れた。スコットの気分は気温と同じくらいに落ち込んでいた。

私たちは引き返し始めた。自分たちの野心に終止符を打つための旅に出たのだ。足取りはひどく重いが、これからまた八〇〇マイル（約一二八七キロメートル）もひたすら前に進まなくてはならない――そうして楽しい白昼夢に別れを告げるのだ(14)！

スコットたちにとって真に問題だったのは、野心や夢に背を向けて帰らなくてはならないことではなかった。問題は八〇〇マイルという距離だ。目標を失った状態でその距離を虚しく歩かなくてはならない。そうしない限り、身の安全を得ることができないのだ。ノルウェー隊とは違い、イギリス隊の五人の身体は衰弱していた。適切な食事を取っていなかったからだ。彼らの食事にはビタミンが不足していた。そのため壊血病にかかっていたのだ。隊員の中でも特に身体の大きかった下士官のタフィー・エヴァンズは、まさに山のような大男だったが、それでも最初から他の隊員たちとまったく同じ量の食事しか取っていなかった。最も身体の小さい隊員にとってすら十分とは言えない量だったのだから、気の毒という他はない。当然、彼は誰よりも体調の悪化に苦しんでいたのだが、南極高原の上でそりのランナーを一二フィート（約三・六メートル）のものから一〇フィート（約三メートル）のものに交換する作業を命じられ、体調はさらに悪化してしまう。その作業には何時間も要し、寒さ、冷たさのせいで手にはひどい損傷を負う。彼の指は凍傷による大きな水ぶくれに覆われ、見るからに痛ましいことになった。そして密かにもう一つ別の問題も発生しつつあった。天候だ。南極の夏と呼べる時期、比較的、穏やかな時期がそろそろ終わる頃だったのだ。

一九一二年一月二四日、南極点を離れてから六日目で早くも彼らは二度の激しいブリザードに襲われていた。特に二度目のブリザードは激しすぎ、高原の上のテントから動くことができなくなった。バウワーズは「日に日に痩せていく、空腹もひどくなっていく」と書いている⑮。天候の悪化にはスコットも大きな不安を抱いたようだ。スコットの日記にはこういう記述がある。

天候はこのまま悪くなり続けるのだろうか。そうだとしたらもはや神に祈るしかない。ただでさえ途方もない旅で食料も乏しいというのにいったいどうすればいいのか⑯。

天候の悪化など不測の事態によって進行に遅れが生じても、それに耐えられるだけの予備の食料をスコット隊は持っていなかったのである。

＊

一九一二年一月二五日、午前四時、アムンゼンと四人の男たち、二台のそり、そして一一頭にまで減った犬たちはフラムハイムへと戻って来た。彼らの帰還は実に速かった。一日に三〇キロメートルから五〇キロメートル、時には一日に六〇キロメートル以上も進むことがあった。わずか九九日間で、二七〇〇キロメートル以上もの距離を旅したことになる。隊員たちの体調は全員、良好だった。アムンゼンは戻って来て体重を測ったが、旅の間に少し増えていた。どれだけ食料が潤沢にあったかがそれでわかる。南極点に挑んだ男たちをフラムハイムで待っていたのは、コックの他に、ヨハンセン、プレストルード、そしてヨルゲン・スタバードだった。人類史上はじめて、エドワード七世半島に足を踏み入れ、キャンベルやレビックたちから名誉を奪い取った男たちである。アムンゼンにとってみれば、フラム号がそこに停泊していて、帰りを待っていてくれるのが何よりも素晴らしいことだった。

四日後の一九一二年一月三〇日、アムンゼンはフラムハイムの扉を閉め、鍵をかけた。残っていた三九頭の犬はいったんフラム号に載せたが、その後、船外へと解き放った。南極のことはすべてペンギンたちに任せ、オーストラリアのホバートに向けて出航した。

それまでの数日間は、ほぼすべての時間をフラムハイムの清掃に費やした。アダレ岬やロイズ岬の小屋と違い、フラムハイムは塵一つない綺麗な状態で残されることになった。だが、それはどちらも良いことだった。そのあとは誰一人、フラムハイムを訪れる者などなかったからだ。

＊

それは一九六一年の終わり頃のことだ。私はまだ七歳だった。その時はじめて―覚えている限りはじめて、南極点に挑んだ男たちの物語を知った。それは、スコットが英雄として扱われる悲劇的な物語だった。その物語にはもう一人、脇役としてアムンゼンという地味な男が登場する。アムンゼンは、スコットの名誉を台無しにする外国人という役どころだ。

おそらくちょうどその頃、クジラ湾のあたりで、ロス棚氷から大きな氷の塊が分離したのだろう。その塊の上には、フラムハイムがあった。ボルクグレヴィンクが最初に見た入江を構成していた氷、スコットのバルーン・バイトがあった氷が分離したのと同じことがまた起きたわけだ。棚氷の一部だった巨大な氷の塊は海へと落下し、小さな氷山へと姿を変え、途切れることのない海流によって西へと運ばれて行った。そして最終的には完全に砕けて姿を消した。

フラムハイムは今、ロス海のどこかに沈んでいる。ジェームズ・クラーク・ロスが発見し、その名がつけられた海域である。ロスはジョン・フランクリンを捜索するために北極の海に向かう。そして、フランクリンの探検の物語に想像をかきたてられたのが、少年の頃のロアルド・アムンゼンである。それがきっかけとなり、アムンゼンはついにロス海にまでやって来ることになった。まるで南極点を中心にして太陽が完全な円を描いたような展開である。実際にはありえないことだが、そう言いたくもなる。

そしてアムンゼンは、私が子供の頃に聞かされていたような地味でつまらない人間などではなかった。むしろその逆だったのだ。

＊

二〇〇〇年三月、ロス棚氷から、記録上では最大の氷山が分離した。長さ三〇〇キロメートルほどもある、ジャマイカ島くらいの大きさの氷の塊だ。「B-15氷山」と名づけられたその氷山は、かつてのレビックと同様の科学的、客観的な観察の結果、フラムハイムを載せていた氷を運んだのと同様の海流によって西へと流されて行ったことがわかった。B-15氷山はいくつかの氷山に分かれたが、最大のB-15Aは他の大きな氷山とともにロス島に衝突した。その氷山も元々、B-15が棚氷に衝突したことによってできたものらしい。そちらのやや小さめの氷山には、C－16という名前がついている。

B－15AとC－16がロス島に衝突し、動かなくなったのは、島のバード岬、クロージャー岬、ロイズ岬で繁殖をするペンギンたちにとっては不幸なことだった。氷山があまりに大きかったため、海の環境は激変した。冬の間凍結していた海面の氷を割るはずの風や海流がせき止められてしまったのだ。

また、ロス島で繁殖をしていたアデリー・ペンギンたちは、海に食料を獲りに出るために、それまでよりも最大で一二〇キロメートルも余分に歩かなくてはならなくなった。これはもちろん、親鳥にとっても困ることだが、もっと困るのが雛たちだ。親鳥が食料を確保するまでに長い間、待っていなくてはならないからだ。レビックも記録していたとおり、卵の孵化後、親鳥が巣を離れるのは通常だいたい一日か二日の間である。ところが、それが三日か四日、あるいはそれ以上の時間を要するようになった。しかも、親鳥が戻って来た時には胃の中の食料はかなり減っているため、飢えている雛たちが満足できるだけの量を吐き戻すことができない。

二〇〇〇年から二〇〇一年にかけての繁殖期間、ロス島のペンギンたちはほぼすべてが繁殖に失敗した。ペンギンの雛たちは、八八年前のスコットと同じく、南極の過酷な現実に直面することになったわけだ。南極は十分な食料が確保できなければ、長くは生きられない場所である。

＊

マレー・レビックは、最も早く孵化した雛でも生後三週間に少し満たない時点でアダレ岬を離れなくてはならなかったが、それでも、繁殖期間中のペンギンの雛に起きる二つの顕著な変化には気づくことができた。それについては彼の著書にこう書かれている。

まず雛たちの羽毛は厚くなり、親鳥の体温がなくても自分で寒さから身を守れるようになる。そして、雛たちの身体が大きくなると、その分だけ必要な食料の量も増える。生後二週間も経つと、一羽の親だけで満腹にさせることは不可能になってしまう。[17]

ある程度育った雛たちは、サブコロニーの中に「クレイシ」を作り始める。「親鳥たちが自分の子だけの世話をすることはなくなる。その代わりに、雛は雛どうしで集まるようになる。いわば「託児所」のようなものができるわけだ。この託児所を何羽かの成鳥が守り、残りの成鳥たちは自由に移動して採餌をすることができる」[18]レビックはそう書いている。

ただ残念ながら、レビックのこの記述は十分な科学的根拠に基づくものではない。彼は、成鳥たちがクレイシの中のすべての雛を共同で育てていると思い込んでしまった。もし、雛と成鳥の両方に番号を振るなどして個体識別をしていれば、成鳥たちが実は自分の雛だけに餌を与えていることに気づいたはずである。

＊

それは私がはじめて南極で夏を過ごした一九七七年のことだった。私はとにかく南極に行ける可能性を失わないために、急いでアデリー・ペンギンの研究プロジェクトの計画を立てなくてはならなかった。そこで私が選んだのが、クレイシでの雛たちの行動を観察するというプロジェクトだった。雛たちがクレイシを作り始めるまでの間、バード岬で私がしていたのはすべて単なる時間潰し、研究の本編が始まるまでの前奏に過ぎなかった。

　クレイシは雛たちを保温し、危険から守るためのものだと考えられていた。ペンギンの雛はどの種でも必ずクレイシを作るわけではないが、南極のペンギンの雛たちはほぼすべてがクレイシを作る。エンペラー・ペンギンの場合、クレイシが保温のために重要なのは間違いない。何しろ成鳥ですら保温のために集まり、いわゆる「ハドル」を作ることがあるほどだ。南極の冬に繁殖をする上で保温が必要なのは当然のことだろう。

　ところが、生後二週間のアデリー・ペンギンの雛たちを観察していると、どうもそれとは様子が違うのに気づく。生後二週間になると雛たちの羽毛は綺麗に生え揃い、断熱効果も上がっている。しかも、時期は真夏なので南極ではあっても、比較的、気候は穏やかだ。よほど寒い日を除けば、クレイシの雛たちは一応、集まってはいるが、お互いの身体を密着させることはない緩い集まりである。それでは特に保温の効果は得られないだろう。どうやら、雛がクレイシを作るか否かを決める主な要因は気候ではないらしい。大きいのはサブコロニー中の成鳥の数だ。周囲に十分な数の成鳥がいれば、生まれてからどれほどの日数が経過しようと雛たちはわざわざクレイシを作ろうとはしない。

　成鳥たちは自分の子以外には餌を与えない。たとえば近くにいたとしても、雛を襲いに来るトウゾクカモメを追い払うことすらしない。だが、ただ成鳥がそばにいるというだけで、親たちがコロニーを離れ海で必死に食料を得ている間、少しは身の安全を守れる可能性が高まるのだ。

　海岸部の成鳥の数はいったん減った後、「再占領期」と呼ばれる時期に入ると再び増加する。不思議なことに、求愛期間に交尾ができなかった成鳥や、交尾はしたが結局、繁殖に失敗した成鳥は一度コロニーを離れた後、再び流入してくるのだ。こうした繁殖をしていない、あるいは繁殖に失敗した成鳥たちは、雛が卵から孵る頃にコロニーに戻り、数週間、そこに留まることが多い。この時期に、戻って来た成鳥たちは繁殖の「練習」をしているらしい。サブコロニー内に巣を作るし、恍惚のディスプレイなどもする。つがいを作り、交尾までする。だが決して卵を生むことはない。すべては単なる「まねごと」に過ぎないのだ。本物の繁殖行動ではなく、予行演習のようなものだ。

＊

テラノバ湾のショカルスキー号にはかなりの強風が吹きつけ始めた。ディズニーランドのアトラクションのようだった南極が本物の南極に戻ったようだ。船酔いの薬は大量に飲んだが、その時の私には、ダグラスの発見したレビックの論文原稿をもう一度読むくらいのことしかできなかった。

レビックは、繁殖にあぶれ、再占領期にコロニーに戻って来た成鳥たちを「フーリガン」と呼んでいた。そしていかにも彼らしく、フーリガンたちの大半がオスだと思い込んでいた。だが実際には、再占領期に戻って来る成鳥にはオスもメスもいる。レビックはオスに違いないと決めつけたフーリガンたちをとにかく軽蔑していた。親から離れた雛たちを強姦することもあれば、時には殺してしまうこともあるなど、行動が酷いことがわかったからだ。

著書『南極のペンギンたち』の中でレビックは、「フーリガンたち」が雛を殺すと書いている。また、シドニー・ハーマーの指示に従い、彼が「フーリガンのオスたち」のものと思い込んだ「異常な」性行動に触れた次のような記述はすべて本から削除しているのだ。

彼らの犯した罪については、この本で触れるべきではないのかもしれない。ただ、興味深いのは、自然界においてもやはり職はあった方が良いらしいということだ。人間の男たちと同じく、仕事にあぶれ無為に過ごすオスたちは堕落してろくでもない行動を取る。(19)

レビックがフーリガンたちの強姦、同性愛、小児性愛、屍姦などの所業を目撃したのは確かだろう。だが、彼はどうも悪い行動にばかり目を向け、雛から見て「無職」の成鳥たちが実はありがたい存在でもあるということには気づかなかったようだ。ただ繁殖をしていない成鳥たちが何もせずそばにいるだけで、貪欲なトウゾクカモメたちが近づいて来ないのである。

それに、レビックが見た「フーリガン」たちの「ろくでもない」行動は、私が求愛中に多く見たものと本質的には同じ現象と考えられる。その時期、オスのペンギンたちは基本的に、動くものであれば何でも交尾の相手にしてしまう。時には動かないものを相手にすることすらあるのだ。再占領期になれば、オスの成鳥がどれだけ間違った相手と交尾したとしても、それで何か良くない結果がもたらされることはまったくない。むしろその時期に練習をしておけば、いずれ本物のメスと交尾をする時に役立つことになるだろう。

オスのペンギンにとって、交尾はそう簡単な仕事ではない。うつ伏せになったメスにただ飛び乗るだけではなく、同時に自分のクチバシを震わせてメスのクチバシに当てなくてはならない。メスを興奮させるためだ。またメスに股間が剥き出しになる姿勢を取らせた上で、自分の総排泄腔とメスの総排泄腔を接触させ、精液を射出しなくてはならないのだ。フィオナと私は、「精子戦争」と名づけた研究中で何百例ものペンギンの交尾を観察した。それでわかったのは、オスの約三分の一は、交尾が完了する前にメスの身体から落ち、三分の一は制御不能のガトリング砲のように精子を誤った方向に射出してしまうということだ。精液を正しく標的に命中させられるのは、あるいは少なくともメスのピンクの総排泄腔が吸い込んで自分の生殖器官にまで運べるくらいの位置に射出できるのはオスのわずか三分の一にとどまる。

だが、たとえ交尾が成功したとしても、南極という場所には繁殖を失敗させる要因が無数にある。中でも最も大きいのが天候である。

第一七章　天候

一九一二年一月二八日。南極高原。その時には、エヴァンズが体調を崩していたが、それに加え、オーツは足の凍傷が悪化し、苦しんでいた。医師のウィルソンは、オーツの「大きなつま先が青黒く変色していた」と記録している。[1] ウィルソン自身も雪盲にかかっていた。一応、ゴーグルは持っていたのだが、それは丸く小さい、左右それぞれの目をやっと覆えるだけの粗末なもので、しかも簡単に曇ってしまう。曇ると前が見えないので男たちはすぐにそのゴーグルを外した。一方、アムンゼン隊が使っていたのは、イヌイットのゴーグルに彼の師匠のフレデリック・クックが改良を加えたものだった。現代のスキー用のゴーグルのように大きく、両目を完全に覆うことができ、換気のためのスリットもついていたので曇ることはなかった。

そのような状況ではあったが、スコット隊はともかく前進を続けた。前進するより他にどうすることもできなかったからだ。「天候は常に悪い。不快なほどに寒く、風が強い」とウィルソンは書いている。[2] それでも、二月七日の夜には、ベアードモア氷河の上部に設けた貯蔵所にまで到達することができた。そこは南極点から最も近い貯蔵所で、アトキンソンとチェリー＝ガラードが支援物資を積んだそりを残していた。気温は少し高く、風も弱まった。ウィルソンは、バックリー島とダーウィン山から岩石の標本を採取し（いずれにしても、ベアードモア氷河を突き抜けて顔を出している大きな山から、ほんの小さな石を採取することになる）、持ち帰りたいと申し出たのだが、エヴァンズの体調が悪化の一途をたどっていることを認識していたはずのスコットは信じがたいことにそれを許可した。[3] 岩石標本を積むと、彼らの引くそりの重さは一五キログラム以上も増えてしまう。その日、エヴァンズは、もはや引くことのできなくなったそりから離れている。

それから六日が経過しても、まだ氷河を降りている途中だった。彼らは再び、空腹に苦しむことになった。進行が予定よりも遅いため、一日あたりの食料を減らさざるを得なかったからだ。「ポニーがいなくなったので、距離を稼ぐことができない」とスコットは隊員に説明した[4]ようだが、その時点で彼らはまだ岩石標本をそりに載せたまま移動していたのだ。

＊

一九一二年二月一一日。この日、レビックは嬉しい発見をした。そりを引きながら彼は、南極に来てからの日々を思い返していた。そりを引いている間は退屈で、他にすることもなかったからだろう。「そりでの旅そのものは、ひどく単調だった。特に、風景がほとんど変化しない場所を進む時は退屈だ」レビックは実際、日記にそう書いている。「標本採取など、科学研究の活動のために頭を使うこともなく、単に何時間もそりを引いて歩いているだけで、目の前には、ゴーグルで少し暗くなってはいるものの、まぶしく光る白い雪と氷以外、何も見えない。そういう状況では、頭が一種の飢餓状態に陥る」[5]。だが、キャンベルの隊と合流すべくクレバスの多い平原をそりを引いて進んでいた時、レビックは、南極が自分をどれほど変えたかに気づいたのだ。

私は自分の人生を二幕から成る真面目な劇のように考え始めた。文明を離れ、何もない南極大陸に来た時、第一幕が終わり、カーテンが降りた。今は幕間で、第一幕のいくつもの場面を振り返る時間ができた――考えるうちには、どこが、何が良くなかったかが見えてくる。この劇の主役は自分なのだから、第二幕では同じ過ちはしないよう気をつけなくてはいけない。(6)

テラノバ湾のその地域で、人類未踏の地を探検するという北隊の本来の使命をようやく果たせたのだが、アダレ岬を離れたことで、ペンギンの研究は突然、中断せざるを得なくなった。だからその日、アボットとともに小石の多い浜辺のある美しい入江を通りかかった時、アデリー・ペンギンの小さな繁殖地を発見し、彼は驚き、喜んだのだ。レビックは日記にこう書いている。「ロイズ岬のものよりいくぶん小さい繁殖地で、成鳥はすでにほとんどが去ったあとのようだったが、それでも、いくつかのクレイシの雛たちに餌を与えられるくらいの数は残っていた。残っている成鳥の大半はまだ換羽の途中であり、換羽が完了している成鳥はあまりいなかった(7)」。レビックは、さらにこうも書いた。

雛の多くはとても痩せて見えた。中には、必死で成鳥たちを追いかけ、甲高く悲しげな声で餌を求める者もいたが、実際に餌をもらっているのを私が見たのはただ一度だけだった。どうやらほとんどの雛はすでに親たちに見捨てられたのだろう。そう考えざるを得ない。間もなく空腹に耐えかね、雛たちは新たに知った本能に従い、自らの力で食べ物を獲得すべく海に一羽一羽飛び込むことになるのだろう。(8)

おそらく、そのまま観察を続けていれば、やっと羽が生え揃ったくらいの雛たちが海に飛び込む姿を、レビックをはじめとする北隊の誰かが目撃することになったのだろう。だがそれは同時に、急いでその場を離れなくてはいけないことを意味する。冬の訪れが近い証拠だからだ。
そしてまさにその翌日、雪が降り、強風が吹き荒れ始めた。

*

一九一二年二月一七日。スコットはその日を「とても酷い日だった」と記している。[9] エヴァンズは皆についていけない状態になっていたが、スコットはそれでも無理に、氷河の下部に設けた貯蔵所に向かって前進を続けた。往路では、犬を連れた隊がそこから引き返したのだった。

…残った私たちはただ懸命に前に進むしかなかった。大量の汗が吹き出た。[10]

そしてこの時もまだあの重い岩石標本を引いて歩いていた。

彼らは昼食を取るために足を止めた。その場にテントを張り、昼食を作って食べたが、その場にエヴァンズの姿はなかった。彼は皆から遅れ、かなり離れたところにいたからだ。他の隊員たちがスキーでそばへ行ってみると、彼は「衰弱しきっていた。衣服は乱れ、手袋の外れた手は凍傷にかかっている。目つきは異常だ」[11]。彼はもう歩くことができなかったので、スコット、ウィルソン、バウワーズの三人がそりを取りに戻り、オーツがその場に残ってエヴァンズを見ていることになった。

エヴァンズはテントに着く頃には昏睡状態になっていた。その後は意識を回復することなく、午前一二時三〇分に死亡した。その死は、スコットにとってある意味で救いでもあった。

このような形で仲間を失うのは本当に辛いことだ。だが、この一週間抱え続けた不安を思い返すと、その不安にこれ以上、良い終わり方があったとはとても思えない…故郷から遠く離れた場所で、病気の人間を抱えて動くのは、あまりにも絶望的で苦しいことだった[12]。

エヴァンズの死から三〇分後、彼らは荷物をまとめてその場を去り、氷河の下部に設けた貯蔵所にまで歩を進めた。貯蔵所で数時間、眠った後、次はシャンブルズ・キャンプへと向かうことになった。キャンプまでたどり着けば、ポニーの肉が大量に保管してあるので、それを食料にすることができる。だが進行は次第に遅くなっていく。雪が深く、スキーもそりも埋もれてしまったからだ。天候が間もなく急変しそうなこともスコットにとって大きな懸念だった。スコットは日記にこう書いている。「神に祈った。次第に体力はなくなってきてはいるが、それでも旅が順調に進みますようにと。だが季節は時を追うごとに変化の速度を増していた[13]」

＊

一九一二年二月一八日、日曜日。北隊の男たちは、船が戻って来るのを今か今かと待っていたが、船が現れる兆しすら見えなかった。その頃のキャンベルの日記は、毎日、ただその日の風について記録するだけになっている。

二月一七日：まだ強風が吹いている。時折、方向が変わる。
二月一八日：風があまりに強く、テントの支柱が折れるかと思うほどだった。

二月一九日：相変わらず風が強い。
二月二〇日、二一日、二二日：強風が吹き荒れ、時折、とてつもない突風になる。[14]

ブリザードは八日間続いた。二月二三日になると、皆が自分たちの直面している厳しい現実を認識し始めた。すでにその時期ですら、南極の冬の力は十分に感じられるようになっていたのだ。隊員たちは寒さに苦しめられた。レビックは鼻が酷い凍傷にかかってしまった。[15]彼はその時の状況についてこのように書いている。

私たちは船のことを少し心配している。一八日にはここに来ているはずだったからだ。船が来さえすれば安心なのだが、もしこのまま来なかったとしたら、私たちは厳しい状況に追い込まれることになる。このままで冬を迎えるのは難しい。何しろ、食料がそりに少し残っているだけだからだ。小屋を建てようにも材料はまったくない。燃料もなければ、マッチもほとんどないのだ。
この先どうすればいいのか、あれこれ話し合った結果、吹き溜まりを探してそこに穴を掘ればいいのではないか、ということになった。近くにいるアザラシを十分な数、殺せば、燃料（脂肪を使う）にも食料にもなるだろう。そうして真冬まで生き延びれば、海氷の上をそりで移動し、エヴァンズ岬を目指すことができる。南へ三〇〇キロメートルと少しの距離だろう。[16]

同じ一九一二年二月二三日の朝、テラノバ号は、新たにできたパンケーキ状の氷に閉じ込められていた。エヴァンズ入江にいる男たちを迎えに行きたくても、どうにも前に進めなくなっていたのだ。

テラノバ号は、二月一八日には、予定通りテラノバ湾まで北隊を迎えに行けるはずだったのだが、分厚い氷に行く手を阻まれてそれも不可能になってしまった。しかも、キャンベルが日記に書いていたのと同じブリザードが船にも襲いかかった。乗組員たちも、船の中にテントを立て、その中で寝袋に入ったまま動くことができなくなった。強風でいつ船がばらばらに破壊されても不思議はなかった。船はやむなく北へと移動したが、ドリガルスキー氷舌まで戻るとようやく風が弱まった。

だが、すでに新たな危険も迫っていた。本格的な冬が訪れると、そのあたりの海は完全に凍結してしまう。ベルジカ号のように、冬の間中、氷に船が閉じ込められるという悲惨なことになりかねない。そこで乗組員たちは船を南へと移動させ、翌日の夜になる前には、どうにか海氷の罠から抜け出すことに成功した。その時点ではもはやキャンベルたちのことは誰の頭にもなかった。ともかく大急ぎでエヴァンズ岬まで退却したというだけである。

*

一九一二年二月二四日、スコットは日記に「これは、季節の変化、状況の悪化と、私たちの健康と食料のどちらが勝つかの競争だ」と書いている[17]。まさに的確な分析と言えるだろう。その二日前、彼らは激しい吹雪のせいで雪塚を見つけることができず、貯蔵所の一つを通り過ぎてしまった。帰路、急激に天候が悪化したことが彼らの隊にとって不運だった。スコットはこう記している。

まさか帰り道にこれほど苦しい時を過ごすとは思ってもみなかった。しかも、帰りが遅くなればなるほど状況は深刻になっていく[18]。

四人の男たちにとって問題は、南極には何もない、ということと、季節がこのあと加速的に変化していくということだった。日中の気温はまだどうにか耐えられる程度ではあったが、日が沈んだあとの寒さには、とても長くは耐えられそうになかった。健康状態は日に日に悪化していくし、手持ちの食料も減っていく。さらに重要なのは、調理や氷を溶かして水を作るのに必要な燃料が残り少なくなることだ。そうしたすべてが相まって、一日が過ぎるごとに、季節も、彼らを取り巻く状況も厳しさを増していく。夜の気温は、二月二七日にはマイナス三八度だったのが、次の日の夜にはマイナス四〇度、そして三月一日の夜にはマイナス四一度にまで下がった。

氷河の中間部に設けた貯蔵所に到着した日には、燃料が不足していること、しかも大きく不足していることがわかった。最大限、厳しく倹約しても、次のフーパー山貯蔵所に到達することすらできない[19]。仮に天候が良い状態が続いたとしても（すぐに、まったくそうではないことがわかる）、夜には気温がマイナス四〇度を下回り、朝には激しい風が吹く。だが、実は最大の問題は他にあった。オーツは他の隊員たちに自分の足の状態を知らせた。それまではほとんど誰にも何も言わずに耐えていたのだが、彼の足の凍傷は低温の中、深刻な状態になっていた。

＊

一九一二年二月二九日、迫り来る南極最悪の季節とその天候に苦しめられていたのは、極点を目指したスコットたちの隊だけではなかった。レビックたちの隊もブリザードで動けなくなっていた。レビックはこう書いている。「ほぼ寝袋に入ったままの状態が一三日間続いている──私の知る限り、すべての南極探検隊の中で史上最高の記録だが、これが実に惨めだった[20]」。その日彼らは「水平線上に煙が上がっていて、その下に小さな黒い点があるのを見つけ、少しの間、喜んでいたのだが、残酷なことに、すぐにそれは「船ではなく、氷山の後ろに雲があるだけだ」とわかった。[21][22]

翌日、キャンベルは、長く、暗く、寒い冬を迎えることを見越して、皆にアザラシとペンギンを殺すよう命じた。もう食料はほとんど残っていなかった。その日、彼らは二頭のウェッデルアザラシと一八羽のペンギンを殺した。ほんの手始めにすぎなかったが、アザラシもペンギンも近くに多くいるわけではなかった。風が弱まらない限り、アザラシは陸に上がって来ない――だが、生き残るためには、見つけ次第、急いで殺さなくてはならなかった。

キャンベルはリーダーとして皆を導いた。冬越えのための住処については様々な提案がなされたが、彼はすべて却下して、雪の吹き溜まりを掘って洞窟を作ることを決断した。エヴァンズ入江の西端に位置する島に入って二・五キロメートルほど行ったあたりに小さな丘があり、その風下側にちょうど良い吹き溜まりがあるのをキャンベルは発見した。彼らはその島を、「イネクスプレシブル（Inexpressible＝言葉で表現できない）島」と名づけた。あまりにも酷い環境の島だったからだ。強風が絶えず容赦なく吹きつけ、大きく丸く硬い石が多数転がっているので、雪や氷、寒さ、暗闇がなくても、その島を歩き回るのは容易ではない。レビックは島についてこう記している。

…地獄への道は善意で舗装されているということわざがあるが、私たちにとっては、イネクスプレシブル島こそが、善意で舗装された地獄への道なのではないかとも思えた。[23]

それから一世紀以上経った後、私はショカルスキー号に乗り、まさに同じ場所、エヴァンズ入江へと行こうとしていた。テラノバ湾に到達した時には穏やかだった天候は、誰かが魔法の杖を振ったかのように、急に厳しいものへと変わった。風―キャンベルが日記に書いたのと同じ風だろう―は、まさに「強風が吹き荒れ、時折、とてつもない突風になる」という記述のとおりだった。実際、恐ろしいと感じるほどの吹き荒れ方だ。私は丸一日、イネクスプレシブル島から離れていたが、風はまったく止む気配がない。このままではとても上陸は無理だ。

＊

一九一二年二月二九日。テラノバ号は再び北に向かい始めた。エヴァンズ入江に閉じ込められている男たちのところにどうにか行こうとしたのだ。船はエヴァンズ岬の小屋までは行き、そこでニュージーランドへと戻る隊員を船に乗せることができた。その中には、犬の操縦者であるミアレスも含まれていた。ミアレスはスコットの指揮に怒り、予定より早く帰らせて欲しいと希望していた。テラノバ号はハット・ポイントにも立ち寄り、そこでテディ・エヴァンズを乗せた。ただし、彼は壊血病にかかり、瀕死の状態になっていた。

船長のペンネルにとって何よりも問題だったのは、とにかく時季が遅すぎるということだった。海氷は次第に増え、船の周りを取り囲み始めていた。翌日、テラノバ号は北隊を救うべく、再びエヴァンズ入江に近づこうとしたが、何度も繰り返し海氷の間にはまり込んで動けなくなる。「キャンベルを救出できる可能性は、かなり低くなってしまった[24]」ウィルフレッド・ブルースは三月二日にそう書き記している。その日にはドリガルスキー氷舌に向かって少し前進できたが、またすぐに海氷に行く手を阻まれる。北隊のいるところまでたどり着ける可能性はほぼ失われてしまった。やむなく船は、エヴァンズ岬へと退却することになった。
テラノバ号は、身動きが取れなくなる前にニュージーランドに戻らなくてはならなかった。一九一二年三月四日には、次こそは北隊を救えるかもしれないというほんのわずかな希望に賭けて、また北に進路を取った。三月六日には、ドリガルスキー氷舌まであと三〇キロメートルという地点までは到達したのだが、そこからは海氷に阻まれて進めなくなった。抜け出すだけでも大変な苦労をすることになってしまった[25]。ブルースも書いているとおり、彼らは「無駄だとわかってはいたが、もうどうすることもできないことを確かめようとしただけ」だった。

結局、テラノバ号は、キャンベル、レビック、プリーストリー、アボット、ブラウニング、ディッカソンの救出をあきらめた。エヴァンズ入江に取り残された北隊は、住処も、食料も、燃料も持たず、衣類もわずかしか持たずに南極で越冬する、という人類史上、例のない困難に挑むことになった。それはまさに「言葉で表現できない《イネクスプレシブル》」な困難である。

*

一九一二年三月七日。晴れた日だった。「私たちの顔は、その日の太陽にも負けないくらい輝いていたはずだ[26]」、世界ではじめて南極点に到達した男、ロアルド・アムンゼンは、フラム号がホバートに着いた時にそう言った。ストーム湾の岸辺は、干ばつが長く続いたせいで茶色くなっていた。だが、アムンゼンのもたらした知らせによって、街はにわかに活気づいた。

アムンゼンは兄のレオン、国王ホーコン七世、そしてナンセンに電報を打った。南極点に到達したこと、しかも人類で最初に到達できたことを知らせたのだ。

ナンセンは、アムンゼンからの電報が届いた時、手紙を書いていた。よりによってキャサリン・スコット宛ての手紙だ。ナンセンは最初に会った時からスコットのことが好きになれなかったが、その妻、キャサリンには心惹かれていた。またキャサリンの方もナンセンに惹かれていた。

ロバート・ファルコン・スコットが雪にまみれ――とてつもない寒さで顔も、手も足も凍傷にかかっていた――南極点をめぐってロアルド・アムンゼンと熾烈な競争をしている間、スコットの妻、キャサリンは暖かい場所にいて、なんとアムンゼンの師であり、長身、ブロンドのノルウェーの英雄、フリチョフ・ナンセンとの熱い抱擁を楽しんでいたのだ。これに比べれば、レビックが驚いたペンギンたちの性行動など、むしろ慎み深いと言ってもいいほどだ。スコットはその頃、トナカイ皮の寝袋に入って横たわっていた。外では強風が吹き荒れ、テントにも激しく吹きつけている。ほとんど何も食べていないせいで、腹部には鈍痛を感じて苦しんでいた。だがちょうどその時、妻のキャサリンはベルリンのホテルにいて、暖かく清潔なシーツの中でナンセンとの性行為に及んでいた。

ナンセンが書いていたのは、キャサリンに次の密会の場所を提案する手紙だった。次はパリで会おうと彼は書いた。アムンゼンからの電報を受け取った後、ナンセンは手紙にこう書いた。

今、彼のことよりも、あなたのことを考えています。あなたが何を望んでいるかを。妙な気分です。悲しく、不安です。ああ、なぜ世界はこれほどの困難に満ちているのでしょうか。なぜ人生はこれほど複雑なのでしょうか。(27)

ナンセンは「できればスコットに先に南極点に行って欲しかった」とも書いた。(28)しかし、キャサリンはそのくらいの言葉では満足できなかった。彼女にとっては、アムンゼンの成功も、夫の失敗も、まったく受け入れることのできないことだった。罪悪感のせいなのか、悲しみのせいなのか、それは定かではないが、ともかく彼女のナンセンとの不倫関係は終わった。

ナンセンにとっても、それは単に人妻と寝たという以上のことだった。そのせいで彼は実に複雑な立場に置かれることになった。

*

マレー・レビックは確かに、「性的に堕落している」と思えるようなペンギンの行動を多く観察したが、それは本質的にキャサリンやナンセンのものとは違っていると考えられる。ペンギンの場合も、メスがつがいの相手にするオスを替えることはよくある—これはレビックも私も観察し、記録したとおりだ。ただ、これはリレーでバトンを引き渡していくのに似た行動と考えられた。多夫一妻というわけではなく、「連続的一夫一婦」と表現する方が正確だ。キャサリン・スコットとフリチョフ・ナンセンとの不倫はそれとはまったく異なる。この場合には、単に一時的に配偶者とは別の相手と性行為をしただけで、配偶者と別れる意思はまったくないからだ。

科学者は、アデリー・ペンギンのように雌雄の外見がほぼ同一の種では、理論的にそうした不倫は起こり得ないとしている。アデリー・ペンギンの場合、雌雄の差もほとんどないが、個体間の差も極めて小さい。そのような種では性淘汰は起こりにくいと考えられる。どのオスも大差ないのならば、わざわざ手間をかけて相手を取り替える理由はあまりない。オスがこの特徴を持っているとメスを引きつけやすいということもないため、オスのある特徴が誇張されることもない。たとえば、シカのオスのように巨大な立派な角を誇示することもなければ、人間の男のように高い身長やブロンドの髪、粋な口ひげやノルウェー訛りの英語などで、あまり愛想の良くない丸顔の夫に飽きた女性を誘惑することもない。アデリー・ペンギンはどの個体もほとんど同じなので、基本的にはどの個体も繁殖の相手を獲得できるので、必然的に、同時に複数の相手をパートナーにすることはまずあり得ないことになる。

一九九〇年代、フィオナと私は、バード岬のペンギン・コロニーの只中に入り込み、その「精子戦争」を観察した。他のことには目もくれず、交尾だけ、ひたすら交尾だけを観察し、記録したのである。それ以前の研究と同様、この時も求愛期間につがいの相手の切り替えがかなりの回数、行われていることを確認できた。ペンギンはいわば椅子取りゲームのようなことをしていた。だが、観察を続けているうちに驚くべき発見があった。なんとメスの一〇パーセントに、すでにつがいの相手がいるにもかかわらず、近くの別のオスと交尾をし、またすぐに元の相手のところに戻る、という行動が見られたのだ。科学者が理論的に起こり得ないとする現象が実際には起きていたわけだ。個体差がほとんどないために、基本的には一夫一婦であろうとされた海鳥にこの現象が見られたのは意外だった。

だが、なぜアデリー・ペンギンはこんなことをするのだろうか。オスに関しては何も説明は必要ないだろう。すでに書いたとおり、オスのペンギンは相手の区別をほぼしていない。オスからすれば、思いがけない交尾の相手が目の前に現れたとしたら、どうすべきかもはや選択の余地はない。この相手と交尾をすれば、自分の子孫を残せる可能性が高まるとともに、その子孫を別のオスに育てさせることができる。進化的にはこれは最高に良い条件だ。コストなしで子孫を残せることになるからだ。しかし、メスの側には相手を区別する理由がある。そのメスが、正式なつがいの相手、共に子育てをしていくべき相手を怒らせる危険を冒してまで束の間の不倫に走るのはなぜなのか。相手を替える意思、バトンを引き渡す意思もないのに、なぜそういうことをするのか理解に苦しむ。

ただ一つ言えるのは、オスのアデリー・ペンギンが一ダースほどいたとしたら、その中にはおそらく一羽、生殖能力のない者がいるということだ。つまり、進化的に見れば、メスのペンギンが時折、つがい相手以外のオスと交尾した方が有利になり得るということである。二羽と交尾をしていれば、たとえどちらか一方のオスに生殖能力がなかったとしても、子供が生まれる可能性が高くなる。

ペンギンの場合はこれで一応、説明がつく。しかし、人間はそうはいかない。スコットに生殖能力があったことはすでに証明されていたからだ。

スコット隊は前進を続けたが、オーツが遅れるようになった。左足がほとんど歩くのに使えなくなったからだ。彼を待つために、隊は貴重な時間を失うことになった。スコットは、アトキンソンに期待していた。彼に「犬を連れて迎えに来て欲しい」と頼んであったからだ。次のフーパー山貯蔵所まで行けば、アトキンソンが食料などの物資を運んで来てくれているはず、と思っていたのである。

一九一二年三月九日、フーパー貯蔵所に到着したが、そこには期待したほどの食料はなかった。支援隊が帰路に一部、食べてしまったせいだ。支援隊もやはりその地点では犬を連れていなかったため、他にどうすることもできなかったのだろう。そして何よりも困ったのは、そこに燃料がほとんどなかったことだ。赤い燃料缶は、遠くからでも目につくよう、食料貯蔵庫の上に載せてあったが、缶の革の封は、何ヶ月間もの間、日光にさらされたせいで明らかに膨らんでしまっていた。そして缶の中の灯油はすっかり揮発してなくなっていたのだ。犬たちが追加の物資を持ってそこまで来てくれたとしたら問題はなかったのだが、スコットは観念したようにこう書き残している。「我々を助けようにも、犬たちはどうやらここまでたどり着くことができなかったようだ(29)」

第一八章　犬たち

一九一二年三月一〇日。犬たちは実はそう遠くにいたわけではなかった。そこから北へ一二〇キロメートルほど行ったところの一トン貯蔵所にいたのだ。そこに来てからすでに六日経っていた。午前八時、デミトリとチェリー＝ガラードは、二チームの犬たちを連れて出発する準備を整えていた。ただし、彼らはスコットを捜索するため南に向かおうとしていたのではなく、ハット・ポイントへと戻ろうとしていた。

そうなるまでの経緯は、確かに悲劇的ではあるが、どこか喜劇じみてもいた。

喜劇は、最後の支援隊がスコットを離れた時に始まった。三人の男たちから成る隊は、南極高原から大変な苦労をして戻って来たのだが、その途中、隊長のテディ・エヴァンズが、壊血病で衰弱し危篤状態に陥った。やむなく彼らはテントを立て、三人のうち一人がエヴァンズとともにそこに留まることにした。そしてもう一人のトム・クリーンがハット・ポイントまで六〇キロメートル近く歩いて、緊急事態を知らせたのである。

トム・クリーンがハット・ポイントに到着した時、そこにはアトキンソンがいて、ちょうどデミトリと二チームの犬を連れて、スコットたちの隊に食料と燃料を届けに出かけるところだった。まさにスコットに頼まれたとおりにしようとしていたのである。だが結局、彼らはエヴァンズを救出に行くことになった。彼をそりに載せ、ハット・ポイントまで戻って来たのだ。エヴァンズにはまだ助かる可能性があったので、医師のアトキンソンは彼とともにハット・ポイントに留まらなくてはならなかった。

そうなると、デミトリとともにスコット隊のところまで行ける人間は一人しか残っていなかった。チェリー＝ガラードだ。問題は、チェリー＝ガラードはひどい近眼で、眼鏡がないとほとんど何も見えないということだった。また、本人も書いているとおり、彼にはその任務に必要な能力が欠けていた。

正直なことを言えば不安でたまらなかった。私は犬を操縦したことなど一度もない。ましてや今回は一頭ではなく犬のチームを操縦しなくてはならない。しかも私には、進行方向を見定めるための知識がまるでない。一トン貯蔵所までは一三〇マイル（訳注：約二〇九キロメートル）はある。そこは棚氷の上で、目印になるようなものは何もない。[1]

それでもチェリー＝ガラードとデミトリは、二月二六日の午前二時にハット・ポイントを出発した。二台のそりと二チームの犬たちは驚くほど順調に進み、一九一二年三月三日の夜には一トン貯蔵所まで到達することができた。

だが、そのあとに最も悲しむべきことが起きた。何よりもそれが喜劇的だったとも言える。彼らは大事なものを持っていなかったのだ。

確かに彼らは十分な量の食料と燃料を持ってはいた。一トン貯蔵所からスコットたちのところまで行き、全員でハット・ポイントまで戻れるくらいの量は十分にあった。ただ、彼らは犬の餌を十分に持っていなかった。スコットの指示が途中で変わったせいで混乱したのだろう。ミアレスは一トン貯蔵所に犬の餌をまったく置いていなかった。あるはずと思っていたものがなかったわけだ。しかも、一トン貯蔵所に着いた翌日、事態をさらに悪化させることが起きた。まだ若くて経験が浅いにもかかわらず犬の管理を任されていたチェリー＝ガラードに、デミトリが、今日は犬の餌をいつもより増やしてはどうかと提案したのだ。[2]栄養が不足して犬の毛皮が薄くなっているように見えたからだ。そのせいで、犬の餌の残りはわずか一三日分になった。チェリー＝ガラードは、ハット・ポイントへの帰路の分として八日分は残しておきたいと思っていた。一トン貯蔵所に着いてからの六日間のうち、少なくとも二日は、チェリー＝ガラードの操縦でも楽に南に向かって進むことができるような天候だった。残りの日も楽とは言えなかったが、デミトリやミアレスのような経験豊富な操縦者なら特に何も問題なく進める状況にはなっていた。ハット・ポイントを出発する前にチェリー＝ガラードは、もし一トン貯蔵所に着いた時、そこにまだスコットたちが来ていなければ、その後どう動くかは自分の判断で決めろとアトキンソンに言われていた。

仮に南に向かったとしたらどうなっただろうか、とチェリー＝ガラードは考えた。仮に天候の良い日であっても、自分の能力でスコットたちを発見できるとは思えなかった。ましてや、雪が降り、少しでも強い風が吹く日には「たとえ近くにいたとしても他の隊を見つけられる可能性はない」[3]と思えた。持っている餌の量から計算すると、スコットたちを探すのに使える時間は一日だけだった。何頭かの犬を殺して、残った犬の餌にすることはできたが、それは嫌だったし、スコット自身が犬たちには元気でいてもらいたいと言っていた。春に犬ぞりでの探検を計画していたからだ。

デミトリとチェリー＝ガラードは結局、一トン貯蔵所から動かずにスコットたちを待つことにした。三月一〇日までは待ったが、スコットたちが来ないのでハット・ポイントへと戻ることにした。皮肉なことに、帰路は「一日あたり二三〜二四マイル（訳注：三七〜三八キロメートル）の速度で」[4]進むことができた。つまり、スコットたちに食料や燃料を届けに行っても、十分に帰って来ることができたということだ。

不可解なのは、危険な南極の冬の旅にチェリー＝ガラードのような男が参加していたことである。そして、スコットたちは、自分たちの命を左右するような役目を彼に担わせることになった。合流していれば、全員が生死を分ける線を越えて、無事に戻って来られる可能性はあった。チェリー＝ガラードがたとえ大きな危険を冒してでも南へと向かっていれば、スコットたちは生還できたかもしれない。

しかし、チェリー＝ガラードはそうせず、ただ仲間たちも隊長も自力でどうにかするだろう、と自分に言い聞かせながら戻って行ったのである。

＊

一九一二年三月一〇日。スコットの隊は過酷な現実に直面していた。足の凍傷が酷いオーツに合わせる必要があったため、進むペースが極端に遅くなっていた。もはや全員、死人も同然だった。チェリー＝ガラードとデミトリがハット・ポイントへと戻り始めた頃、スコットは、深刻な状況のオーツに合わせていることで全員が共倒れになる危険があると考えていた。

…今は彼も何とか耐えているが、このままでは全員が無事に戻れるか疑わしい。細心の注意を払って進んできたし、犬たちが来てくれれば望みはあったのだが、もはやその望みは絶たれた。天候は最悪で、装備は凍り始めていて、時間が経つごとに操作が難しくなっている。同時に、気の毒なタイタスが何よりも大きな負担になってしまった。(5)

翌日、一九一二年三月一一日の朝、スコットはウィルソンに「苦しみを終わらせる手段」を皆に手渡してやってくれと頼んだ。(6) 信仰に篤いウィルソンは躊躇しながらも、アヘンの錠剤を一人に三〇粒ずつ渡し、自分の手元にはモルヒネのチューブを残した。

＊

一九一二年三月一二日。オーロラ号はホバートへと戻って来た。その途中、コモンウェルス湾では、ダグラス・モーソンの主隊を降ろし、西隊は、彼ら自身が「シャクルトン棚氷」と名づけた棚氷の上に降ろした。オーロラ号は、まだホバートの湾内に停泊していたフラム号のそばを通り過ぎた。ジョン・デイヴィスと乗組員たちは甲板に出て、アムンゼンに三度、喝采を送った。

後にアムンゼンは、自身の二一頭のグリーンランド犬をモーソンに贈っている。その中には、彼とともに南極点まで行って戻って来た犬も一頭含まれていた。デイヴィスは犬たちをオーロラ号に載せてモーソンに届けた。

つまり、少なくともモーソンのところには犬たちが来たということである。

＊

今や、かつての科学者たちは捕食者と化していた。テラノバ号が救助に来てくれるという望みがほぼ絶たれたことで、レビックたちは、周囲にいるアザラシやペンギンを手当たり次第に殺すようになった。レビックが発見した小さなコロニーに残っていたペンギンたちにとって、最大の脅威は間近に迫った冬ではなかったということだ。一九一二年三月一四日までの間に、男たちは一一八羽のアデリー・ペンギン──おそらくそれがそばにいたペンギンのすべてだったのだろう──を殺し、食料庫に入れている。ウェッデルアザラシも九頭殺していたが、すでにそのうちの二頭を食べてしまっていた。ただ、それだけでは、とても食料が十分だとは思えなかった。レビックは、自分たちにはさらに二〇頭のアザラシが必要になるだろうと推定していた。しかし、強い風が吹き荒れている間、アザラシは海岸まで来てくれない。

同時に男たちは雪洞を掘り進めた。そのために氷で斧を作るなど、手近に道具になりそうな物があれば何でも利用した。その間、風は止むことなく吹き続けていた。一九一二年三月一七日、キャンベル、プリーストリー、ディッカソンの三人は、まだ完成していなかった雪洞に住み始めた。一方、レビック、アボット、ブラウニングの三人は、自分たちが「ヘルズ・ゲート（地獄の扉）」と名づけた場所──エヴァンズ入江で最初に上陸した場所だ──でキャンプを続けていた。船が来た時に気づけるように、ということもあったし、アザラシやペンギンを殺し、解体する必要もあったからだ。男たちはもはや屠殺者となっていた。

レビックは一〇日ぶりの日記にこう書いている。

アボット、ブラウニング、そして私は、すでに八頭のアザラシを殺し、解体したし、ペンギンも一〇〇羽、殺している。どれもまだ換羽中で残っていたペンギンたちだ。春までもたせるには、まだアザラシが二〇頭は必要になる。(7)

レビックはこれから起きることを楽しみにしていたわけではない。「何ヶ月かは暗闇の中で過ごすことになる。それはきっと、とてつもなく苦しい時になるだろう(8)」と日記には書いている。その時の状況からは、その先の時期がどういうものなのかまったく想像もつかなかった。

風は、一日を除いてほぼ丸一ヶ月間、南東から吹き続けている。私たちは全員、疲弊しきっている。恐ろしく寒く、悲惨な状況だ。まだアザラシ狩りも必要で、雪洞を掘る作業も終わっていないのに、まったく外に出られない日も多い。日照時間は日に日に減っている(9)。

＊

チェリー＝ガラード、ウィルソン、バウワーズなど、その場にいた全員が苦しんだ南極の冬だが、エンペラー・ペンギンはわざわざその南極の冬に繁殖をする。もちろん、エンペラー・ペンギンがそれに適応した身体と性質を持っているから可能なことだ。まず、エンペラー・ペンギンは大きい―何しろ体重はアデリー・ペンギンを七羽合わせたよりも重いのだから、ペンギンの基準では「巨大」と言ってもいいだろう―身体が大きいと体積あたりの表面積が小さくなるので、その分、熱損失をへらすことができる。最も寒い時期、エンペラー・ペンギンたちは集まり、「ハドル」と呼ばれる円陣を組む。ハドルの外側は寒く、内側はペンギンたちの体温で暖かくなるが、不公平がないよう彼らは内と外を定期的に交替する。そういう行動が必要なのは、エンペラー・ペンギンが営巣地を持たないせいでもある。巣がないので、ペンギンたちは自分の足の上にのせて卵を温める。卵は大きいため、足にのせて温められるのは一個だけである。繁殖を行うのは、氷崖の風下側の海氷の上だが、その海氷は冬の間、決して割れる心配のない安全なものでなくてはいけない。食料のある海はそこからはかなり遠くなることが多い。相当な長い距離、通常は一五〇キロメートル以上もの距離、氷の上を歩いて行かなければ、凍っていない海までたどり着けない。それだけの過酷な条件に耐えられるのも、やはりエンペラー・ペンギンが巨大なおかげである。オスのペンギンは、寒い南極の冬の間、合計で三ヶ月間も何も食べずに生き抜く。まずは求愛期間があり、その後は、丸二ヶ月間、足の上で卵を温め続ける。オスが卵を温めている間に、メスは海に出て、大量の餌を食べ、丸々と太る。そして腹の中に食べ物を抱えて、孵化したばかりの雛の待つコロニーへと戻って来るのだ。ただ、メスの到着が少し遅れてしまうことはある。だが、その場合、オスは驚くべき能力を発揮する。なんと自らの身体の組織を削って雛の餌を作り出すのだ。その餌は「ペンギン・ミルク」と呼ばれている。

レビックたち人間も、小さなアデリー・ペンギンたちも、南極の冬の寒さはどうにか耐えることができたとしても、どちらも何も食べずに長く生きることは絶対にできない。だからアデリー・ペンギンたちは、冬が訪れ、氷に閉ざされてしまう前に南極大陸を離れて行く。すぐに海に出て、食料を手に入れられる場所へと移って行くのだ。

だが、果たしてどこへ行くのか。スコットのディスカバリー遠征以降、アデリー・ペンギンが南極大陸にいるのは夏の間だけだということはわかっていたが、冬はどこに、どこまで遠くに行くのかはまったくわからなかった。南極の冬は完全な暗闇になる上、何もかもが凍りつき、氷山の数も大幅に増える。しかも激しい嵐が止むことなく続く。そういう環境下で、ペンギンの行く手を追うことはほぼ不可能と言ってよかった。唯一、可能性があるとしたら、人工衛星を利用する方法だけだった。突破口が開けたのは一九九〇年代である。電子機器の小型化と、発信機に電力を供給する電池の改良が進んだおかげだ。

ペンギンに発信機を取りつけ、八〇〇キロメートル上空の人工衛星に信号を送ることができるようになったのである。

一九九一年、私はバード岬に行き、可能な限り遅い時期まで留まった。アメリカとニュージーランドは南極でヘリコプターを運行しているが、毎年夏、二月の半ばになると運行は終了してしまう。私はその年、ヘリコプターの最終運行日にバード岬から離れる予定にしていた。

その時期にバード岬にいるのは妙な気分だった。いつもはペンギンの繁殖期の只中にいる場所で、無数のペンギンが動き回るのを見て、大きな声を出すのを聞いている。だが、その時期は静かで、生き物の姿はほとんど見えない。かつてのサブコロニーはすでに崩壊していた。並べられて巣を形作っていた石はもう、あちこちに散乱してしまっている。あとはほんのわずかな数の雛たちが残っているだけだ。ほとんどは、レビックも見ただろう、一応は羽の生え揃った雛たちである。南極の冷たい海に長い間浸かっていても耐えられる「羽の救命衣」を身に着けている。背中はブルーブラックになっていた。レビックが動物学ノートを書くのに使っていたペンのインクと同じ色だ。顎は白い。頭の上にほんの少し子供の羽毛を残している者もいるが、それさえなければ、やや細いかなと思うくらいでほとんど大人と変わらない。もう大海原を旅する準備は整っているのだろう。

空は冬らしく黒くなり、その空からは雪の粒が大量に降り注ぎ始めていた。まだ身体が小さく、子供の羽を多く残した雛は、じっと動かずに立っているため背中が雪ですっかり覆われて見るからに哀れだった。もうそこで死を待つしかない。

海岸の様子もすっかり変わってしまった。少し前までは、海岸付近に高さ三メートルほどの大きな氷のブロックが集まっており、それが海と陸とを隔てる壁になっていたのだが、その氷の壁も冬の嵐に吹き飛ばされてすっかりなくなっていた。そのせいで、黒く丸い小石の転がる海岸が海側からもよく見える。海岸には、海に浮かぶ、こちらも小さく丸い氷が次々に波に打ち寄せられている。難破船の漂流物が陸に打ち上げられているようにも見える。

バード岬にはペンギンの成鳥もわずかながら残っている。大人たちは、小さな雛たちと同じく、ほとんど動くことがない。だいたいは崖のふもとの谷に佇んでいる。周囲には抜けた羽毛が落ち、雪の上に敷かれたカーペットのようにも見える。ペンギンたちが立ったまま動かないのは、できるだけエネルギーを使わないようにするためだ。新しい羽毛を作るのには大変なエネルギーが必要になる。古い羽毛が抜け落ちる一方で、その下では新しい羽毛が伸びるのを待っている。ただ、羽毛が抜けたことで断熱効果は一時的に大きく低下してしまう。羽毛が抜け断熱効果を奪われたペンギンは、冷たい海に入って餌を取ることができないのだ。生え揃うまでは、崖のそばに立って風を避けながら動かずに待つしかない。

バード岬で繁殖をする約六万羽の成鳥のほとんどは、そこでは換羽をしない。繁殖期の終わりにコロニーを離れ、海で大量の餌を食べて太ってから、どこか他の場所で換羽をするのが普通だ。海氷や氷山の上かもしれないし、他のコロニーがある海岸の上かもしれない。ボルクグレヴィンクは、史上はじめてフランクリン島に上陸した時、多数のアデリー・ペンギンがそこで換羽をしているのを目にしている。おそらく、少なくともロス海付近のアデリー・ペンギンたちにとって、フランクリン島は換羽に都合の良い場所になっているのだろう。だがバード岬では、少数ではあるが、ペンギンの成鳥がそこにとどまって換羽をしている。この成鳥たちも実は他の場所から来たのかもしれない。

私は、換羽を終えた成鳥を二羽見つけたので、同僚の協力を得て、その二羽に、エポキシ樹脂と特殊なテープを使って発信機を取りつけた。その時も少し雪が降っていて、寒い中での作業になった。しかも、この作業は素手でないとできない。通常なら五分くらいで硬化するエポキシ樹脂も、これほどの低温では硬化に一五分くらいかかってしまう。

発信機は一台の価格が自動車くらいにもなる高価なものだ。しかも回収できる可能性は低い。今のところ回収できた例はない。その接着剤とテープで羽毛に取りつけた発信機がそのまま外れずに冬を越せるのかどうかもわからない。仮に外れなかったとしても、バッテリーがどれだけ長く持つかもわからない。バッテリーが切れてしまえば、もう発信機のついたペンギンは目視で見つける以外になくなる。おそらくバード岬に戻って来るだろうと予想はできるが、何しろコロニーには六万羽を超えるペンギンがいる。その中から一羽を見つけ出すのは、まさに干し草の中から針を見つけるようなものだろう。

何ということだ。私は、今や腰のあたりに流線型のこぶをつけて落ちついて立っているペンギンたちをあとにした。これでもう車二台分の機械を捨ててしまったも同然なのはわかっていた。いずれ、どちらの発信機も、フラムハイムと同じくロス海の底に沈むことになるのだろう。だがこれも科学研究の代償だ、仕方ない。

仕事を終えた私たちは急いで荷物をまとめ、どうにかヘリコプターが飛び立つ時間に間に合った。その時には、これから来る冬の寒さを予感させるような嵐が始まっていた。

＊

一九一二年三月一七日。スコットたちはテントの中にいた。外で吹き荒れるブリザードのせいで身動きが取れなくなっていたのだ。非常に寒い。真昼でも気温はマイナス四〇度だ。その日はオーツの三二回目の誕生日だった。彼は眠っていた。おそらくウィルソンが投与したモルヒネの助けもあっただろう。ウィルソンは、彼がもう目を覚まさないのではないかと思ったが、そうではなかった。しばらくするとオーツは目を覚まし、寝袋から出て、仲間たちの脚の上を這って移動した。そして、酷い凍傷にかかった指で、固く結ばれたテントの扉を閉じる紐をほどいた。テントと外の世界とを隔てるトンネルのような扉である。スコットはその時のことをこう書いている。「哀れなオーツは死に向かって歩き出していた。私たちはそれをやめさせようとした[10]」だが、それほど強く止めはしなかったのだろう。だから、オーツも当然、やめることはなかった。オーツはトンネルのような扉を這ってくぐり、外へ出ようとした。壊疽して黒くなった足は寝る時に履く靴下で覆われていた。靴は履いていない。必要なかったからだ。彼にはもはや足も必要なかった。戻って来ることはないからだ。

スコットはオーツの最後の言葉を書き留めている。

ちょっと外へ出てくるよ。多分、少しの間だけだ[11]。

その後、誰も彼の姿を見ることはなかった。トンネルをくぐり抜けて外へ出たあと、しばらくは這っていたのだろうが、その後はブリザードの雪に埋もれたのだろう。残った隊員たちは、オーツの寝袋や経緯儀、カメラなどを捨てた。だが、「ウィルソンの強い要望を受け」、スコットは、重さ約一五キログラムの岩石標本をその後も捨てずにそのまま、人力で引くそりで運び続けると決めた[12]。

＊

アムンゼンとスコットの最も大きな違いはここにあったと言えるだろう。一方のアムンゼンは、極地の移動には犬の引くそりが最適だと信じていたし、また実際にその通りであることは証明されていた。だが一方のスコットは、人間がそりを引くことを何か気高いことのように考えていた。アムンゼンは犬ぞりを使ったおかげで素早く南極点に到達し、戻って来ることができた。食料が足りなくなる危険性はほとんどなかったし、途中で冬が来てしまう心配もまずなかった。彼は犬とスキーを最大限に活用したし、絶対に人間に荷物を引かせることはしなかった。ただの一マイルもだ。ところがスコットは時間を要している間に冬の最初の嵐に遭ってしまった。燃料も食料も尽きて、ついには元気な仲間さえもいなくなった。だがそれでもなお、彼は岩石を人間の手で運ぶことを重要な使命だと思っていたのだ。

地球の二つの極地への探検では、グリーンランドやシベリアの犬たちが実に大きなはたらきをした。そのはたらきは、ある意味ではロスやクロージャー、アムンゼンなどよりも大きかった。犬たちが進化によって極地に見事に適応していたおかげだ。極地に適した毛皮、足、気質などはすべて、品種改良と進化の産物である。おかげで犬たちは寒さに強くなり、雪上でも楽々、移動できるようになった。雪の下で眠ることも、野生動物を餌にすることもできる。群れで行動するオオカミの性質を残しているため、うまく優位に立つことができれば、従順で訓練をしやすい。また、集団で力を合わせて動くことは得意だ。そうした犬たちは元来、北極地方にいた。イヌイットたちは犬たちに依存して暮らしている。南極には元来、犬はいなかったが、環境は北極と変わらないので同じように適応することができた。現地の野生動物―アザラシなど―を食べることもできた。人間が常に餌を持ち歩かなくてはいけないポニーやラバとはまったく違う。

ペンギンが海で泳ぐのに適した身体を持つよう進化したのと同じだ。そのため、南極では南極での移動に適応した犬が長らく使われた。一八九九年、ボルクグレヴィンクがアダレ岬に最初の犬を上陸させて以来、八〇年以上にわたって使い続けられたのだ。その後、犬が使われなくなったのは、元は長所と見られた現地の野生動物を食べて生きられるという性質が、短所とみなされるようになったからだ。それがなければ今も犬は使われていただろう。

ニュージーランド南極研究プログラムでは、他の南極研究プログラムの多くがやめたあとも犬を使い続けていたが、一九八五年一月二八日、一二ヶ月以内に犬の使用をやめると決定した。犬の食料を補完するために、毎年、五〇頭以上のウェッデルアザラシを殺していたことが問題だった。野生動物を殺すことに反対する声が次第に高まっていたのだ。いくらスノーモービルやキャタピラ・トラクターなどの現代的な機械に比べても効率的な手段だとはいっても、もはや犬を使うことは容認できないと考える人が増えた。また、犬が南極では外来生物であることも懸念の一つだった。犬を連れてきたせいで南極の生物に何か新たな病気がもたらされる危険もあった。

私がはじめて南極を訪れた一九七七年一〇月一八日の時点では、まだそりを引く犬のチームがいた。私は何人かのニュージーランド人とともに、犬たちの引くそりに乗ってニュージーランドのスコット基地まで行ったのだ。アメリカ人は全員、大きな緑の軍用車に載せられて行った。車輪の直径が私の身長と同じくらいもある車だ。それで、スコット基地からは丘を越えて何キロメートルか行ったところにあるアメリカのマクマード基地へと向かった。

犬ぞりに乗って移動したのは私にとってどこか現実離れした体験だった。私にはチェリー＝ガラードの気持ちがよくわかる。あの犬を自分で操縦するのは大変な冒険だと思う。まさに私が子供の頃に夢想していた南極探検だ。まだ一〇月だったので、夜には太陽が山の後ろに沈む。夜に私は、犬の周りをしばらく歩いてみた。氷丘脈のそばにつながれた犬たちは皆、かすかな日光を浴びていた。黒、茶、グレー、白、様々な色の分厚い毛皮が光に照らされていた。大きい犬だ。どの犬も元気いっぱいで、大きな茶色い目をしている。誰もがすぐに好きになってしまうだろう。単なるそりを引く家畜と見ることはできず、ペットのように思える。だが、よく見るうちに、犬たちが皆、互いに十分な距離が空くようにつながれていることがわかる。そうしないと喧嘩になってどちらも大けがをする恐れがあるのだろう。生き延びるために共食いさえする動物であることを忘れてはいけない。それはアムンゼンにはありがたい習性だったが、スコットには嫌悪の対象だった。また犬の共食いを嫌ったのはスコットだけではない。

一九八五年一月二八日、それは私にとってそのシーズンの南極滞在の最終日だったが、同時に私が南極で犬を見た最後の日でもあった。私は研究チームのメンバーとともに、輸送機C-130ハーキュリーズに乗ることになっていて、待機場所まで行く必要があった。輸送機はスキーを履いていて、棚氷の上の滑走路で離着陸をする。それはまさに、アムンゼンやスコットが南極点を目指して旅した巨大な棚氷だった。犬の操縦者が、私たちを犬ぞりで待機場所まで連れて行くと申し出てくれた。

私はそりの前の方に座った。この時も太陽が低い位置にあったので、犬たちは柔らかな黄色い光を浴びていた。そりを引いていた犬は八頭だったが、いずれもボールを追いかける犬と同じくらい嬉しそうに見えた。とにかく雪に覆われた地表の上を尻尾を持ち上げて走るのが嬉しくて仕方がない、と言っているように見えるのだ。まさにそのために生まれて来た犬ということなのだろう。

操縦者はそりの出発の際、叫び声をあげるわけでも、むちを振るうわけでもなかった。そりで移動する間の静寂を私はよく覚えている。犬の呼吸音や、そりのきしむ音、雪と擦れる音などは確かに聞こえるのだが、そうした音があることで、余計に棚氷の上の静かさが際立つようだった。そりは氷と雪の上を実に滑らかに進んで行った。

私は後にも先にも、それほど美しく、自然と共鳴できる旅をしたことがない。私もウェッデルアザラシは好きだし、今の時代に南極で犬を使うことに反対する意見も理解はできる。しかし、南極から犬たちがいなくなったことが悲しくないと言えば、それは嘘になってしまう。

その翌年、私は人力でそりを引く体験をした。通常は海氷の上にいるカニクイアザラシが、海岸に上陸しそこで死んだのだ。私の研究仲間がその死体を欲しがっていた。問題は、海岸からヘリポートまで三キロメートル以上の距離があったことだ。その時期のバード岬と海岸はまだ、氷と雪に覆われていた。私は助手一人とともに、普段は観察の際に身を隠すのに使っている箱を利用して間に合わせのそりを作った。それを自分たちの手で引いて、ヘリポートまでアザラシを運んだのだ。大人のカニクイアザラシは最大で体重三〇〇キログラムにもなるが、普通は二〇〇キログラムと少しくらいだろう。私たちが運んだアザラシは死後しばらく放置されて乾燥していたのでもう少し軽くなっていたとは思う。だが、私たちには、三〇〇キログラムはあるように感じられた。人間の手でそりを引くのはまったく楽しくない。そこにはロマンもないし、自分で体験した限り、まったく気高い行為だとは思えなかった。それでも少しでも荷物が軽くなるのであれば、私なら一五キログラムの岩石標本は喜んで捨てただろう。ましてや、スコットのように命の危険にさらされ、たった三キロメートルではなくそこからさらに何百キロメートルも移動しなくてはならないのだとしたら、考える間もなく捨てるに違いない。

＊

一九一二年三月一八日。ヘルズ・ゲートでキャンプをしていたレビック、アボット、ブラウニングの環境は、ますます悪化していた。レビックは日記にこう書いている。「風はハリケーン並みの強さになり、テントのポールの一本（風下側のポール）が突然、音を立てて折れ、そのあとさらに二本が折れた。すぐにテントが崩れて私たちに覆いかぶさってきた。私たちは寝袋に閉じ込められ、その中で恐ろしい風の圧力を受けることになった(13)」。

最悪の事態だった。持ち物のすべてがテントの中に散らばっていたし、防風の上着を身につけていない状態では動くに動けない。上に覆いかぶさったテントの重みも彼ら三人を苦しめていた(14)。アボットとレビックは苦心の末どうにか上着を身につけ、テントの下から外へと這い出した。ブラウニングは引き続き中にいて、風で飛ばされないよう、皆の寝袋の上に寝ていた。風があまりにも強く、外に出ても立って歩くことはできず、四つん這いで移動せざるを得ない。周囲にどこにも避難できるような場所は見つからない。ほぼ不可能に思えるが、もはやスペアのテントを立てるしか方法はなさそうだった(15)。顔に酷い凍傷を負った状態で二人は再びテントの下に這って戻り、七時間吹き荒れている風が少し弱まるのを待った。しかし、まったく弱まる気配がない。

仕方なく、三人は崩れたテントの下から這い出した。寝袋が風に吹き飛ばされないよう石を置いてから、手と膝をつき、四つん這いで雪洞へと向かった。一キロメートルに満たない距離を進むのに一時間半を要した。途中、何度も風が極端に強くなり、押し戻されないよう、磨かれたような氷の上でうつ伏せになって待たなくてはならなかったからだ。「その時のブラウニングス（原文ママ）の顔を忘れることができない」レビックは後にそう書いている(16)。「顔色は青黒く、凍傷の白い斑点が無数にあった。おそらく私を含め全員が同じような顔をしていたのだろう」

雪洞にたどり着いた三人はどうにか生き延びることができたが、寝袋はテントに置いてきてしまったので、やむなく、雪洞では一つの寝袋に二人ずつ入ることになった。レビックは太っていたために、誰もが同じ寝袋に入ることをあからさまに嫌がった。結局、キャンベルがレビックと同じ寝袋に入ることになったが、彼の日記には「これまで生きてきた中でも最も寝心地の悪い夜を過ごすことになった。圧迫され、平らに押し潰されたような気分だった」[17]と書かれている。

翌三月一九日、風が少し弱まったので、アボット、ブラウニング、レビックはテントまで自分の寝袋を取りに行くことができた。それ以降は、全員が雪洞で過ごすことになる。彼らはその雪洞を「イグルー」と呼んだ。間違いなくそこで、今までで最も長く、暗く、寒い冬を過ごすことになるのだ。

その先の日々を思ってレビックの心が沈んでいたことは日記の記述からもわかる。

…目の前に迫った冬を思い、おそらくその場にいた全員が暗い気分になっていたはずである[18]…

＊

一九一二年三月一九日の夜、スコット、ウィルソン、バウワーズは、一トン貯蔵所から約一八キロメートルという地点にいた。彼らが持っていたのは、「二日分の食料と、その日はかろうじて過ごせる量の燃料」[19]だけだった。気温はマイナス四〇度で、ブリザードが吹き荒れ、テントの中から動くことができない。スコットの右足は酷い凍傷にかかっていた。「この足は切断しなくてはならないのか。それは嫌だなと思っていた」[20]とスコットは書いている。ウィルソンとバウワーズは、スコットをその場に一人残して、自分たち二人で貯蔵所に燃料に取りに行こうと考えた。

だが南極の季節は急速に冬へと向かって進んでいた。一〇日間、ブリザードは少しも弱まることなく吹き荒れた。「いつ見ても、テントの扉の外には大量に渦巻いている雪以外、何も見えなかった」[21]
一九一二年三月二九日、ついに終わりの時がやって来た。

第一九章　冬

全員が「イグルー」に移り住んでからも、住環境を改善する作業は続いた。主室は、二・七メートル×三・六メートルほどの広さで、天井は最も高いところでも一・七メートルないくらいだった。そこでも海軍の規律は保たれていた。指揮官のキャンベルは、雪洞の中央に靴のかかとで線を引いた。その線で、将校が使う部分と、一般の兵士が使う部分とに分けたのだ。三人の将校の寝袋は、部屋の右側に配置されることになった。まず、境界線に近い場所にプリーストリーが寝る。プリーストリーは、寝袋のすぐそばの壁にくぼみを作り、そこに食料など貴重な資源を置いた。隣はレビック、右端にはキャンベルが寝る。左側は、コンロなども置かれ、調理のための場所もあったため、右側に比べると幾分、窮屈になっていた。そこにディッカソン、アボット、ブラウニングの三人が寝袋を並べて寝る。キャンベルは、線の左側の三人が交わした会話は、三人だけでのもので、線の右側の人間には無関係だと皆に言い渡した。同様に、線の右側の将校たちの間で交わされた会話も三人だけのもので、左側の三人には無関係ということにした。もちろん、狭い場所なので、実際には誰が何を話してもすべて全員に聞こえてしまう。キャンベルは最初のうち、食事の時には寝袋から出るべきだと主張したが、あまりの寒さにすぐ、態度を軟化させ、調理も食事も寝袋に入ったままでいいということにした。また、キャンベルは毎週日曜日には礼拝を実施した。キャンベルが聖書を読み聞かせたあと、全員で賛美歌を歌った。

室内の通路は、二つの出入り口につながっていた。出入り口は、荷物を入れる箱とキャンバス地の布を使って作ったものだが、小さいので這って通り抜けなくてはならない。這って狭いトンネルをしばらく進むと、ようやく外に出られる。主室の内壁に沿うように雪のブロックを積み上げたが、その高さは壁の半分ほどだった。わずかな持ち物を置く棚にするためだ。

六人は、小石や海藻を敷き詰めた雪洞の床の上で身を寄せ合うようにして寝ていた。毎日、朝夕、二人がアザラシの脂を燃料にして食事を作った。アザラシの脂はゆっくりと燃え、黒く濃い煙を出した。雪洞の中の何もかもがその煙で覆われた。人も、服も、とにかく何もかもだ。夜には漆黒の闇になるが、日中のほとんどの時間は、脂のランプから発せられるかすかな光の中で全員が横たわっていた。プリーストリーはそれを「目の見える暗闇」と表現している(1)。

脂のランプを作ったのはレビックだ。アザラシの脂を温めて溶かしたものをブリキの缶に入れ、その中に、安全ピンで留めたひもを垂らした。脂を吸い上げたひもに火をつけると光が出るというわけだ。プリムス・ストーブは持っていたのだが、燃料がもう残り少なかったので、似た仕組みでアザラシの脂を燃料にできるものを作った。

不適切に調理された食べ物がいかに危険かをよく知っていたレビックは、アザラシの肉を中心とした食事に関して厳格な規則を定めた。偶然ではあるが、アザラシの肉にはビタミンCが多く含まれている。おかげで、壊血病で死ぬことは免れることができた。オーウェン・ビーティーは、フランクリン遠征の人員は壊血病で死亡したと断定している。ただ、炭水化物の少ない酸性の食生活が続いたことで、また別の問題が起きた。全員、膀胱の制御がうまくできなくなったのだ。何度も、服や寝袋が濡れた状態で過ごすことになった。寝袋のすぐそばに缶を置いておくようになったのだが、それでも間に合わないことがよくあった。だが、たとえそういう「事故」が起きたとしても、皆、何も言わず黙って不快感に耐えて横たわっていた。また六人全員が時々、下痢に襲われた。ブラウニングが特に深刻で、日に八回も九回も外に出る羽目になったこともある。キャンベルは、雪洞の外で用を足した時、性器が酷い凍傷にかかった。それ以後は、雪洞の出入り口近くに小さなくぼみを作り、そこで用を足すようにした。レビックはそこでの惨めな暮らしについてこんなふうに書いている。

私たちはイグルーに住み始めたが、そこは要するに暗い穴蔵である。毎日、主にアザラシの肉を食べていたら、身体に色々な異変が起きた。おそらく尿の酸性度が高くなるせいだと思うが、長く蓄えておくことが非常に難しくなった。実際、何人かが夜、寝ている間に寝袋の中を濡らした。特に苦しんでいたのがキャンベルで、その上、酷い痔にも苦しめられていた。(2)

とてつもなく不快で、不潔な状態である。全員が酷い下痢で、しかも尿を漏らして服や寝袋を濡らしている。洗濯もできないし、着替えることもできない。ただ、糞尿にまみれ、キャンベルは血液にもまみれ、密集した状態で横たわっている以外にできることはない。その場所の惨めさは、「暗い穴蔵」などという生易しい言葉ではまるで表現できないものだっただろう。

＊

二〇〇五年一月一二日、私は息子のダニエルとともに南極にいた。バード岬に向かう前に私たちは、サバイバル訓練を体験した。ニュージーランドのスコット基地からそう遠くない、クレバスの多い地域で実施される訓練だ。私たちは身体にロープを取りつけた。装備はすべてハイテクである。特別仕様の断熱ブーツ、アイゼン、ハーネス、カラビナ、合繊ロープ、ユマール――ロープ登りのための機械装置――もすべて揃っている。訓練では、まずゆっくりクレバスの中に下りて行き、その後、再び登って脱出をしなくてはならない。いくら現代の素晴らしい装備を身に着けていて、前もって十分な準備をしているとはいえ、心理的にも身体的にもまったく楽ではない。私は、予期せず何度もクレバスに落ち、そこから這い上がったスコットたちのことを思って身を震わせた。しかも彼らは私とは違い、ごく粗末な装備しか持っていなかったのだ。

私はダニエルと雪洞のシェルターを作ってみた。まず、ショベルで雪を積み上げて、そこに穴を掘ったのだ。二四時間日の沈まない南極の夏に一泊するくらいなら、その雪洞は驚くほど快適な居住空間になるとわかった。雪洞の壁を通して日光が中に入ってくる。私たちには断熱マットレスがあり、ケワタガモの羽毛だけを詰めた二重の寝袋もある。確かに気温は低いが、寒すぎるというほどではない。私たちはそこでくつろぐことができた。何より驚いたのは、静かさだ。風の音など、外の音はすべて雪が吸い取ってしまうのだろう。それは、キャンベルが最初に「イグルー」に入った時にも書いていたことだ。

だが、勘違いしてはいけない。私たちと彼らでは置かれた状況がまったく違っている。向こうは二四時間暗闇が続き、気温もはるかに低かった。しかも、たったの一晩ではなく、七ヶ月もそこで過ごさなくてはならなかった。フリーズドライのビーフストロガノフもなく、冷凍のエビもなかったのだ。最新の装備がなく、季節も冬だったら、この雪洞も彼らがいたのと同じ「暗い穴蔵」になってしまうだろう。

さらに、作りがスコットの時代と基本的には変わっていないテントの中で下痢に悩まされたらどうなるか、とも思う。強風吹き荒れる中、バケツの上にしゃがんでズボンを下ろさなくてはならない。たとえ、マイナス四度くらいの寒さだったとしても、きっとつらくてたまらないだろう。

ペンギンにとってもそうだが、北隊の隊員たちにとっても、南極で生き延びるためには身体に蓄えた脂肪が重要な資源となるはずだった。だが、レビックたちは存分に食べて脂肪を蓄えるわけにはいかなかった。五週間にもわたってそりを引き続けたことで疲弊し、全員が体調を崩してあまり食欲がなかったせいもある。また、そもそも持っている食料自体が多くなかった。レビックは医師として、日々の食料の配給量を厳しく管理しつつ、皆の体調の変化も細かく記録していた。キャンベルの指揮の下、軍隊式の規律が保たれていたことは、乏しい食料をもたせることに役立っていたと言えるだろう。

しかし、実を言えば、真っ暗な冬をただ乗り越えるだけでは十分ではない。その場を動かず、食料や装備、衣服などを何とかもたせて耐えているだけではいけない。冬が終わったら、三〇〇キロメートル以上もの旅をしてエヴァンズ岬まで戻らなくてはならないのだ。もしそれができなければ、遅かれ早かれ、死は避けられないことになる。つまり、レビックは、皆の体調を整え、とてつもなく厳しい環境の中を三〇〇キロメートル以上もそりを引いて歩ける状態を保たなくてはいけない。それ以外に確実に助かる方法はないのだ。ただテントの中で動かずにいて、食料が尽きる前に救助されることを祈っているわけにはいかない。

＊

越冬がほぼ決定したその日から、プリーストリーが乏しい食料の管理をすることになった。春になり太陽が戻って来た時、南へ移動するための食料が残っているようにせよ、と指示されていた。プリーストリーが補給係将校となって一日に使える食料の量を決め、レビックはそれを基に、皆に何をどれだけ食べればいいかを指示するということになった。

春になって移動する時のために最高の衣服と食料は残しておくよう指示したキャンベルの洞察力は素晴らしかった。全員、手足が凍え、空腹に耐えかねている時にそれだけの判断をするのは並大抵のことではないだろう。彼らは、冬に移住するペンギンたちとは違った問題に直面していた。ペンギンたちは、冬の前に衣服（羽毛）を着替えてしまうし、脂肪という食料も十分に身体に蓄えている。それで、ただ生き延びるだけでなく、長旅に耐えることもできるのだ。

＊

一九九一年の冬のことだった。一〇〇分間で地球を一周するフランスのアルゴス衛星が、バード岬で二羽のペンギンに取りつけた発信機からの信号をとらえた。その信号により、一マイル（約一・六キロメートル）から二マイル程度の誤差で、ペンギンの現在の位置を知ることができる。ペンギンたちは、冬にロス島を離れたテラノバ号とほぼ同じ経路で移動していた。ヴィクトリアランド沿岸を北上し、ドリガルスキー氷舌、エヴァンズ入江、ハレット岬を通り過ぎた。一日平均で約四八キロメートルという驚異的な速度で北上していたのだ。ロス海を作っている突起の先端にあたるアダレ岬にまで到達すると、ペンギンたちは左に曲がり、南極大陸に沿って西へと進み始めた。ボルクグレヴィンクやキャンベル、モーソンなどの隊が探検しなかった地域にまで行っていたということだ。やがて、ドリガルスキー氷舌と同じくらいに巨大な氷舌のそばまで来ると、北へと進路を変えたが、そこで速度を落とした。どうやら、冬の間はバレニー諸島北西の氷の浮かぶ海で採餌するらしい。

ペンギンからの信号は五ヶ月半ほど後に完全に途絶えた。おそらく冷たい水に浸かっていたせいでバッテリーが切れてしまったのだと思われる。だが、それまでの間に得られた情報は驚くべきものだった。ペンギンたちは、冬の間の餌場まで、何と一五〇〇キロメートル近くも移動していた。南極点に到達したアムンゼンやスコットよりも長い距離を移動したことになる。しかも、ペンギンたちは絶えず直進しているわけではない。正確な移動距離は二八〇〇キロメートルにもなっていた。繁殖期が始まる頃には再び、バード岬に戻ってこなくてはならない。それも含めると総移動距離は五〇〇〇キロメートル以上になる。背の高さが人間の膝くらいまでしかない小さな、飛べない鳥にしては大変な距離である。

一九七七年一〇月にバード岬ではじめてペンギンに遭遇した時のことを思い出した。あの時、もし今と同じだけの知識があったら、ペンギンにおじぎするだけでは済まなかっただろう。きっと、五〇〇〇キロメートル以上も南極の冬の暗い氷だらけの海を旅して戻って来たばかりの小さな生き物を、跪いて崇めたに違いない。信じられない。これほどのことをする生き物はそうはいない。

＊

一九一二年五月一日。チェリー＝ガラード、デミトリ、アトキンソンは、ハット・ポイントからエヴァンズ岬まで二頭の犬とともに移動していた。

その前の四月一七日に、アトキンソンは三人の男たちとともにハット・ポイントを出発し、北隊のいる場所まで向かおうとした。移住するアデリー・ペンギンたちのように、海岸を北上しようとしたのだ。それは勇敢ではあったが、無謀な行動と言わざるを得ない。すでに冬で、太陽はほぼ姿を消していて、暗く寒い上に、氷も不安定で危険な状態になっている。結局、三日間かけてようやくマクマード入江の反対側のバター・ポイントに到達しただけだった。そこで、行く手の海氷が砕けているのがわかった。これでは、さらに北上してキャンベルたちに会うことはできない。つまり、北隊の側も南下して彼らに会うことができないわけだ。アトキンソンたちはバター・ポイントに食料などの物資を置いて、ハット・ポイントへと戻って来た。キャンベルの隊には何とか自分たちで持ちこたえてもらうしかない。暗闇の中、氷の上を進むのは容易なことではない。さすがに犬でもそこでそりを引いて行くことは難しいのだ。実際、マヌキ・ヌーギスという犬が途中で進むのを拒否したので、仕方なく自由にしてやった。自力でエヴァンズ岬に戻って来てくれればと思っていたが、二度とその犬の姿を見ることはなかった。

エヴァンズ岬の近くまで来た時、アトキンソンはチェリー＝ガラードに、キャンベルの隊とスコットの隊、春まで持ちこたえるのはどちらだと思うかと尋ねた。チェリー＝ガラードは迷うことなく「キャンベルの隊」と答え、(3) こう言った。

…私には、まだ生きているであろう人間を放っておいて、すでに死んでいるに違いない人間を捜索するというのはとても考えられません。(4)

だが、スコットの隊がどうなったのか、南極点には到達できたのかを確かめるという重い責任がアトキンソンにはあった。一九一二年六月一四日、冬至の一週間前に、アトキンソンは隊員たちを集め、春を迎えた時の行動を決める会議を開いた。

テラノバ遠征の人員のうち、エヴァンズ岬に残った一三名がすべて集まった。しかし、小屋の中は静寂に包まれていた。普段はどれだけ軽口をきいていても、これから下すべき決断の重大さを思うと何も言えなくなってしまった。アトキンソンは皆に向かって話し始めた。どちらの隊を救出に行くべきか、という単純な問題ではない。南へ向かって、スコットたちの隊がどうなったのかを確認するのか、それとも北へ向かってキャンベルたちの隊を救出するのか、という選択になる。キャンベルたちにはまだ、少ないながら、アザラシやペンギンを食べて生き延びている可能性があった。しかし、スコットたちにはそういう可能性がまったくなかった。仮に南に行ったとしても、スコットたちの足取りがつかめるとは限らない。しかもその間に助けを必要としているキャンベルたちが死んでしまうかもしれない[5]。彼らは、まさに道徳上のジレンマに直面していたということだ。チェリー＝ガラードは、六週間前にハット・ポイントからエヴァンズ岬へと戻る途中でアトキンソンに言ったのとほとんど同じことを言った。「生きている可能性のある者たちを見捨てて、間違いなく死んでいる者たちの捜索に行くのですか[6]」

アトキンソンは自分たちがキャンベルの救助に向かわなかったとしても、あと五、六週間もすればテラノバ号が戻って来て、彼らを救出できる可能性があることを指摘した。そして、自分は絶対に南に向かうべきだと思っていると話した。この遠征の主たる目的は南極点に到達することだった。だから、可能な範囲で、スコットたちに何が起きたのかを確かめるのが、彼らとその家族、そして遠征全体に対する自分たちの責務だと思う、とアトキンソンは言った。彼は、北と南、どちらを選ぶのかを多数決にした。チェリー＝ガラードを含め全員が、アトキンソンに賛成した。ただ一人、ラシュリーだけは棄権した。

要するに、キャンベルたち北隊はマヌキ・ヌーギスと同様の扱いを受けたということになる。自由にさせて、あとは自力でエヴァンズ岬の小屋に戻って来る道を見つけ出せることを祈る。もちろん、その決断をした者には、外の暗闇よりもさらに暗い真実がのしかかることになった。犬と同じく、キャンベル、レビック、プリーストリー、アボット、ブラウニング、ディッカソンに再び会えるのかどうかは、誰にもわからなかった。

＊

そして夜が最も長く暗くなる日が来た。一九一二年六月二二日、冬至だ。エヴァンズ入江にいたレビックは、その日を「素晴らしき祝宴の日」と呼んだ。(7) 調理当番はレビックとプリーストリーだった。二人が作ったのは「エンペラー・ペンギンの心臓と肝臓、アザラシの肝臓と肉、そして脂身のたっぷり入った豪華なフーシュ（訳注：シチューに似た料理）」だ。そのあとには「フライの麦芽入りココア」を飲んだ。これについてレビックは「文明社会にいる時と同じ濃さにした。私たちは他の何より、このココアをありがたいと感じた」と書いている。あとは「ビスケット四枚とチョコレート四かけら、角砂糖を一二個」を食べたという。(8)

私はこの一ヶ月間ほど、自分がどれほどの空腹を抱えていたのか自分でわかっていなかった。だが、満腹になって安心し、食欲のことを心配する必要がなくなってはじめて、自分が極度の空腹だったことに気づいたのだった。

手元にあった唯一のアルコールも飲んだ。イギリス製の強化ワイン、ウィンカーニスだ。プリーストリーは「その時の私たちには、世界のどんな有名なワインよりも美味しく感じられた」と言っている。(9) ただし、肉を切っている時に、貴重なワインの入ったマグを倒してしまった。大半が寝袋にかかり、残ったのは大さじ一杯分より少ないくらいだった。それでも彼は失望することなく、量が少なくなったからこそ余計に味わって飲むことができたとまで言っている。しかし、レビックと同じく、プリーストトリーもやはり、十分に濃いココアが何より美味しいと思ったようだ。

アザラシの脳みそやペンギンの肝臓の入ったフーシュは素晴らしかったし、マスカットの味のするウィンカーニスも良かったが、甘いココアは、私がこの九ヶ月間で口にした中で最高の飲み物だった。(10)

冬至の日の祝宴は、精神の健康を保つ上で大切なものだった。その日に何を食べるかを考え、話し合うことで、二週間も前から楽しむことができた。そしてごちそうを食べた思い出は、翌日以降、「普通以下の粗末な食事(11)」に戻ったあとも残る。しかも、「翌日以降は、太陽が日に日に自分たちに近づいて来る」とわかっていたのである。それは生活が徐々に向上していくことを意味した。太陽が昇れば、ついに長いトンネルを抜け出し、暗い「惨めな穴」から抜け出す時がやって来る。

＊

キャンベルは皆が間違いなく冬を乗り越え、その後、移動できる態勢を整えたかった。ペンギンのように大移動に成功できるだけの準備が必要だった。春に着るべき衣類は使わずに置いておき、雪洞の中での生活にはその残りを皆で分け合って使うことにした。雪洞というシェルターがあったため、衣服による断熱は比較的、少なくて済んだ。何より足りないのは、そして何より重要なのは食料だった。

一九一二年七月一〇日の時点で、肉はすでに備蓄してあった量の半分にまで減っていた。毎日二人ずつペアで調理当番をするので、一日調理をしたら、次の二日は休むということになっていた。レビックはいつもプリーストリーとペアになった。七月一〇日はちょうど二人が当番の日だ。

キャンベルは正午頃、外に出て海岸の方まで歩いて行ったのだが、そこでアザラシの姿を見た。三ヶ月ぶりのアザラシである。急いでイグルーまで引き返すと、キャンベルはアボットとブラウニングを連れて来た。三人は氷の縁まで来て、そこで、大きく丸々と太ったオスとメスのウェッデルアザラシを見つけた。アボットは、ナイフでメスのアザラシの心臓を突き刺したが、その間にオスのアザラシは必死で海に向かって逃げようとする。アボットはピッケルでアザラシを殴ったがほとんど効き目がない。仕方がないので、背中に飛び乗り、ピッケルで鼻を殴ったら、驚いたのかアザラシの動きが止まった。アボットはキャンベルの方に手を伸ばし、預けていたナイフを受け取ろうとしたが、その時、キャンベルはアボットのナイフではなく、ブラウニングのナイフを手渡してしまった。アボットはそれに気づいていなかった。アボットのナイフは、柄と刃の間に滑り止めがついていたのだが、ブラウニングのナイフにはそれがなかった。アボットは渾身の力を込め、分厚い脂肪に覆われたアザラシの身体にナイフを突き刺し、心臓を貫いた。ブラウニングのナイフの柄は油まみれで滑り止めもなかったので、アボットは手を滑らせて、右手の中三本の指の付け根を深く切ってしまった。

キャンベルはアボットをイグルーに連れて帰り、その間に残りの二人は二頭のアザラシの解体を始めた。レビックは戻って来たアボットのことをこう書いている。「革の手袋はほぼ全体が血で覆われていたが、血はすぐに固く凍りつき塊になってしまった[12]」。レビックは難しい選択を迫られることになった。アボットの手を不潔な状態のまま、ランプの脂に浸すか、それとも手を凍らせたままにしておくか[13]、どちらかを選ばなくてはならない。しかも、治療のために明かりが必要だが、今はプリーストリーに脂のランプを持ってもらい、それで照らすしかない。レビックは取りあえず、傷を包帯で覆うことにした。腱が切れているかを見たかったが、そのために傷口を広げると感染症の危険があった。仮に、腱が切れているとわかったところで、薄暗い光しかないところで、切断された腱を見つけ出し、かじかんだ手でつなぐ自信はなかった。レビックは自身の決断に関して、あとでこう書いている。

腱が切れていないか確認しなかったことは良くないとは思う。だが、確認するには傷口を大きく広げる必要があるし、そんなことをすれば酷く化膿する危険がある。たとえ切れているとわかって、この明かりの中で切れた腱を見つけ出せたとしても、私の手や周囲の不潔さを思うと、とてもそれをつなぐことはできないと思う。[14]

次の日の夜、レビックはアボットの傷を洗い、改めて手当をした。日記には「三本の指の腱は残念ながら、やはり切れていた」[15]とある。

二頭のアザラシを見つけてから二日後、ブラウニングとディッカソンはさらに二頭を見つけて殺し、解体した。食料に関しては、状況は上向き始めたということだ。運が向いてきたことを祝して「二日連続でフーシュを食べた」[16]とキャンベルの日記には書かれている。

雪だまりに掘った穴の中で南極の冬を過ごすのは、もちろん身体的に苦しいことだったが、同時に精神的な苦しさも相当なものだった。それも生存がほぼ不可能になる要因である。人類史上はじめて南極での越冬を体験したベルジカ号の乗組員たちも、寒さといつまでも続く暗闇に苦しめられた。雪の中などではなく、乾いた船の上で、しかも食料は豊富にある状態でも精神に異常をきたすものがいたのだ。北隊の人員の身体的な健康とともに精神的な健康を守る上で医師であるレビックの役割は重要だった。彼はとにかく、その場の雰囲気を明るく楽しげにするよう心がけていた。毎晩、脂のランプの揺らめく弱々しい光を頼りに、手近にあるわずかな本からどれかを選んで皆に読んで聞かせた。最初はボッカッチョの『デカメロン』で、次がウィリアム・ジョン・ロックの刊行されたばかりの新作小説『サイモン・ザ・ジェスター（*Simon the Jester*）』、次がチャールズ・ディケンズの『デイヴィッド・コパフィールド』、さらにその次がバルフォアの書いた『ロバート・ルイス・スティーヴンソンの生涯（*Life of Robert Louis Stevenson*）』だった。

『デカメロン』は意外な選択だ。この本は全一〇〇話から成るが、その中には人間の性愛や堕落が描かれた話も多いからだ。レビックはいかにもヴィクトリア朝時代の人らしく、これを「実に退屈な作品」と評している。[17] だが、物語に書かれた人間の姿と、自身が観察したペンギンの生態に似たところがあることはレビックも気づいたはずである。『デカメロン』は一四世紀イタリアの作品だが、その中では、人間の飽くことのない性欲、不実、不貞が描かれている。そのすべてがペンギンにも見られることをレビックは知っていた。しかし、紙にアザラシの脂が染み込んだ日記には、暗い雪洞の中で何を食べ、どういう暮らしをしていたのかは事細かに書かれているが、ペンギンの生態についてはただの一言も書かれてはいないし、『デカメロン』の内容に言及した箇所もない。ペンギンに関しては、ただ食べるといかに美味しいかということが書かれているだけだ。

レビックはキャンベルの良き相棒、親友になった。キャンベルは確かに、思慮深い判断を下すことができる優れたリーダーではあったが、皆の心を鼓舞できるようなリーダーとは言えなかった。人の感情に訴えかけることや、人と心を通わせることはあまり得意ではなかったのだ。狭い雪洞に閉じ込められた、これ以下は考えにくいほどの惨めな状況下でも、キャンベルは海軍式の規律を守り通していた。たとえば、ブラウニングが寝過ごし、調理の開始が予定より遅れた時にはしっかりと叱責するなどしている。

レビックだけは、他の隊員たちと違い、そんなキャンベルと親しくなれた。二人は暗闇の中で長い時間、会話を交わした。文明社会に戻ることができればバイク旅行をしようという話もしていた。当然のことながら「旅先の宿で出されるはずの豪華な食事のこと」[18]も話題になり、「ワインから何から食事のすべてを極めて細かく具体的に」描写し合った。

故郷の長く伸びた道、おそらく今頃は白く埃っぽくなっている道のことを思うだけで不思議なほどに励まされた。他にも、緑の木々や色とりどりの花々、サマードレスを着た美しい女たちなど、人生を良きものにしてくれるすべてを思い浮かべた。帰国したら買おうと決めていたバイクのことも考えた。そうするうちに、この忌々しい小さな穴の扉を打ち破って外に出たい衝動にかられ始める。だが、出たところでそこには何もないつまらない平原がどこまでも広がっているだけである。何があっても絶対にサスカチュワンのような風景が見えることはない[19]。

レビックは想像の中でカナダのサスカチュワンにまで旅をしていた。作家になろうと決意した彼は、作品のためにいくつか「素晴らしい計画」を立てていた。その中の一つが「ロッキー山脈から大西洋に至るまでカヌーで旅をすること」だ。途中、「カナダのサスカチュワンを通り、そこのことを文章に書き、良い写真をたくさん撮る」[20]と決めていた。カナダに詳しいキャンベルが、旅の助けになればと地図を描いてくれた。

キャンベルと私は、サスカチュワンへの旅の計画を立てて長い時間を過ごした。ウィニペグ、エドモントン周辺のことに詳しい彼は、簡単な地図を描いて旅で取るべきルートを教えてくれた。

その旅をすれば綺麗な写真の載った良い本が作れる。期間は四ヶ月間もあればいいだろう。つまり、軍の六ヶ月分の休職給で十分にまかなえるということだ。

今ここに書いておけば、きっとあとで読み返すだろう。その時にまだ旅を実行に移していなかったら、逮捕され、銃殺刑にされても構わないくらいの気持ちだ。[21]

たとえ逮捕され、銃殺刑にならなくても、その前に他の理由で死んでしまう可能性の方が高かった。戻る途中、三〇〇キロメートルもの旅をする間にはクレバスに落ちる危険があったし、他にもレビックの命を奪いそうなものはいくらでもあった。

第二〇章　帰路

雪洞の中に横たわる男たちは、そこから脱出し、帰路についた時のことを何度も繰り返し考えたが、何よりも恐ろしいのはドリガルスキー氷舌だった。その恐ろしさは、シャクルトンのニムロッド遠征でダグラス・モーソンが磁南極に向かう苦しい旅を経験して以来、よく知られていた。そこはまるで地雷原のような場所だ。無数のクレバスが、いつでも通る者を呑み込もうと待ち構えている。だが、まだ危険な氷舌のことを考えるのは早過ぎると思えた。まず冬を越えて生き延びることがあまりにも困難なので、その前にエヴァンズ岬へ旅のことを想像しても無駄だ。エヴァンズ岬までは元々、海氷の上でそりを引いて行ければ、と考えていた。長く寒い冬の間は、海面が凍結するはずからだ。ところが、一度、決死の覚悟で雪洞から飛び出して確認したところ、あまりの強風で海が大きく波立ち、そのせいで水がまったく凍っていないことがわかった。たとえ一部、凍っている場所があったとしても、不安定で強度が十分でなく、その上を渡るのは危険だ。つまり、ドリガルスキー氷舌の上を通る以外に選択肢はないことになる。レビックはその時の不安を日記にこう書いている。

私はやがて始まる旅を楽しみにしているが、一方で複雑な思いも抱えている。おそらく全員が同じだろう。ここでの惨めですさんだ暮らしから抜け出せることは嬉しい。だが、条件がとても良いとは思えない時期にドリガルスキー氷舌を越えることを考えると気が重くなる。(1)

また、いつ旅立つかという判断も重要だった。キャンベルは一刻も早く雪洞を離れたいと思っていたが、レビックとプリーストリーは、温度が十分に上がって移動が楽になる時期まで待った方がいいという意見だった。

キャンベルは九月二二日出発のつもりでいると言う。プリーストリーと私は、一〇月第一週の終わりまで待った方がいいという考えだ。その頃には気温もかなり上昇しているはずだ。早く出発すべき理由は見当たらない。(2)

キャンベルはそのままでいけば、アムンゼンと同じ失敗をするところだったのだが、だが、実際にはそうならなかった。九月いっぱいは全員が酷い下痢で、とても旅立つだけの元気はなかったからだ。歩くことすらままならず、ただ頻繁に不規則な間隔で用を足すためにごく近距離を這って移動するのがやっとという状態だった。

注意をしてはいるものの、下痢の蔓延はどうしても止まらない。今夜はフーシュで、肝臓入りだった。においが酷く、明らかに「危ない」とは思ったのだが、結局食べてしまい、全員が下痢になった。下痢になるとプリーストリーと私が特に長引く。(3)

レビックは各人のその日の排便回数を記録している。「キャンベル　2。レビック　2。プリーストリー4。アボット4。ブラウニング3。ディッカソン2[4]」とある。

一九一二年九月五日、レビックが急いで排便場所に向かおうとすると、ちょうどプリーストリーも「一刻の猶予もない」という状態で同じ場所に向かっているところだった。[5]仕方がないので、まずは先にプリーストリーが用を足し、彼が寝袋に戻った後にレビックが用を足すことになった。キャンベルの日記によれば、レビックは四〇分そこにいて、それですっかり凍えてしまったという。

一九一二年九月六日の日記にレビックは「私たちの数少ない蔵書が異常な速度で姿を消している[6]」と書いた。要するにこれは、本の紙を何かに利用していたという意味だろう。レビックは、雪を掘ってくぼみを作っただけの小さなトイレの上でしゃがんで用を足し、済んだら『デカメロン』のページを破って尻を拭いていたわけだ。人間の性欲、不実、不貞を描いたこの作品を、興味を引かれながらも軽蔑し、嫌悪していたレビックの矛盾した感情がうかがい知れるような気がする。彼はちょうどペンギンに対するのと同様の感情を、この本にも抱いていたということだ。

＊

冬のある時点、南緯六七度のバレニー諸島でさえまだ夜が長く続いている時期に、そこに集結しているアデリー・ペンギンたちは、自らの下垂体からのホルモン信号を受け取る。そろそろ繁殖地を目指して移動を始める時だと知らせる信号である。海氷の上で時折、休憩する他はオキアミや魚を絶えず食べ続けていたペンギンたちは丸々と太っている。だがそれでも、ペンギンたちの旅はとてつもなく過酷だ。たとえば、ロス島で繁殖する者たちは、少なくとも一六〇〇キロメートルもの距離を泳がなくてはならない。しかし、何が何でも繁殖をせよというホルモンの指令、生物の本能は強力である。ペンギンたちは一度も立ち止まって考えたりはせずに旅立って行く。

＊

北隊は一九一二年九月三〇日、ついに雪洞の中から外へ出た。冬を越して生き延びられたことは奇跡だった。だが、まだまったく安心はできない。生きてエヴァンズ岬へと到達できる可能性は極めて低かったからだ。七ヶ月間、彼らは、レビックが皆に厳密に分配する食料だけで生きていたことになる。レビックが食料の管理体制を緩めたのは六月二二日、冬至の日の祝宴の時だけだ。その日は「私の人生の中でも特に忘れがたい日になった」[7]とレビックは書いている。

一月八日にテラノバ号を降りてからの九ヶ月近くの間、六人は同じ服を着続けていた。雪洞を出発する直前、全員が新しい服に着替えた。決して来ないかもしれないこの時のためにキャンベルがしまっておいた服だ。プリーストリーがアザラシの脂の染み込んだズボンを脱いだ時には、あまりに酷いにおいに全員が思わず立ち上がった。着替えが済むと、男たちは二台のそりにアザラシの肉、脂身、そして、ビスケットなど移動中に食べるための食料を積み込んだ。長い冬の間、空腹を抱えた隊員たちがいくら食べたがっても、レビックが頑として渡さずに取って置いた食料である。

南極の冬を雪洞の中で耐え抜き、今ここに生きて立っていることは、色々な意味で奇跡だとレビックには思えた。ただし、ディッカソンとブラウニングは慢性の下痢に苦しめられ、立っているだけでやっと、そりを引くなどとんでもないという状態になっていた。ブラウニングは特に深刻な状態だった。

ドリガルスキー氷舌の上を移動することは、意外にもそう困難ではなかった。少なくとも、ほぼアザラシの肉だけの貧弱な食料で何ヶ月も下痢になりながら耐え抜くことに比べれば楽に思えた。氷舌の上にそりを引き上げるのも、雪が積もって傾斜の緩やかな坂ができていたのでさほど苦労しなかった。しかもありがたいことに、クレバスはほとんどない。結局、イグルーの暗闇の中ではとてつもなく大きな障壁に思えていたドリガルスキー氷舌をわずか三日間で越えることができたのである。これでようやく六人は「助かるかもしれない」と思い始めたのだ。

もちろん他にも越えなくてはいけない障壁はあった。たとえば、食料の枯渇はその一つだ。だが、食料が底をつく危険が迫る度、アザラシを見つけてしのぐことができた。そしてついにバター・ポイントにたどり着いた。アトキンソンが置いていった食料がそこにはあった。二度と見ることもできないと思っていた食べ物ばかりだ。六人はそれを食べて満腹になった。一一月三日には二台のそりのうちの一台が壊れ、さらに三日後、ハット・ポイントのそばで残る一台も使えなくなった。そこでスコットがディスカバリー遠征で使った古い小屋からそりを一台、拝借することにした。すでに貯蔵所というより、記念碑のようになっていた場所だったが、久しぶりに役に立ったことになる。

一九一二年一一月七日、北隊の六人は全員無事にエヴァンズ岬の小屋に到着した。助かったのだ。小屋はほとんど見捨てられたような状態になっていた。そこにいたのは、料理人と、科学者のフランク・デベナム、二人だけだ。六人の姿を見た二人は驚いて青ざめた。「私たちを幽霊だと思ったに違いない」レビックは後にそう書いている。[8] 確かに、ある意味では幽霊のようなものだったかもしれない。死がほぼ避けられない状況から生還したからだ。

*

他の全員は不運なスコットの捜索に出ていた。スコットがすでに死亡していることは皆、わかっていた。

一九一二年一一月一二日。アトキンソン率いる捜索隊は、テラノバ号から降ろされた二頭の犬とラバたちを連れ、一〇月の終わり頃に出発した。アプスリー・チェリー＝ガラードの操縦する犬ぞりが、一トン貯蔵所から南へ一八キロメートルほど行った地点を移動していた時のことだ。前に座りナビゲーター役を務めていたチャールズ・ライトは、雪しぶきをあげて進むそりを右に向けるよう指示をした。気になる物を見つけたので、調べてみようというのだ。ライトが近くに寄って見るとそれはスコットのテントだった。二メートル近くも積もった雪に埋もれ、先の部分が数センチだけ出ていた。ライトは他の隊員たちを手招きし、チェリー＝ガラードに歩み寄ってこう行った。「これはあのテントだ[9]」

テントの入り口は見つけたが、暗くて中の様子はわからない。周りの雪を取り除いてはじめて、中の悲惨な様子を見ることができた。入り口の方に足を向けて横たわっていたのはバーディー・バウワーズだ。中ほどにはスコットが、寝袋が半分脱げた状態で、横向きに倒れていた。片方の腕はビル・ウィルソンの上に投げ出されている。肌は皆、くすんだ黄色になった部分と凍傷にかかった部分とのパッチワークのようになっている。チェリー＝ガラードが書いているとおり、彼の二人の友人もスコットも十分に助かる可能性があったのだ。実際、三月にチェリー＝ガラードはこのすぐそばまで来て六日間、それ以上南には行かずにただ待っていたのだった。彼の日記にはこう書かれている。

この光景を私は絶対に忘れることができないだろう。[10]

アトキンソンは、リーダーとして責任をもって三人の男たちが持っていた日記と手紙を回収した。彼が日記帳を取ろうとしてスコットの腕を動かした時、大きな音がした。「銃を撃ったような音[11]」だったという。腕が折れたのだ。ウィルソンのそばには、テニスンの『イン・メモリアム』が置かれていた。緑の表紙のその本はチェリー＝ガラードの愛読書で、夏にベアードモア氷河の上で、南極点に向かう隊に餞別として渡したものだった。

チェリー＝ガラードたちはテントを壊して三人の遺体の上にのせ、さらにその上に三・五メートルほどの高さの雪の塚を築いた。皮肉だったのは、ノルウェーのスキーの名手、トリグヴェ・グランが雪塚の上に、自身のスキーを使って作った十字架を立てたことだ。まさにその死の原因になったとも言えるスキーが、彼らの墓標になったのである。

捜索を終えたアトキンソン、チェリー＝ガラード、そしてデミトリ・ゲロフは、今度はエヴァンズ岬に向かって前進を始めた。そして一九一二年一一月二五日に、ハット・ポイントに到達した。チェリー＝ガラードはそこでキャンベルからの手紙を発見する。レビックが小屋の扉に鋲で留めておいたものだ。レビックはエヴァンズ岬から手紙を持ってスキーでそこまで来たらしい。北隊が無事だったという明るい知らせは、辛い時を過ごしていたチェリー＝ガラードにとって救いになった。彼は日記にこう書いている。

それは一年近くの間で最も嬉しい――そしてほぼ唯一の嬉しい知らせだった。(12)

北隊とテラノバ遠征の他の仲間たちとの待ちに待った再会は当然、嬉しいことのはずだったが、その喜びも、死亡したスコットたちの様子が詳しく知らされたことで相殺されてしまった。プリーストリーは、エヴァンズ岬に到着した時の自分たちについて「私たちには脂肪というものがまったくなかった。

痩せすぎて、脚も腕もしわだらけになっていた」[13]と書いている。雪洞の中で乏しい食料をやりくりしてかろうじて生きていたレビックたちは、小屋に戻ってからはとにかく大いに食べた。六人の体調が思いの外、良いようなので、誰もが驚いた。特にレビックはあっという間に太り、ヘンリー八世の肖像画そっくりの姿になった。ロンドンの聖バーソロミュー病院にいた頃と外見はほとんど変わらなくなったと言ってよかった。

*

一九一二年一一月一二日、コモンウェルス湾。一つの英雄的な旅が終わりを迎えてから五日後、そしてもう一つの旅の悲劇的な結末が確認されたその日、さらにもう一つの旅はまだ始まったばかりだった。ペンギンのオムレツの朝食を済ませたダグラス・モーソンと二人の仲間、ザビエル・メルツ、ベルグレーブ・ニニンズは、デニソン岬の基地を出発した。三人はできる限り東へと向かうつもりだった。元々はアダレ岬から向かうはずだった土地を探検するのだ。

それは困難な旅だった。南極高原まで上がらなくてはならないし、クレバスの多い氷河の上を進んで行かなくてはならない。一二月一四日までに五〇〇キロメートルほど進むことができたが、犬の一部が弱ってきた。そこで犬の編成を変えることにした。まず元気な六頭の犬には、ニニンズのそりを引かせる。そちらのそりにはテント、犬の餌、人間の食料の大半が積んであった。弱っている六頭の犬には、モーソンのそりを引かせる。そちらには非常用の食料と用具類、調理用の燃料が積んであった。スキーの名手であるメルツは、先頭に立って最適な経路を探す。それまで悪夢のように厳しい条件下を進んで来ただけに、その先は非常に穏やかで進みやすいように見えた。ところがメルツがある時、急に、後ろにいるモーソンに合図を送った。モーソンはそこに行ってみたが、はじめは何も変わったものは見えない。ところが、少し前に進むと、雪に埋もれてわかりづらいがそこにクレバスがあるのがわかった。モーソンはさらに後ろにいるニンズに合図を送った。モーソンはその後、メルツが進んだ軌跡を追うようにして進んで行った。

モーソンはこう書いている。

後ろから聞こえていた音が急になくなった。ただ、一頭の犬が悲しい声で鳴くのだけが聞こえた[14]…

ニンズが犬にむちを当てたと思ったのだが、振り返ってみると、そこにはニンズはおらず、そりも犬たちもすべてが消えていた。モーソンとメルツが急いで戻ると、そこには幅三・三メートルもの大きな穴があるのがわかった[15]。モーソンは穴の縁から身を乗り出し、下の暗闇に向かって叫んだ。

犬の鳴き声以外には何の音も返ってこない。犬が棚のような場所にいるのは何とかわかったが、そこでさえ五〇メートルくらいも下だった[16]。

それからの数時間、二人はただ打ちひしがれて黙っているか、時折、クレバスの中に向かって虚しい呼びかけをするかで[17]、あとは何もできなかった。まるで雪崩にあったように、突然、悲惨な状況に追い込まれてしまったのだ。残されたのは人間用の一週間半分の食料だけであり、犬が食べるものは何もなかった。テントすらない。基地からは五〇〇キロメートル近くも離れた位置にいた。基地からここまで一ヶ月以上かかっているのだ。しかも来る時には食料が十分にあったし犬も元気だった。食料の少なさからすれば、二人はほぼ間違いなく餓死することになる。その前にどこかでクレバスに落ちるかもしれないが、餓死の方がはるかに確率が高いだろう。もはや「確率」などという言葉では合わない。確実に死ぬと言った方がよかった。残っているのが一人だけならば、たとえスコットであっても犬を食べて生き延びる可能性はあったが、二人が生きて小屋まで戻るのにはどうしても食料が足りない。

二人が直面した状況は、実を言えば、アデリー・ペンギンたちがほぼ毎年、雛を育てる時に直面する状況とそう変わらない。二羽の雛を育てるのに十分な餌がペンギンたちの手元にあるわけではない。乏しい餌を二羽の雛にどう分ければいいのだろうか。

＊

二〇〇五年一月一五日。私は息子のダニエルと、一人の助手とともにヘリコプターでバード岬まで来た。B-15A、C-16という二つの氷山はまだ、ロス島の北東に留まったまま動かない。ヘリコプターから見ると、B-15Aは棚氷の破片には見えず、むしろ棚氷そのものに見える。それくらいに大きい。何しろ、見渡す限り白く、上が平らになった氷が続いているのだ。水平線がすべて氷の壁に覆い隠されてしまう。ペンギンのコロニーのそばには氷のない海が見当たらない。全面的に大量の海氷で埋め尽くされてしまっている。シャチの小さな群れが、何とか氷のないところを伝って泳いでいくが、ペンギンのほとんどは、コロニーから離れる時も戻る時も、白い海氷の上を並んで歩いている。

ペンギンのコロニーは紛争地帯と化していた—まさに戦場だ。その年も、前年、その前年も、多数の雛が餓死し、その死骸が積み重なっていた。ロス島のペンギン・コロニーのすぐそばまで巨大な氷山がやって来て動かなくなった二〇〇〇年以降、氷のない海までの距離が伸びて餌の確保が困難になったのだ。おかげで、繁殖の成功率が極端に下がった。南極は気温が低く、空気が乾燥しているため、餓死した雛の痩せ細った死骸は「フリーズドライ」の状態になって残る。乾いて平たくなった死骸はダンボール紙のようにも見える。トウゾクカモメたちも食べようとはしないので、数が減ることはなく増える一方である。

どうやら今回の繁殖期は、普段に比べて雛の数が少ないようだ。雛よりも成鳥の数がはるかに多い。雛が孵る前に卵を捨てた親鳥が多く、本来は子育てをしているはずの時期に何もせずにいるらしい。

つがいが育てる雛が一羽だけの場合、雛がクレイシを作り始める時期に取るべき行動は実に単純だ。とにかくできるだけ多くのオキアミや魚をできるだけ早く雛のために持ち帰って来ればいい。あとは何もする必要はない。だが、育てる雛が二羽で、しかも、十分な餌を手に入れるのが簡単でない年には、親鳥はある重要な選択をしなくてはならない。共倒れの危険を冒して二羽の雛に平等な量を餌を与えるよう努めるのか、それとも、一方を犠牲にして一方の雛だけを「ひいき」し、一羽だけでも生き残って成長する可能性が高まるようにするのか、という選択だ。

アデリー・ペンギンの親には元来、雛に平等に餌を与えない習性がある。ペンギンには珍しく、いわゆる「フィーディング・チェイス」の習性を持つ種の一つだ。雛がクレイシを作るようになると、大量の餌を腹に抱えてサブコロニーに戻って来た親鳥は、クレイシの雛たちに向かって大きな声で鳴く。その親鳥の雛は、当然、自分の親が呼んでいることをすぐに察知し、急いで近づいて行くのだが、後ろからは他の無関係の雛たちも騒がしく鳴きながら大勢ついて来ることが多い。親鳥は当然の責務として自分の子に餌を与えるのかといえば実はそうではない。何と親鳥は踵を返して、走り去っていくのだ。そのあとを雛鳥たちが追いかけることになる。途中で、血縁関係のない雛たちが一羽一羽と興味を失い、脱落していく。だが、親鳥はなかなか止まらない。何百メートルも走り、時にはサブコロニーの外まで出てようやく立ち止まり、最初に追いついてきた一羽の雛にだけ餌をやる。そして再び走り始めるのだ。

クレイシを作る時期の雛は耳のないビール腹のコアラといった外見をしている。洋梨型のグレーの綿毛の塊から二本の柔らかい翼（フリッパー）が生えている。立ち上がると三〇センチメートルくらいの身長がある。単独ではまだまったくの無力で、トウゾクカモメからも強い風からも身を守ることができない。大勢がまとまり、それを子のいない何羽もの成鳥たちが取り囲むことで安全を保っている。だが、トウゾクカモメに襲われる危険があるにもかかわらず、親鳥が雛たちを放置してサブコロニーの外の緩衝地帯まで行ってしまうのはなぜなのだろうか。ダニエルと私が観察していてまず気づいたのは、放置された雛たちはかなりの数がトウゾクカモメに襲われ、無残に殺されてしまうということだ。トウゾクカモメは通常、二羽一組になり、雛を左右から引っ張って引き裂いて殺す。その間わずか三〇秒ほどだ。元来は小さなコアラのようなペンギンの雛ではなく、魚を獲るためにできているはずのクチバシを実に器用に使う。

わざわざ手間をかけてフィーディング・チェイスのような奇妙な行動を取るのは、おそらくそうして餌を与えることに何らかの利点があるからだろう。この方法だと、二羽の雛のうち、より生き残る可能性の高い一羽だけに餌を与えることができる。特に餌が乏しい時には、その少ない餌をその方が有効に活かせるということなのではないだろうか。アデリー・ペンギンは三日の間隔を空けて二個の卵を生む。二個目の卵を生むまでの間は最初の卵だけを温めることになる。そして、孵化は最初の卵の方が二個目の卵よりも一日かそれ以上、早くなる。つまり、最初の卵から出てくる雛は、弟や妹に比べると、早く生存競争を開始できるということだ。早く生まれた雛は、あとから生まれた雛よりも大きく成長し、たくましくなるので、走るのも速く、フィーディング・チェイスにも勝って餌を獲得できる可能性が高い。餌が豊富な時であれば、競争に遅れたとしてもまだ餌が残っているかもしれない。だが、餌が乏しい時には、勝者の総取りになるはずだ。少なくともそうだと考えられた。専門の研究者たちは、これを「えこひいき」ではなく「選択的な雛の間引き」と呼んだ。この方法で親鳥たちは、手に入る餌の量に合わせて雛の数を調整しているということだ。魚やオキアミが多く獲れなければ、一方の雛がフリーズドライになってしまうが、それでも少なくとも一方の雛は生き残る可能性が高くなると思われる。

これで、一見不合理に思える行動を綺麗に説明できたようだが、実はこの種の説明は誤っていることが多い。私はバード岬でその前年にもフィーディング・チェイスの観察をしていたが、真相はこの仮説のまったく逆らしいとわかってきた。餌の分配を不平等にするためと思われたフィーディング・チェイスだが、実際にはそれによって餌の分配はより平等になっていた。大きい方の雛ばかりが好き放題に餌を食べてしまうのではなく、小さい方の雛にもこれによって食べるチャンスが生まれていたのだ。確かに大きい方の雛（人間で言えばモーソンということになるだろうか）は先に親鳥に追いついて餌をもらえるかもしれないが、大きい雛が親から遠く引き離されることも多い。その時には小さい方の雛（こちらは人間で言えばメルツということになるだろう）も餌にありつける。間引きどころか、親鳥はできる限り育てる雛の数を増やそうとしていると考えられるわけだ。

二つの仮説のうち果たしてどちらが正しいのだろうか。困ったことに、食料が豊富な時には、結果はどちらの場合も同じになる。食料が豊富なら二羽の雛はどちらも餌をもらえる。両者の間で違いが生じるのは、餌の量が乏しく、両方に食べさせるには十分でない場合だけだ。前者が正しければ、餌が乏しい時には、先に生まれた大きい雛だけが、後に生まれた小さい雛を犠牲にして生き延びるはずだ。だが後者が正しく、餌が平等に分け与えられるのだとすれば、両者とも生き延びる可能性はあるが、成長は著しく遅くなるだろう。

どちらが正しいのかを知るために意図的に実験をするのも難しい。ペンギンたちから故意に餌を奪うのは倫理的に見て許されることではない。そんな実験に賛同しそうなのは一九世紀の極地探検家、パー・サビオくらいのものだろう。だがB‐15A、C‐16という二つの氷山が偶然にも実験の機会を私たちに与えてくれた。この氷山のせいで親鳥たちは餌場まで長い距離を移動しなくてはならず、どうしても雛に餌を持ち帰る量と頻度が減ってしまった。

観察していて私たちがまず気づいたのは、雛が一羽だけの親鳥たちはあまり遠くまでは走らず、走る頻度も低いということだ。やはりフィーディング・チェイスは、二羽の雛への餌の分配を主な目的としているらしい。二羽の雛がいる時には、走る距離も長くなるし、親鳥たちは何度も繰り返し走る。そして、この時のように餌が乏しい状況でも、フィーディング・チェイスで二羽の雛の両方に餌が与えられていることも確認できた。モーソンのように大きい雛もメルツのように小さい雛も食べることができるわけだ。

＊

チェリー＝ガラードはアデリー・ペンギンのフィーディング・チェイスを目にした時、目の前で起きていることを受け入れるのに苦労したのではないだろうか。テラノバ号が迎えに来るのを待っていた男たちには、思いがけない機会が与えられることになった。ロイズ岬への旅だ。チェリー＝ガラードはアデリー・ペンギンの研究がしたいと思っていた。アデリー・ペンギンのコロニーまで行き、胚の収集をしたいと考えた。不思議なのは、世界初のペンギン生物学者であるはずのレビックが、さらにペンギンの観察ができる機会を放棄し、エヴァンズ岬に留まったということだ。そこで写真を撮り、書き仕事をすることを選んだのだ。

おかげでチェリー＝ガラードには、フィーディング・チェイスに関して好きなように意見を言う自由が与えられた。特に裏づけとなる事実、データを収集しなくても、言いたいことが言えたのだ。チェリー＝ガラードは、フィーディング・チェイスの目的を、小さく弱い雛の間引きだと考えた。日記にもこう書かれている。「アデリー・ペンギンは厳しい場に生きている。エンペラー・ペンギンの生きる場はさらに酷い。そういう場では、弱い者を即座に殺してしまっても不思議ではない。弱い者が繁殖を始める前に、いや、餌を食べ始める前に殺すのである(18)」

チェリー＝ガラードは、ジェームズ・マレーとはまた違った意味でロイズ岬のペンギン・コロニーに強く心惹かれた。

明るい日差しの中、一羽のペンギンが海面から顔を出したかと思うと、すぐに氷の下へと潜って行く。周囲には美しい山々。ペンギンたちの巣は、私たちのいるテントのすぐそばにある…地獄の扉まで行って戻って来た六人の男たちの暮らしはいったいどういうものだったのだろうか(19)。

もし彼がニムロッド遠征で動物学者の助手を務めるくらいの人間だったとすれば、きっと自分こそが世界初のペンギン生物学者であると言い張ったはずだ。しかし、何も言っていないということは、おそらくそれまで熱心にペンギンの観察をしたことはなかったのだろう。ロイズ岬での彼のアデリー・ペンギンの観察は、クロージャー岬でのエンペラー・ペンギンの観察に比べると科学的に厳密なものとは言えなかった。「地獄の扉」まで行って戻って来たばかりの六人の男たちとはまったく対照的な態度だったのだ。

地獄の扉から戻ったうちの一人であるプリーストリーにとって、そのロイズ岬への旅は嬉しいものだった。念願のエレバス山に登る絶好の機会になったからだ。シャクルトンの遠征に参加した際には、まさにその山でブリザードに遭い、寝袋の中で三日間を過ごすという瀕死の体験をしている。プリーストリー以外には、ディッカソンとアボットもロイズ岬に向かう隊に参加していた。皮肉にも、高度一五〇〇メートルまで上がると、遠くにメルボルン山がはっきりと見えた。メルボルン山があるということは、彼ら六人が惨めな暮らしを送ったエヴァンズ入江はそのすぐ近くということである。長い冬を過ごしていた時には、まさか安全な場所から、そしてこれほど遠くから同じ場所を見ることになるとは夢にも思っていなかった。何ヶ月も厳しい生活をした彼らの体調はまだ完全に戻ってはいなかった。たとえば、ディッカソンはその時も高山病に苦しめられていた。

一九一二年一二月一二日、プリーストリー、アボット、ノルウェー人のグランともう一人の隊員は、標高三八〇六メートルの活火山、エレバス山に登頂することができた。ロスの船にちなんで名づけられた山の噴火口の縁に彼らは立った。

＊

一九一二年一二月一四日。モーソンとメルツの前には、エレバス山よりもはるかに大きな山が立ちはだかっていた。二人はそりをできるだけ軽くするため、持っていた荷物のうち、捨てられる物はすべて捨てた。自分たちは食料の入っていた袋を煮て「薄いスープ」[20]を作って飲み、犬には「使い古して擦り切れた手袋や、トナカイ皮のブーツなど、使う必要のない動物の皮」を与えた。犬たちは皆それを貪り食ったという。しばらくの間、クレバスの縁でニニンズの葬儀をしたあと、二人は西に向かって進み始めた。それは死への行進だった。ニニンズと同じく二人もこのままでは確実に死んでしまう。もはや死は時間の問題だと言えた。

二人はすぐに犬を一頭殺すことになった。その犬の肉を他の犬に与え、自分たちも少し食べた。人間よりもさらに飢えていた犬の肉は、「固く、繊維が多く、脂肪というものが少しもなかった」[21]。モーソンが「まともに噛むこともできない」と言ったほどだった。冬の間のレビックと同じく、モーソンは慎重に計算をする必要があった。基地にたどり着けない限り、乏しい食料が増えることは一切ない。持っているものでやりくりするしかないということだ。もちろん今日、前進するための食料も必要だが、明日の旅のための食料も残しておかなくてはいけない。

人間も犬も同じくらいの速さで飢え、体調を悪化させていった。テントもなかったので、メルツはそりを覆う布を使って、夜眠るためのシェルターを作った。といっても、高さは最も高いところでわずか一・二メートルしかなく、二人がようやく入れるくらいの広さの間に合わせのシェルターである。だが、氷のブロックで周りを取り囲めば、ほぼやむことのない強風からどうにか身を守ることはできた。

モーソンは一日に食べられる食料の量を正しく計算していた。ただし、その計算は特に難しいものではなかった。

二人で旅をしているのだから、当然のことながら、あらゆる食料は可能な限り二等分するということになる。(22)

一九一二年一二月二八日。二人は最後に残った犬を殺した。頭部を煮て、交替で少しずつ中身を食べた。ちょうど半分ずつ平等に分けて食べたのである。アデリー・ペンギンの二羽の雛と同じだ。しかも、二人は親鳥の介入なしでそれができた。フィーディング・チェイスなど必要ではなかった。

しかし、厳密には分け前は平等ではなく、モーソンの方が少し多く食べたのかもしれない。確かに二人はどちらも体調を悪化させていた。二人とも身体の広い範囲で皮膚を失った。あちこちで皮膚が大きく剥がれ落ちてしまっていたのだ。ただ、特に酷い状態だったのはメルツの方だ。確かに天候が悪すぎて間に合わせのシェルターの中で寝たきりになって動けないことも多かったが、たとえ天候が良くなってもメルツにはもう前進する力は残っていなかった。

スコット、ウィルソン、バウワーズはオーツの体調悪化によって前進が遅れたが、それと同じことがモーソンにも起きた。それでもモーソンはメルツから離れなかった。一九一三年一月六日の日記にモーソンが書いたのは、オーツとともにいたスコットが書いたとしても不思議はない言葉だった。

長く退屈な夜。私自身はまだ前に進むことができるが、ザビエルがいるのでここに留まらなくてはならない。この先も状態は良くなりそうもない。だから私たち二人が生き延びる可能性は時を経ることに少なくなっている。(23)

翌日になってもメルツの体調は改善されず、まったく動くことができない。モーソンの日記の文章はますますスコットのものに近くなる。「酷いことだ。自分のことなら仕方ないと思えるが、他人が苦しむのを見るのは辛い。どうか助けて欲しいと神に祈る」[24]

一九一三年一月八日になって間もなく、メルツがすでに死亡していることがわかった。モーソンが手を触れると、メルツの身体はもう固くなっていたのだ。ブリザードは吹き荒れ、食料はほぼなくなっている。だが、小屋まではまだ一六〇キロメートルほどの距離があった。もはや食料の配分を計算する必要すらない。[25]

小屋にたどり着ける見込みはほとんどない。寝袋の中で寝ている方が楽だ。この天候では外に出ることもできない。

その後三日間、モーソンはその場から動くことができなかった。動けない間に足の痛みがあまりに強くなったので、ブーツを脱いで状態を確認してみた。自分の目で見た自分の足に彼は衝撃を受ける。「分厚くなった足の裏の皮膚が、完全にいくつもの層に分かれ、ばらばらになってしまっていた」[26]のである。モーソンは足に包帯を巻いて、ばらばらの皮膚を一つにまとめ、その上から羊毛の靴下を六枚重ねて履いた。

さらにまる一ヶ月を要したが、一九一三年二月八日、モーソンはどうにか奇跡的にデニソン岬の基地に到着した。オーロラ号はすでにその日の朝、出発したのだが、行方不明のモーソン、メルツ、ニニンズを探すべく、五人の隊員たちが次の冬まで残ることを自発的に申し出ていた。デニソン岬の小屋に立つ電波塔を使い、モーソンが戻って来たことを無線でオーロラ号へと知らせたが、天候が悪く船は戻って来ることができない。デイヴィス船長はやむなく、西隊の隊員たちだけをオーロラ号に乗せ、モーソンたちはその場に残すと決めた。つまりモーソンは食料の豊富な小屋にいるとはいえ、南極にいたまま次の冬を越すことになったわけだ。

＊

エヴァンズ岬にも、自分たちを迎えに来るはずの船を待つ男たちがいた。だが、テラノバ号がいったいいつ来るのか、そもそも本当に来るのかどうかさえ、彼らにはわからなかった。キャンベルは軍の高官ということもあり、当然のごとくそこにいる隊員たちを指揮することになったのだが、元来、北隊がその場に残った目的から考えると、最高の皮肉とも言える行動に出た。一九一三年一月一七日、彼は隊員たちに、周囲にいるアザラシとペンギンを殺すよう命じたのだ。南極でもう一冬を過ごすことになった場合への備えだ。翌朝、チェリー＝ガラードは二頭のアザラシを発見し、殺して解体した。だが、その日の午後、ありがたいことに、蒸気を上げてマクマード入江に近づいて来る小さな船の姿が見えた。翌日、残っていたラバと犬を射殺し、小屋の扉を閉めて、隊員たちは全員、テラノバ号に乗り込んだ。船はその後、さらに南のハット・ポイントへと向かった。そこで最後の仕事をするためだ。最後の仕事とは、南極点に向かった隊員たちのために記念碑を立てることだ。

オーストラリアのジャラという堅い木を使って大工が高さ三・六メートルほどの十字架を作った。チェリー＝ガラードを含む七人の隊員たちは、ゴルゴタの丘を上がるイエスのように十字架を持って

「オブザベーション・ヒル」と呼ばれる高さ約二三〇メートルの丘を上がって行った。十字架には、南極点への到達には成功したものの帰路に命を落とした五人の男たちの名前が刻まれた。それに加え、聖書からの引用文も刻むべきではないかという意見が出てしばらく議論になったが、結局、チェリー＝ガラードの提案で、テニスンの詩の一節を刻むことに決まった。

丘の上に立つ十字架は地面からの高さが二・七メートルほどで、そこから棚氷を見下ろしているようである。五人の男たちにとっては冒険の経路であり、休息の場所にもなった棚氷だ。チェリー＝ガラードは、十字架のそばの玄武岩を拾って、ビル・ウィルソンの妻、オリアーナに夫の形見として持ち帰ることにした。チェリー＝ガラードは日記に「棚氷に向かい、私たちは三度の乾杯をし、さらにもう一度、乾杯をした(27)」と書いている。

＊

一九七七年一〇月一八日、私はその日、南極でのはじめての夜を過ごした。当時、二三歳。南極ではじめての夜を過ごした時のマレー・レビックよりもちょうど一〇歳若かった。二四歳だったチェリー＝ガラードの方がレビックよりはるかにその時の私に近い年齢だったことになる。若く経験も浅かったチェリー＝ガラードが、ビル・ウィルソンの庇護の下にいたのと同様、私にもやはりゴードン・グリッグという年長で経験も豊富な動物学者がついていた。夜中に私たちはスコッチの瓶を持ってオブザベーション・ヒルに登った。そこはちょうどニュージーランドのスコット基地と、アメリカのマクマード基地の中間にあたる。夏とはいえまだ時期が早かったので、真夜中には太陽は沈むのだが、それでも南西のディスカバリー山を取り囲む雲は明るいオレンジに輝いていた。十字架は長い年月の間に風化してはいたが、横木に刻まれている文字をはっきりと読むことができた。

隊長キャプテンRFスコット海軍大佐
EAウィルソン医師　キャプテンLEGオーツ陸軍大尉HRバウワーズ海軍少佐
副隊長Eエヴァンズ海軍少佐

隊員たちの名前の下、十字架の縦木には、チェリー＝ガラードが選んだテニスンの詩の一節が刻まれていた。

戦い、探し求め、発見し、そして決して後へ引かない

私たちは十字架の根元にもたれ、瓶から直にウイスキーを少し飲んだ。とても寒かった―マイナス三〇度くらいだっただろう―が、長くその場にいた。ウィスキーで身体は温まったし、その風景には厳しさの中に美しさがあったからだ。その時の私は、南極点から戻る途中で亡くなった五人の男の物語は知っていたけれど、この十字架がここに来るまでを見届けた北隊の六人の男たちについては何も知らなかった。

＊

ショカルスキー号はマクマード入江に着き、ハット・ポイントのスコットの小屋のそばに停泊した。

一九〇二年にスコットがディスカバリー号を停泊させたのとほぼ同じ場所だ。それは私にとって一五回目の南極への旅だった。この時、私は再び夜中にオブザベーション・ヒルに登り、十字架をよく見てみた。その時の私はすでにレビック、キャンベル、プリーストリー、アボット、ブラウニング、ディッカソンのことをよく知っていた。スコットたち南極点に到達した男たちは死んで英雄になったが、レビックたち北隊の面々は生き延び、英雄にはならなかった。私はなぜそうなったのだろうと考えずにはいられなかった。

ショカルスキー号がエバンズ岬に着いた時、私はスコットの小屋まで行ってみた。その小屋を見て心を動かされずにいるのは不可能だ。寒く乾燥した南極の環境のおかげで、小屋の保存状態は極めて良い。テラノバ号に乗り込むべくキャンベルが小屋の扉を閉めたのがついさっきのことなのではないかと思える。最初にこの小屋に来た時、最も印象に残ったのは、犬の骸骨だ。犬は骸骨になってもつながれたままで、おそらく射殺された時から変わることなくそこに横たわっていた。犬の骸骨は誰かが持ち去ったのか、すでになくなっていた。この時の私は、スコットのベッドを見て胸が張り裂けそうな気持ちになった。小さな窓から入り込む柔らかい光で、暗い小屋の中の様子が見えたのだが、カリブー皮の寝袋がそこにあるのもわかった。寝袋は広げられたままになっていて、まるでスコットが戻って来るのを待っているように見えたのだ。

その痛ましい光景を見て私が悲しい気持ちになったのは、スコットだけでなく、私が追いかけているレビックのことを考えたからだ。私はその時ふと、レビックが生還できずに死亡していたら、彼もやはり英雄になり、日記も当時から公開されることになったのではないだろうかと思った。だが実際には、レビックは無名の隊員の一人として母国に戻り、その奇跡的な生還の物語は、死亡したスコットを称える声にかき消されて消えてしまった。同時に、彼が残した動物学ノートの内容も、一世紀以上ほぼ誰にも知られないままになったのだ。

＊

一九一三年一月二六日。ロス海から出るまでの途上、テラノバ号は、テラノバ湾のイネクスプレシブル島に立ち寄った。北隊が収集した地質試料を回収するためだ。また、六人の男たちがとてつもなく厳しい冬を過ごした雪洞を他の隊員たちに見せるためでもあった。キャンベルの先導で雪洞まで行った中にはウィルフレッド・ブルースもいたが、そこで見たものに驚き、日記にはこう書いた。

何もかもが真っ黒で、恐ろしいほど脂まみれになっていた。脂くささも強烈だった。[28]

昔の上司だったロバート・ファルコン・スコット大佐にテラノバ遠征への参加を申し出た時、マレー・レビックの頭にあった南極はそういう場所ではなく、とにかく広大な真っ白い大陸だった。また、実際のペンギンの生態も、南極に来る前にレビックが頭に思い描いていたものとは違うとわかった。

せっかく進めていたペンギンの研究を途中ですべて放り出して帰ることをレビックは悲しんでいたかもしれないが、それを口に出すことは決してなかっただろう。アダレ岬を通り過ぎ、南極を離れて行くテラノバ号の乗組員たちを覆っていたのは、何と言ってもスコット大佐と四人の仲間たちを失った悲しみだったはずだからだ。それ以外のことを言うのは難しかったに違いない。

第五部　南極のあと

売春

マレー・レビックが生まれたヴィクトリア朝時代のイギリスは道徳に厳しく、性に関して抑圧的で、売春は大きな社会悪であるとみなされていた。当時、ロンドンだけでも、八六〇〇人を超える数の娼婦がいると推定された。娼婦のほとんどは、貧困層か労働者階級の女性で、客となるのはほとんどが中産階級か上流階級の男性だった。女性たちにとって、売春は職が得にくい時の生計手段、生き残るための糧となっていたし、男性にとっては、性に極端に抑圧的な社会において欲望のはけ口となっていた。

売春に関する記述が文献にはじめて現れるのは、紀元前一八世紀のことだ。確かに「最古の職業」と言われるだけのことはある。ただ、それは売春が人間だけのものだと仮定しての言葉だ。誰もがそう思っているからこそ成り立つ言葉だろう。結局、性的な接待への対価となり得る何らかのかたちの通貨がなければ売春はできないのだから当然の考えだと思える。売春をするためには、硬貨なのか、ヤギなのか、その形式は問わないが、ともかく何か価値のあるものを提供して買う者がいる必要がある。

人間以外の動物が、無生物の対価を受け取って、性的な接待をするとは考えにくい。ましてや、ヤギを対価にするなどあり得ないだろう。数いる動物の中で、よりによってペンギンが売春をするなど、想像もしなかった人がほとんどのはずだ。アデリー・ペンギンにとって、価値ある無生物とみなせるものが何かあるとしたら、それは小石しかないだろう。アデリー・ペンギンは、巣を作る時に小石を使うからだ。巣の周りに小石を並べる。アデリー・ペンギンのメスは、その小石を対価にして売春をする。ペンギンの屍姦や小児性愛、自慰や強姦を目撃したマレー・レビックでも、想像もしなかったことに違いない。性に抑圧的なヴィクトリア朝時代のレビックでさえ、売春などするのは人間くらいだと思っていたはずだ。

だが、動物が常に激しい生存競争にさらされていることを考えれば、人間だろうが、他の動物だろうが、道徳など無関係に条件次第ではたとえどういう行動であっても取り得る可能性はある。そこに限界はまったくないのだ。

第二一章　男たちのその後

　私はショカルスキー号での旅に大きな期待を寄せていた。きっとその旅でマレー・レビックについて多くのことが明らかになるだろうと思っていたのだ。だが、実際には期待したほどの成果は得られなかった。確かに、レビックが南極でなぜペンギンの研究をすることになったのか、その理由はわかった。彼は、複数の要因が積み重なったことで世界初のペンギン生物学者になったのだ。また、レビックが南極で壮絶な体験をした後に生還したのだということ、彼がまさに英雄と呼ぶにふさわしい人物だったということを私は知った。しかし、南極への旅のあとにレビックが取った行動の理由は結局、わからなかった。ペンギンについて自身が集めたデータのうち、最も重要で、最も驚くべき部分をなぜ、公表することなく隠したのか。レビック自身の意思だったのか、それとも誰かに求められてのことだったのか、結局わからない。

　私は施錠された門の前に立っていた。塀には「監視カメラ作動中」という看板が掲げられている。ロアルド・アムンゼンの自宅の入り口だ。バネフィヨルデンのほとりのウラニエンボルグにある。私がここに来たのは、レビックに大きな影響を与えた男たちの運命が南極からの帰還後にどう変わったのかを知るためだ。

　アムンゼンは勝者となった。世界ではじめて南極点に到達したのは彼だった。だが、南極探検の物語の中で、彼は悪役にされることが多かった。冷酷で計算高く信用ならない男とされ、南極点に到達できたのは自分の力でなく犬たちのおかげだと言われた。私が七歳の時に読んだのはまさにそういう物語である。

私の後ろには、犬たちの働きの大きさを証明するような像があった。周囲より少し高くなったところに立つアムンゼンの像は、遠くを見つめている。南極点到達の名誉は決して他人には渡さないという執念を感じる目だ。そして、彼のすぐそばには、そりでも、スキーでも、もちろんシグリットでもなく、一頭の犬の像があった。

ナンセンや国王を故意に騙したことも、少なくともアムンゼンの名誉を高める役には立たなかっただろう。彼に計算高く冷酷なところがあったのもおそらく事実だろう。南極からの帰途、南米に滞在していた際に、彼はシグリットが自分との関係を復活させたいと望んでいることを知る。だがノルウェーに戻ったアムンゼンは、友人のヘルマン・ゲイドを通じ、自分はもう二度と会うつもりがないことを彼女に伝える。

ただ、レビックがアデリー・ペンギンの奔放な性行動を隠蔽したのと同じように、アムンゼンも自分のそういう面を世間の目からは隠そうとしていたが、シグリットとの出会いによってアムンゼンの人間性のロマンティックな部分が解放されていたことも確かなようだ。アムンゼンの「恍惚のディスプレイ」に一人の若い女性が惹きつけられ、彼のパートナーはシグリットから彼女に交替した。外見はシグリットに似た女性だ。当時まだ二六歳と若く、美しかった彼女も、やはり既婚だった。本名はクリスティン・エリザベス・ベネットだが、「キス」というニックネームにふさわしい人だったようだ。

その年、アムンゼンはすでに、自身の南極探検のことを書いた本を出版していた。『南極点（中田修訳、朝日新聞社、一九九四年）』という簡潔なタイトルがつけられた本の第二章の冒頭で彼は、レックス・ビーチという作家の印象的な文章を引用している。

成功の神は女である。彼女は口説かれることより、奪い去られることを望む。彼女は捕まえて、連れ去ってしまわなくてはならない。マンドリンを抱えて窓辺に立っているようではいけない。(1)

アムンゼンは自分の心の第二章もまさにこの文章のとおりに始めようとした。キスを捕まえて、連れ去ろうとしたのだ。しかし、キスがそれを拒んだ。死後はキスに自宅を贈ると遺言に書いたことさえあった。私はまさにその家の前にいたのである。

私はあたりを見回した。誰もいない。警報装置が作動しないよう、監視カメラのモニターを見ている人がいないよう祈りながら塀を乗り越えた。

大きな家だ。厚い石の土台の上に、グレーと白の二階建ての家が立っている。フィヨルドは間近で、森もそばにある。私はこれほど美しい家はそれまでに見たことがなかった。玄関から桟橋までの間にはわずかに平坦な土地があった。アムンゼンがフラムハイムの小屋を立てたのはここに違いないと思った。シグリットの助けを借り、彼はじっくりと小屋の住心地を試したのだ。冷酷と思われていたアムンゼンだが、キスに家を贈ることにしたのは、彼女を心から愛していた証拠だろう。彼女を奪い去るのではなく、窓辺でマンドリンを弾いて、気を惹こうとしたわけだ。

立ち去る前に私はもう一度、アムンゼンの像を眺めた。アムンゼンは実際には表向きとは全く違った人だったのかもしれない、だとすればレビックについても同じことが言えるのではないだろうか。実は、最初に論文を読んだ時に思ったような、ヴィクトリア朝時代の価値観に凝り固まった堅物などではなかったのかもしれない。アムンゼンもレビックも、南極から戻って来たあとには葛藤を経験することになったが、それは何も彼ら二人だけではない。

＊

一九一三年一月三日。ヤルマル・ヨハンセンは、オスロ中心部のソリス公園の雪の積もる小道を歩いていた。ヨハンセンはナンセンとともに北極点に、そしてアムンゼンとともに南極点に行くはずだったのだが、結局はどちらにも行くことはなかった。その四ヶ月あまり前、彼を含めたフラム遠征の隊員たちは国王ホーコン七世から南極メダルを授与された。ニムロッド遠征に参加したシャクルトンの部下たちが国王エドワード七世から極地メダルを授与されたのに似ている。だが、その後のヨハンセンは、極地の雪と氷ではなく、アルコールに行く手を阻まれることになった。彼は大酒飲みになり、妻に暴力を振るうようになったのだ。子供の頃からの夢に破れたショックから立ち直ることができなかった。エイヴィンド・アストラップやバートラム・アーミテージと同じく、ヨハンセンも拳銃自殺をしたのである。

＊

午後八時。私はソリス公園に着いた。ちょうどヨハンセンが自殺した日だ。公園は暗く、人気もなく、深さ一五センチメートルほどの雪に覆われていた。三角形の小さな公園だが、コンクリートとレンガから成る都市に残る自然の最後の痕跡というよりは、私にはただの荒れ地のように見えた。

私は公園の中央に立ち、あたりを見回した。雪の冷たさも、濡れてしまうことも気にせず、私はその場で跪いた。ポート・チャーマーズでチャールズ・ボナーの墓を見た時と同じ理由からだ。そこで死ぬのはあまりに悲しいことに思えた。極地を探検した気高い国家の英雄の死にはまったく似つかわしくない。ただし、チャールズ・ボナーの場合とは一つだけ違うことがあった。

その公園のそばには、公園を見下ろすように国立図書館が立っているのだ。サーモンカラーのレンガで造られ、美しく均整の取れた建物である。私は窓を見上げて、そこに収蔵されている本に思いをはせた。ヨハンセンは、ナンセンやアムンゼンとともに、自分の物語が書かれた本もそこに収められていると感じていただろうか。それとも、単に酒に酔って衝動的に死を選んだだけか。自分は所詮、その程度の人間だと思い込んでいたのだろうか。

もちろん、これは必ずどちらか一方だけが本当ということではない。両方が本当だということも十分にあり得る。

＊

一九一三年二月一〇日、未明の暗い時刻に、テラノバ号はオマルーの小さな港に到着した。ポート・チャーマーズから海岸沿いに少し北に行ったところだ。夜間警備員に身元を明かすことは拒否し、アトキンソン医師とテラノバ号を指揮したペンネル大尉が小型ボートで陸へと向かった。夜が明けてそれが可能になるとすぐ、二人は、ロバート・ファルコン・スコットと四人の仲間たちが死亡したことを伝える暗号化した電文を家族宛てに送った。遠征についてのニュースは、セントラル・ニューズ社が独占的に全世界に伝達するという契約になっていたので、その契約に従い、同社は彼らの死についての第一報を伝えた。その際には、スコットから人々に向けてのメッセージも伝えられた。ロス棚氷の上の、まだ彼の遺体が残るテントの中で、彼が一年近く前に書いた悲痛な言葉である。オマルーから発信された言葉は、ほんの少し北のリトルトンには、あえて三六時間という長時間をかけて伝えられた。

このニュースを最初に一般に報道したのは、ロンドンのデイリー・メール紙である。スコットが南極点到達競争に破れたことは、すでに全世界が知っていたのだが、彼に加えてウィルソン、バウワーズ、オーツ、エヴァンズの合計五人が生還できなかったことをほとんどの人はその時にはじめて知った。二月一二日の朝、テラノバ号がリトルトン港に入った時、港には半旗が掲げられていた。船を出迎える街の人すべてが五人の死を悼んでいるようだった。チェリー＝ガラードはこう書いている。

私たちが上陸した時には、帝国全体が―つまり文明世界のほとんどが―喪に服しているようだった。すべての人が自分の偉大な友人たちを喪ったと感じていたのだ。(2)

スコットは失敗したにもかかわらず、功績を認められ、称賛された。ヨハンセンとはまったく違う。デイリー・メール紙の報道は、もちろん故意にではないだろうが、スコットが失敗したからこそ称賛しているようでもあった。テニスンの詩も引用されていた。南極のオブザベーション・ヒルの十字架に刻まれたものとは違う。ジョン・フランクリンの死を受けてテニスンが書いた詩の引用だった。

ここではない！　南の白い地に君の骨はあり、君はそこにいる
船乗りである君の勇敢な魂がそこにある
君の今の幸福な航海にはもはや何の技も必要ない
地球の極に向かうことはもはやないのだ(3)

フランクリンは北極圏の北西航路を開拓する航海の途上で消息を絶った。彼が探検に使ったエレバス号とテラー号は、世界で最初にロス海に到達した船だったが、最後には北極海の底に沈むことになった。スコットと同じく、フランクリンも、極地探検の厳しい現実に対応するための準備が不足していたと言える。だが、なんとも皮肉なことに、まだ子供だったロアルド・アムンゼンが極地に行く夢を抱いたのも、スコットが南極点まで行って命を落としたのも、フランクリンの探検があったからだ。

自殺したヤルマル・ヨハンセンなどの例から見ても、人間は死ぬ時ですら公平ではないのだということがよくわかる。偶然にも、二人の極地探検家のパートナーたちがまったく同時に航海に出ていたことがあった。

一人はパキータ・デルプラットだ。彼女はその時、ルーン号に乗り、インド洋上にいた。船内のベッドで寝ていたパキータに給仕係がメッセージを届けた。婚約者のダグラス・モーソンが、南極で遭難したが辛くも生還したというメッセージだ。彼とともにいたザビエル・メルツとベルグレーブ・ニニンズの二人は亡くなってしまったという。彼女はこの知らせに激しく動揺したが、ダグラスが生還したことを喜んだ。彼がもう一冬を南極で過ごさねばならず、つまり少なくとも南極の冬が終わるまでは離れ離れになるとわかっても、ともかく彼が生きていることに感謝した。

もう一人はキャサリン・スコットである。キャサリンは郵便船アオランギ号に乗って太平洋上をポート・チャーマーズに向けて進んでいた。そこで夫のスコット大佐と再会する予定になっていたからだ。キャサリンはすでに三歳になっていた息子、ピーターを自分の母親の元に残して来ていた。イングランドを出発してからしばらくの間は冒険心が騒いで鎮めるまでにはかなりの時間を要した。だが、スコットと結婚してから、本当に心が鎮まったことは一度もなかった。彼女はアメリカを鉄道と馬で横断した。偶然にも、ニューヨークにいた時には、ビルのエレベーターでロバート・ピアリーと遭遇した。ピアリーは、アムンゼンを称える夕食会に参加するためそこに来ていたのだ。キャサリンは我慢できずに祝宴の場をこっそり覗き、夫を負かした男の姿を見た。彼女の日記には、その場のアムンゼンが「とても退屈しているように見えた」と書かれている。(4)

アオランギ号の船長がキャサリンを船室に呼び、彼女に電文を手渡した。スコットとその部下たちが南極点到達後に死亡したことを知らせる電文だった。

キャサリン本人によれば、彼女はその時、船長にこう言ったという。

ああ、そうですか。どうかお気になさらず。そうじゃないかと思っていました。どうもありがとうございます。それでは行きますね。ちょっと考えてみます。(5)

彼女は直後に九〇分間のスペイン語のレッスンを受け、デッキ・ゴルフを五ゲームもプレーしている。同じ日の日記にはこうも書かれている。「愛情があるからこそ私は高揚感を保つように努めた。心が悲しみでほんの少しでも汚されることがないように」(6)

夫の死に際してのキャサリンのこの冷静さは、彼女が夫の競争相手の師と寝たのと同じくらい不可解にも思える。しかし、彼女が元々、息子の英雄になれる男を夫にしたいと望んでいたことを考えれば理解できなくもない。彼女にしてみれば、息子の父親が本物の英雄になったのだから喜ばしいという思いがあったのかもしれない。たとえ死んでしまった英雄だとしても。

二〇一三年二月、ペンギンの奔放な性行動について記したマレー・レビックの論文がダグラス・ラッセルの手によって発見されてから一年後のことだ。その時、やはり約一世紀の間、発表されることなく隠されていた文書が一つ、日の目を見ることになった。ただし、これは論文ではなく一枚の紙に鉛筆で書かれたメモだ。

＊

エドワード・アトキンソン医師は、一トン貯蔵所から南へ一八キロメートルほど離れた場所で発見されたスコットのテントに入った時、凍結した三人の遺体から遺品を回収した。その中にキャサリンが鉛筆で書いたメモがあったのだ。スコットはその紙を心臓に近い位置のポケットに入れて持っていた。その中には、「ドードゥルズ」という愛称で息子のピーターに触れている箇所もあるが、大半の部分ではスコット自身のことを書いている。

覚えておいて―南にいるあなたに私が望むのは、危険を冒しても前に進むべきか、それとも引くべきか迷うことがあったら、必ず前に進んで欲しいということです。そして、誰かが危険に立ち向かわなくてはならない時は、必ずあなたがそれに立ち向かって欲しいということです。ドードゥルズと私に会う前のあなたがそうだったように、これからもそうしてください。愛しい人、私たちはあなたがいなくても大丈夫です。それは間違いなくそうですから、どうか安心してください。私はこの上もなくあなたを愛しています。神様はそれをご存知でしょう。でも、わかって欲しいのは、私とドードゥルズにとって何より大事なのは、決してあなたの物理的な命ではないということです。もし何か命を賭してやり遂げるべきことがあるのなら、是非、やり遂げてください。私たちにとって嬉しいのはそれだけです。わかってくださいますよね。わかってくださらなかったとしたら、それは本当に残念なことです。(7)

確かにそれは残念なことかもしれない。スコットがキャサリンのことをよく理解していたのはまず間違いない。

ニュージーランドに到着したキャサリンにはスコットの日記が渡された。日記にはキャサリンに宛てた手紙も添えられていたが、宛名は「私の未亡人へ」となっている。(8)もう自分の運命を悟っていたのだろう。手紙の冒頭には「愛する人、私たちは今、窮地に追い込まれていて、無事に乗り越えるのは難しいのではないかと思っている」とある。そのあと、スコットは「できるだけ、僕らの息子が博物学に興味を持つよう努力をして欲しい」と書いている。手紙は、彼の人生と同じく、唐突に終わっている。

どうやらそのための絶好の機会を逃したようなので、私たちは自らの命を絶つことはしない。最後まで貯蔵所目指して闘い続けるだろう。闘ってさえいれば苦しまずに最期を迎えられるから心配しないでくれ。(9)

ポート・チャーマーズのボートの上で別れた時も二人はキスをかわさなかったが、この最後の手紙にもやはりキスマークはなかった。これは、スコットがキャサリンのことを完全に理解していた証拠だろう。

＊

一九一四年三月三一日、南極から戻ったダグラス・モーソンは、メルボルンでパキータと結婚した。こちらはおそらく互いに何度もキスを交わしただろう。結婚の翌日にはイングランドに向けて出発して、五月三日にロンドンに着いている。ヴィトリア駅で二人を出迎えたのは、サー・アーネスト・シャクルトンただ一人だった。モーソンはまだ遠征のための数千ポンドの負債を抱えており、どうにかして資金を工面し、債権者への支払いをしなくてはならなかった。彼は五月二一日にキャサリン・スコットと夕食を共にしたが、その時、キャサリンは匿名で一〇〇〇ポンド提供すると申し出てくれた。『スコット最後の遠征（*Scott's Last Expedition*）』というタイトルで二巻セットとして刊行されるスコットの日記から入る印税で支払うという。モーソンにはその金を受け取る権利があるとキャサリンは言った。元は彼がアダレ岬に行く計画になっていたのに、スコットがマレー・レビックたちを派遣してしまったために、行き先の変更を余儀なくされたからだ。つまり、モーソンはスコットから償いを受けるのが当然、ということである。また、シャクルトンも援助を申し出た。四年前にアダレ岬へ行く計画を立てた時と同様に助けてくれたわけだ。ただし、それはむしろモーソンのためというより、シャクルトン自身の利益のためだった。シャクルトンはモーソンの船、オーロラ号を、当時計画していた新たな冒険に使うべく買い取ったのである。しかも三二〇〇ポンドという安値だった。

それから一ヶ月あまり過ぎた一九一四年六月二九日、モーソンは、国王ジョージ五世によりシャクルトンと同じくナイトに叙せられた。ただ、当時は少なくとも見かけ上、シャクルトンとモーソンはまったく対照的な人物と言ってもよかった。結婚してから長い年月が経ち、すっかり良き父親になっていたシャクルトンと、まだ新婚だったモーソンなので違って当然かもしれない。

南極遠征で長く禁欲生活を強いられたとはいえ、モーソンの繁殖能力はまったく損なわれてはいなかった。ペンギンで言う「再占領期」や繁殖の「練習」なども必要なかった。国王が彼を「サー・ダグラス」にした頃にはモーソンの精子はパキータの子宮に入り、受精が完了した。

だが世界では大きな出来事が続けて起き、時代は急速に変化していくことになる。モーソンがナイトに叙せられた日の前日、一九一四年六月二八日には、オーストリア＝ハンガリー帝国のフランツ・フェルディナント大公とその妻がサラエボで暗殺され、それをきっかけにヨーロッパが一気に戦争へと向かっていった。

それから一ヶ月も経たないうちに、後に「大戦争（第一次世界大戦）」と呼ばれることになる戦争の火蓋が切られた。

＊

テラノバ号に乗り、文明社会へと戻る旅の途上にあったレビックたち一行には、本来であれば無事に帰った後には当然の報酬として休息が与えられるはずだった。しかし、それにはあまりにも時が悪かった。大英帝国がドイツとの戦争に突入し、全世界がその戦争に巻き込まれるという時だったからだ。

しかし、かねてからスコットは、テラノバ遠征は南極点到達競争を目的とした遠征ではなく、あくまで主目的は科学研究であると宣伝していた。スコット、ウィルソン、バウワーズがそりに載せた重さ約一五キログラムの岩石標本を最後のキャンプ地まで捨てなかったのも、（その行動自体は適切とは言えないが）そうした理由があったからだ。遠征の生存者は、ドイツ人との戦いに赴く前に、どうしても自分たちの科学的発見を論文にまとめなくてはならなかった。

一九一四年三月、地球の反対側でダグラス・モーソンとパキータ・デルプラットが結婚した頃、マレー・レビックは、世界ではじめてのペンギンの本『南極のペンギンたち：その社会習慣の研究』を出版した。この本の基になったのは、青い大きな動物学ノートに書かれた観察記録である。六三年後、私はこの本を南極に持って行くことになる。だが、この本に描かれたペンギンの繁殖行動は、たとえばモーソン夫妻のような、人間のごく一般的な夫婦と同じようなものだった。彼が南極で確かに目撃したはずのペンギンたちの奔放な行動にはまったく言及されていない。ロンドン自然史博物館の動物学の番人たちに公表を阻まれたことは疑いようがないが、同時に――ダグラス・ラッセルが発見したように――レビック自身が自身の発見内容の過激さに過敏になっていたことも確かだろう。

彼自身や他の隊員たちの日記を見る限り、雪洞の中で過ごした冬の間、レビックが自分の観察したペンギンの性行動について誰かと話し合ったことはなさそうだ。もちろん、狭い雪洞に閉じ込められ、生き残ることに必死という状況で、とてもそれどころではなかったのかもしれない。しかし、特に過激な記述の上に紙を貼り、子供の頃に習ったギリシャ文字の暗号で書き直していることから、彼がそれを意図的に人目から隠そうとしていたのは明らかだ。

『南極のペンギンたち』を出版した時のレビックはまだ三七歳だった。その時点ですでに彼は、普通の人の一生分以上の冒険を経験していた。だが母国に戻ったレビックたちを待ち受けていたのは大戦争だった。どうしても無関係でいるわけにはいかない。その状況で北隊の元隊員たちは時々、イネクスプレシブル島の雪洞の中に戻りたいと望んだのではないだろうか。

ジョージ・アボット――大きく、強く、ハンサムだったジョージだ――は、南極ではナイフで三本の指の腱を切る怪我をしても声もあげずに耐え、あらゆる苦難に打ち克ったのだが、母国に戻る船の中でノイローゼになってしまった。帰国後はサウサンプトンで入院し、海軍を除隊となった。その後、空軍に入った彼は、一九二六年に、ヘルメットもゴーグルも着けずに飛行機に乗ったことが元で肺炎にかかり死亡した。四六歳だった。

フランク・ブラウニングは大戦中、海軍に所属し続けていた。退役したのは一九二二年だ。その一年前、三九歳の時、一六歳下のマージョリー・ベンディングと結婚した。夫妻には二人子供が生まれたが、おそらく雪洞にいた時から患っていた下痢を伴う慢性疾患のせいで、一九三〇年にやはり若くして亡くなった。四八歳だった。

ハリー・ディッカソンは、南極からの帰還の三ヶ月後に、いとこのリリアン・ロートンと結婚した。彼もやはり海軍に所属し続け、大戦中は海軍艦船バラロンに乗り、ドイツのUボートを沈めた時に敵兵を一人も捕虜にすることなく全員殺した、という有名な「バラロン事件」に関与した。ディッカソンはこの時の功績により軍から殊勲賞を与えられたが、バラロンの乗組員が主導した戦争犯罪に関わったという疑いをかけられた。後に定められたジュネーブ条約の「俘虜の待遇に関する条約」に照らせば間違いなく犯罪となる行為だった。戦争中は射撃の名手だったディッカソンは、繁殖に関してはアデリー・ペンギンのオスたちの熾烈な闘いからほとんど何も学ばなかったらしい。彼とリリアンには五人の子供がいたが、リリアンが五人目を身ごもった時、ディッカソンは海の上にいたのだ。海軍を除隊になったのは一九二四年で、その後一九年生き、五九歳で死亡した。

北隊の隊員のうち、一般の兵士の三人はいずれも比較的、短命だったのだが、それに対し、将校たちは皆、長生きをした。一般兵士の平均寿命は五一歳だが、将校たちの平均寿命は何と八二歳である。

地質学者のレイモンド・プリーストリーは中でも最も長命で、一九七二年、八七歳まで生きた。彼もレビックと同様、母国に戻るとすぐに本を出版した。それは、プリーストリーが南極で書いていた日記を本にしたもので、一九一四年に『南極の冒険：スコットの北隊（*Antarctic Adventure: Scott's Northern Party*）』というタイトルで刊行されている。戦争中とはいえ、世間ではまだスコットのことがよく話題になっていた時期なので、この本が出版されたことで北隊の英雄的な行動が少しは広く知られるようになる可能性もあった。ところが、倉庫がドイツのツェッペリン型飛行船の爆撃を受けたため、印刷されたばかりの本の大半が燃えてしまった。おかげでプリーストリーの日記はほとんど誰にも読まれることなく忘れられた。皮肉にも、プリーストリーは戦時中、情報伝達に関わる仕事をしていた。その後は、アカデミアの世界で順調に昇進をして行き、最終的にはメルボルン大学とバーミンガム大学で副総長を務めた。重要なのは、フランク・デベナムとともに、ケンブリッジ大学内にスコット極地研究所を設立したことだ。ここには、極地探検家たちの日記などの遺品が収蔵されている。北隊の隊員たちの大半の日記もここに置かれ、後に私が読むことになった。プリーストリーは、テラノバ号で南極から帰国するとすぐ、ニュージーランド人のフィリス・ボイドと結婚した。また、どうした運命のいたずらか、テラノバ遠征の他の隊員二人、チャールズ・ライト、グリフィス・テイラーが、フィリスの二人の妹たちと結婚している。

ヴィクトール・キャンベルは、ガリポリの戦いに参加し、目覚ましい活躍により殊功勲章を授与されている。また、ドーバー・パトロールの一員としても、あるいはゼーブルッヘ襲撃でも数々の軍功を立てた。ゼーブルッヘ襲撃は、Uボートの基地となっていたベルギーの港、ブルッヘ・ゼーブルッヘ港を使用不能にするための作戦だ。一九二三年に海軍を退役するが、三年後、妻と離婚する。二人の関係はキャンベルが南極に行く前からこじれていたのだが、結局、彼の帰国後も関係が改善することはなかった。その後、マリット・ファブリシャスと結婚したが、彼女は偶然にも、ノルウェー王妃、モード・オブ・ウェールズの女官だった人だ。つまり、アムンゼンが南極点周辺の平原にその名をつけたノルウェー国王、ホーコン七世の妻の女官というわけだ。夫妻はカナダのニューファンドランド島に住み、キャンベルは一九五六年に八一歳で死亡する。

レビックは大戦中、英国海軍のいわゆる「大艦隊」の一員としてしばらく北海にいたが、その後はやはりガリポリの戦いに参加している。ガリポリの戦いは、ニュージーランド人にとっては重要な戦闘である。ニュージーランド軍の初の本格的な海外遠征だったからだ。一九一五年四月二五日、連合軍に参加したニュージーランド軍は、ガリポリ半島の海岸に上陸した。ニュージーランドでは毎年、この日を記念した行事が実施される。八ヶ月に及ぶ戦闘で、一三万人以上が死亡したが、その中には二七七九人のニュージランド人も含まれている。当時、人口わずか一〇〇万人だった国にとっては大きな犠牲である。

レビックはその頃には軍医指揮官にまで昇進していた。雪洞の中で五人の男たちの健康を守った彼の力は、戦争中もいかんなく発揮された。ガリポリの戦いでは、彼が「植民地部隊」と呼んでいたニュージーランド、オーストラリア軍の兵士たちも多数、治療した。

＊

一九一五年七月一八日。英国海軍の巡洋艦バッカントに乗ったマレー・レビックは、アンザック入江にいた。船上のレビックは、ペンを手に取り、アダレ岬での動物学ノートと同様の優雅で整った文字を書いた。ただし、この時に書いたのはペンギンの観察記録ではなく、手紙だ。宛名は「ビートン氏」になっていた。手紙には、彼が元いた船を許可なしに離れ、輸送船サターニア号に移った経緯が記されていた。移ったのは、あるカトリックの司祭から、その輸送船には七〇〇人もの人が乗っているのに、医師はいないも同然だと聞かされたからだ。実際に行ってみると、船内は上から下まで負傷者であふれていた。しかも大部分が重傷者だった。[10]

戦場を離れてから一度も傷の手当を受けておらず、包帯すら巻かれていないものがほとんどだった。下のホット・デッキには、傷が腐敗したことによる悪臭が立ち込め、耐えられないほどだった。[11]

ビートン氏への手紙によれば、レビックは、迎えのボートが来ても帰還を拒否し[12]、その船に四日間留まったという。

私は軍法会議にかけられるのかもしれませんが、それでもまったく構わないと思っています。むしろこういう機会が得られて良かったと思うくらいです。何しろ、これほど酷い状況が何ヶ月も続いているというのに、何の対策も講じられていなかったのですから。[13]

レビックは、このようにして負傷兵たちが放置されているのは「非常に恥ずべき事態[14]」だと書いている。そして「植民地部隊の兵士たちの間では、自分たちは冷酷に見捨てられたという感情が強くなっている」ともつけくわえた。

三週間後、巡洋艦バッカントは、トルコ軍とその砲撃拠点を攻撃した。後に「チュヌク・ベアの戦い」と呼ばれることになる戦闘の始まりだ。トルコ軍によって占領されていた丘を奪い取ることが作戦の目的だった。大部分がニュージーランド兵によって構成されていた部隊による攻撃は、八月六日の夜に開始された。熾烈な戦いは二日間続き、いったんは丘を奪うことができたが、またすぐに奪回された。ニュージーランド兵の死亡者は八〇〇人を超え、マレー・レビックのような医師による治療を必要とする負傷兵は二五〇〇人近くにものぼった。

戦争の恐ろしさを文字通り直に体験したことで、とてつもなく悲惨だったはずの南極の雪洞の中での越冬体験はむしろ懐かしい思い出に変わった。共にバッカントに乗り込んでいた仲間の中には、レビックが切断された人の手脚を海に投げ捨てるのを手伝ったと話す人もいた。[15]

レビックは最後の最後までガリポリに残って負傷者の治療に当たった。多くのニュージーランド人、オーストラリア人(ガリポリでは合わせて八七〇〇人を超える死傷者を出した)にとって、レビックという人は南極探検の英雄でもなければ、もちろんペンギン生物学者でもなく、何よりもガリポリで彼らを救ってくれた英雄だった。

＊

レビックの手紙の受取人、「ビートン氏」のフルネームは、メイソン・モス・ビートンである。自分より一一歳上なだけだが、レビックがビートン氏をあえてファースト・ネームやミドル・ネームで呼ぶことはなかった。ビートン氏は、イザベラ・メイソンの息子としてよく知られている。イザベラは出版社を経営していたサミュエル・ビートンと結婚した後、一八六一年に『ビートン夫人の家政読本(*Mrs.*

Beeton's Book of Household Management）』という本を出版した。この本はヴィクトリア朝時代のベストセラーで、初年度だけで六万部以上を売り上げた。内容はタイトル通り、家庭の主婦へのアドバイスをまとめたもので、ヴィクトリア朝時代の価値観が色濃く反映されている。特に、勤勉、倹約、清潔、そして夫への献身の大切さが強調される。ただ、一八六五年一月二九日に息子のメイソン・モス・ビートンを生んだ翌日、イザベラは産褥熱にかかり、一週間後に二八歳の若さで亡くなった。皮肉にも、イザベラの死の原因は、彼女が何よりも大切にしていたはずのヴィクトリア朝時代の価値観にもとる夫の行動だと思われる。夫のサミュエルは娼婦から梅毒を移され、そうとは知らず、イザベラに病気を移したようなのだ。

『ビートン夫人の家政読本』の総売上は、イザベラの死の三年後には二〇〇万部近くにまで達していたが、夫サミュエルの人生は順調とはいかなかった。彼は出版社の売却を余儀なくされ、メイソンがまだ一二歳だった時に亡くなった。母親の文才を受け継いだメイソンは、デイリー・メール紙のジャーナリストとなる。デイリー・メール紙は、すでに書いたとおり、スコットの死を最初に一般に報道した新聞である。その報道をきっかけにスコットは国民的英雄になっていくのだ。しかし、メイソンが真に才覚を発揮したのはビジネスの世界だった。父親とは違い、彼はそこで大きな成功を収める。一九〇五年、メイソンはニューファンドランド島に製材所を設立し、後にはアングロ・ニューファンドランド開発会社の社長となる。

第一次世界大戦中、ビートン氏は、英国戦争省への材木供給の責任者に任命されていたが、それはマレー・レビックがガリポリから彼に手紙を書いていた理由ではない。ビートン氏は、イーディス・オードリー・メイソン・ビートンの父親でもあった。彼女が生まれたのは一八九〇年七月三〇日、レビックが一四歳の時である。

オードリーは、レビックと同じく、ファースト・ネームではなくミドル・ネームで呼ばれることを好んだ。彼女は戦争中、赤十字社に入り、マッサージ療法と電気療法を専門とするチームの一員となる。偶然にもそれは、世界初のペンギン生物学者、マレー・レビックのもうひとつの専門分野でもあった。一九一五年一月、オードリーは、ウェイブリッジのセント・ジョージズ・ヒル軍病院で働き始めた。彼女のサイン帳には、治療を受けたニュージーランド兵の名前が数多く書き込まれている。その中にはおそらく、血まみれのガリポリの地でレビックの治療を受けた後に、イギリスの美しい田園地方へと送還されてきた傷病兵も含まれていただろう。その年の夏、オードリーは、身体に障害を負った兵士へのマッサージ療法を学んでいた。

レビックと出会った時、オードリーは二四歳だった。身長が高く運動神経も抜群だった彼女は、ラクロスのイギリス代表チームのメンバーでもあった。レビックはすでに三八歳で軍内でも古参となっていた。想像を絶する悲惨な体験をしてきた人であり、運動、健康を大切にする人、苦難を乗り越える忍耐を備えた人でもあった。オードリーはいわゆる典型的な美人ではなかった。少し前に出た口は、いつも歯をしまい込むのに苦労しているように見えた。鼻は少々大きすぎ、頬骨も高すぎた。いつもかなり短く切られた黒い髪は、ターバンの下に隠れていることも多かった。肩幅が広く、身体も心も強い人だった。一方のレビックも典型的なハンサムではないが、やはり同じように身体も心も強い。アデリー・ペンギンのつがいと同じく、似たものどうし、ということだ。まさにお互いのために生まれたような二人だった。巡洋艦バッカントに乗っている間、レビックは、未来の義理の父であるビートン氏と手紙のやり取りをしていたのだ。後にはビートン氏を「サー」の称号で呼ぶようになる。それはもちろん、モーソンやシャクルトンと同じく、ビートン氏がナイトに叙せられたからだ。

*

一九一五年七月一八日。ちょうど巡洋艦バッカントに乗ったレビックがガリポリで負傷した兵士たちの救命に当たっていた頃、シャクルトンはエンデュアランス号という船に乗り、南極のウェッデル海にいた。世界ではじめて南極大陸を横断するという計画を実行するためだ。その計画は二つの部分に分かれていた。まずはウェッデル海から南極点まで行く。次に、南極点からロス海まで行くのだ。イングランドを出発したのは一九一五年八月一五日だった。まさに第一世界大戦の只中に国を出て来たことになる。戦争が始まった時点でシャクルトンはすぐ、自らも船を提供して戦いに参加すると申し出たのだが、当時の海軍大臣だったウィンストン・チャーチルがその申し出を却下し、壮大な計画を予定通り実行に移すよう求めた。シャクルトンがモーソンから買い取ったオーロラ号は第二隊を乗せてロス海まで来た。第二隊の仕事は、シャクルトン率いる南極大陸横断隊が南極点からロス海まで無事にたどり着けるよう、途中の経路に食料などの物資を置きに行くことだった。

ただ問題は、シャクルトンの乗るエンデュアランス号が冬の海氷に阻まれて身動きが取れなくなっていたことだ。皮肉にもその船は元来、ベルギー人の探検家、アドリアン・ド・ジェラルーシのために造られたものだった。やはり彼の船だったベルジカ号も南極の海の氷に閉じ込められたことがある。その時、フレデリック・クックがいなければアムンゼンは命を落としていたかもしれない。シャクルトンが自分の乗る船を「エンデュアランス（endurance = 忍耐）」と名づけたのは、シャクルトン家に"Fortitudine Vincimus（忍耐あれば勝てる）"という家訓があったからだ。船体が丸く氷に向かって進むとその上に乗り上げてしまうフラム号とは違い、船体が丸くないエンデュアランス号には、設計上、氷を割って進める強さがあるはずだった。

だが、その強さは十分ではなかった。南極の氷はもっと強かったからだ。南極が冬から春になる頃、船はもはや氷に戦いを挑むことすらできなくなった。船体が壊れてしまったからだ。

一九一五年一〇月二七日、シャクルトンは、そのまま船にいては危険と判断し、隊員たちにあえて船を捨てるよう命令した。彼らは北へと流される浮氷の上で五ヶ月間、キャンプをしたのだが、一九一六年八月八日、ついにその氷が割れた。彼らは船から取り出した三艘の救命ボートで何とか氷の上を脱出し、一週間後にエレファント島にたどり着いた。エレファント島は、南極半島の先端近くの小さな島だ。一行は船に乗り込んで五〇〇日近く経ってようやく、陸地の上に立つことができたわけだが、その陸地は地球上でも最も孤立した場所であり、そこにいたのでは救助される可能性などないに等しかった。

九日後、シャクルトンは、救命ボートのうちの一艘、ジェームズ・ケアード号で五人の隊員たちとともに島を脱出した。改造し、帆を取りつけたボートである。ボートは、波の高い海を進んで行った。シャクルトンはその時の波を、自分の生涯で他に経験したことのないほどの高波と言っている。五月一〇日には、エレファント島から約一五〇〇キロメートル離れたサウスジョージア島のキング・ホーコン湾に着いた。その島にはストロムネスという町があり、そこが捕鯨基地になっていた。そこまで行けば助かるのだが、困ったことに、彼らが着いた場所はストロムネスとは反対側だった。まだ誰も登ったことのない険しい山を越えなくてはストロムネスに行けない。ボートの旅で疲弊し切っていたし、食料も装備もほとんどなかったが、シャクルトンは二人の隊員を連れて、そのとても登れそうもない山に挑んだ。そして「忍耐があれば勝てる」という家訓の正しさを見事、証明してみせた。三六時間後に彼らは、捕鯨基地に着いた。信じられないほどの忍耐と勇気、幸運が揃わなければとても成し遂げられなかったことだろう。シャクルトンが神を深く信じていたことも重要だったかもしれない。シャクルトンはこう書き残している。

名もなき山々、氷河を越える三六時間もの長く苦しい旅の間、私は自分たちが三人ではなく、実は四人なのだとずっと感じていた。(16)

*

一九一六年五月一六日、ダグラス・モーソンは、ロンドン、バッキンガム・パレス・ロードに住むキャサリン・スコットを訪ねた。アーネスト・シャクルトンを救助する任務について話をするためだ。モーソンは、その数ヶ月前、妻のパキータや幼い娘を残して帰国していた。リバプールで軍需省の仕事をし、戦争に貢献するためだった。だが、彼には、海軍本部委員会から、シャクルトンの帝国南極横断探検隊の隊員たちを救助するよう要請がなされていた。

モーソンはナンセンと同じくキャサリンに心惹かれ、キャサリンという太陽の周りを回る惑星のようになった一人だ。それは、彼女の夫であるスコットが彼を裏切り、アダレ岬に行く計画を奪い取った頃からのことだ。その頃のモーソンは、まだキャサリンからは遠い、冥王星のような存在だったが、次第に近づいていてついには水星のように間近を回り始め、太陽の強い熱を受け始めた。キャサリンの家で食事をし、共に食事に出かけ、二人で踊るようになった。ついには週末、ケント州サンドウィッチの白い砂浜の上に立つコテージで共に過ごすようになった。英仏海峡の向こう側で繰り広げられている戦闘の音が聞こえてきそうな場所で、である。

　キャサリンはモーソンの要求に屈したのか、それともモーソンという巣で一時、羽を休めたかったのか。交わされた言葉を見る限り、二人の間にぼんやりとしたロマンスらしきものがあったのは確かである。モーソンはキャサリンとコテージで過ごした何度目かの週末のあと、手紙にこう書いている。「ああいうことはいつでも嬉しいのです―もちろん、あなたはもうすべて忘れているでしょうし、私が厚かましすぎると思っています……こうしてあとからあれこれ考えることをやめられません」[17]。もしかすると、モーソンはキャサリンに出されたルバーブパイのことを書いているだけという可能性もあるが、私はそうではないと感じる。二人の関係は、パキータと赤ん坊がオーストラリアから来て、家族三人が揃うまでの二ヶ月間、続いた。

　モーソンがオーストラリアへ戻る時、キャサリンは彼のためにパーティーを開いたが、あえてパキータは招待していない。当然、パキータはキャサリンに強い嫌悪感を抱いていたと思われる。そのパーティーには、キャサリン太陽系における巨大な木星のような存在、フリチョフ・ナンセンも招かれていた。

＊

　海氷が再び、難敵としてシャクルトンの前に立ちはだかった。最初はフォークランド諸島の船、次にウルグアイの船、そしてチリの船を使い、エレファント島に残る隊員たちの救出に向かったが、いずれも厚い海氷に阻まれて失敗に終わった。四度目の挑戦でようやく、一九一六年八月二五日にエレファント島に到達し、そこに残った隊員たち全員を救い出すことができた。全員が生存しており、全員が無事に救出されたわけだ。たとえデイリー・メール紙の報道などなくても、シャクルトンはもはや正真正銘の英雄だった。

シャクルトン、アムンゼン、スコットの三人が南極探検の歴史において特に重要な人たちであることには議論の余地はないだろう。この三人がいたからこそ、マレー・レビックが一時的にせよペンギン生物学者になるような状況が生まれたのだとも言える。レビックとともに雪洞の中で越冬した仲間の一人であるレイモンド・プリーストリーは、三人の違いについて簡潔にこうまとめている。

科学への貢献はスコットが最も大きかった。旅の速度、効率という点ではアムンゼンが最高だ。しかし、絶望的な状況に置かれた時、どこにも出口が見つからないような時、誰よりも頼りになるのはシャクルトンだろう。(18)

だが、マレー・レビックは、考えてみれば三人を合わせたような人物ではないだろうか。レビックは形の上では北隊のリーダーではなかったが、実質的に北隊を支えていた。隊員たちの生存にとって最も重要な存在だったのがレビックである。その点で、彼はシャクルトンに似ている。細かいところまで神経が行き届き、計画性があるところはアムンゼンに似ていると言える。また持久力と忍耐強さはスコットに負けない。ラグビーをしていたこともあり、身体的な強さもあった。

マレー・レビックという人の人物像に迫る旅を続けるうち、ヤルマル・ヨハンセンと同じく彼がほとんど一般に名を知られていないのを不思議に思うようになった。もっと有名になって当然、と思える人だとわかったからだ。ところで彼のペンギンの研究はどうなったのだろうか。戦争が終わったあとには再び研究に戻ったのだろうか。

第二二章　大戦後

一九一八年一一月一一日。連合国とドイツは、いわゆる「すべての戦争を終わらせるための戦争」の停戦協定を締結した。

五年後、マレー・レビックは、ウェストミンスター寺院、英国議会議事堂のそば、ブロードウェイのクライスト教会でオードリー・ビートンと結婚した。その美しい教会の建設が始まったのは、ヴィクトリア女王の治世になってまだ四年目の一八四一年である。奇しくも、ジェームズ・クラーク・ロスがエレバス号、テラー号の二隻で世界初の南極探検に行っていた頃のことだ。この教会はある意味で、ヴィクトリア朝時代の価値観を具現化しているとも言える。優雅で美しい尖塔は元あった場所から移設され、教会の本体と仲良く並ぶように立っている。仲睦まじい夫婦のようにも見えるのだ。まさに、ヴィクトリア朝時代の価値観を体現しているような二人が結婚するのにふさわしい教会だろう。

それだけではない。そこは、一四年前に、アーネスト・シャクルトンとエミリー・ドーマンが結婚した場所でもある。二人はどちらかに死が訪れるまで添い遂げることを誓い合い、実際にその通りにした。

戦争はレビック個人にも大きな損害をもたらした。巡洋艦バッカントから降りることになったのは、片方の脚に大きな怪我を負ったからである。彼は「健康上の理由」から、ガリポリの戦いの一年後に海軍を引退することになった[1]。その後は、ロンドンのトゥーティング軍整形外科病院の電気部に、電気療法を専門として勤務した。一九一八年の三月には、科学についての執筆を再開したが、その時のテーマはペンギンではなかった。ブリティッシュ・メディカル・ジャーナル誌に論文を発表したが、テーマとなったのは、「塹壕足」の症状を抱えた兵士の筋肉を電気刺激によって活性化する治療である。それは、長時間、冷たくぬかるんだ塹壕にいたことで足が麻痺し、放置すればいずれ腐敗してしまう兵士を救うための治療だった。

レビックの人生にとって最悪の時期は過ぎたようだった。雪洞での越冬も大戦も乗り越えた。戦争も終わり結婚して新たな生活を始めた彼には、果たして輝かしい未来が待っていたのだろうか。

＊

私はロンドン中心部のクライスト教会の庭に座っていた。すでに書いたとおり、そこはマレー・レビックとオードリー・ビートンが結婚した場所なのだが、結婚式が行われた教会の建物自体は、第二次世界大戦中にドイツ軍の攻撃によって破壊された。今も残っているのは、綺麗に刈り込まれた芝生と丁寧に剪定された木々だけだ。そこにいると、イングランドの作曲家、ヘンリー・パーセルの姿を象った奇妙な形の像ばかりが目立つ。実際の本人の姿にとらわれず自由に作ったように見えるその像は、パーセルというよりは、私がウラニエンボルグの自宅の外で見たアムンゼンの像に似ている。像の下では、ハトたちが落ちているパンくずを探していた。戦争はレビックの人生に大きな暗い影を落としたのだなと思った。ペンギンの研究を続行するどころではない大きな変化が起きたのだ。自分が社会に貢献するためになすべきと思うことも、戦争の前とはまったく変わった。ペンギンの性行動に関して得た研究成果も取るに足りないこととしか思えず、それをわざわざ論文に書いて発表するのは、大戦で自分の命を、手脚を、愛する人を失った人たちに対して失礼ではないかと考えた。誰もそんなことのために戦ったわけではなかったのだ。ペンギンの屍姦、小児性愛、強姦の事例を知っていても、あえて発表しなかったのは当然のことなのだろう。彼は医学の道に邁進することにした。その方がペンギンの研究よりも彼にとって価値があると思えたからだ。ペンギンの「堕落した」性行動について論文を書けば、自分もやはり堕落したことになると思ったのだろう。

おそらくシドニー・ハーマーが口を挟む必要などなかったのだろう。レビックはペンギンの性行動についての研究成果を発表しないと自分で決めたのだ。すでに南極にいる時点で、動物学ノートの特に問題があると思われる箇所は紙を貼って隠し、上からギリシャ文字の暗号を書くなどの細工をしていた。ノートはしまい込まれ、人の目に触れることは長らくなかった。それから九〇年近く経って、ノートは、私が座っている公園のベンチからそう遠くない豪華なアパートに住む古書ディーラーの手に渡った。ペンギンについての本を出版したことで、レビックの野心はもう満たされた。彼は、テラノバ遠征におけるペンギン研究の公式報告書も発表している——こちらは著書に比べると退屈で、またペンギンを擬人化した記述が多くなっている。これはあくまで、スコット、遠征の隊員たち、そしてペンギンに対する義務を果たすために作ったものだろう。ガリポリの戦い以降、私が知る限り、レビックはペンギンに関わる活動を一切していない。

＊

アダレ岬でペンギンたちの奔放な性行動を観察していたマレー・レビックだが、そのレビック本人の性行動はペンギンとはまるで違うものだった。残っている資料からわかる限り、彼は奔放どころか、むしろ「堅物」と言ってもいいほどの人だったようだ。あれほどペンギンの性行動に興味を持っていたのだから本人もさぞやと思っても無理はないのだが、彼は実のところペンギンの行動を嫌悪していたし、自身の行動からもほとんどセックスに興味がないように見える。

一九二〇年一二月八日、マレー・レビックと妻オードリーの間に息子、ロドニー・ビートン・マレー・レビックが誕生した。レビックは息子に自分自身の名前を与えたが、三番目の名前というところに彼の慎みを感じる。自分自身が父親と同じファースト・ネームを与えられ、その「ジョージ」という名前を嫌っていたことも、慎み深さの原因なのだろう。レビックが息子のロドニーを実際にどの名前で呼んでいたかはわからない。彼は息子についてほとんど何も書き残していないからだ。ペンギンの性行動に関する記述と同様、自身の性行動の結果である息子も世間の目に触れないように隠してしまったかのようだ。イギリス人にふさわしく穏当な言い方をすれば、それはどうやら息子が「あまり優秀ではなかった」せいらしい。

＊

一九二二年一月五日。シャクルトンはサウスジョージア島にいた。南極に向かう新たな遠征の途中だった。前回の遠征で「神の手」によって導かれ、命を救われたその場所にまた戻って来たのだ。ところが到着後、間もなく、深夜に心臓発作に襲われてシャクルトンは死亡した。まだ四七歳だった。

シャクルトンがエミリーとクライスト教会で結婚式を挙げてから一七年の歳月が流れていた。確かにこれで妻のエミリーにとっては、その時に誓った通り、「どちらかに死が訪れるまで添い遂げ」たことにはなる。エミリーの希望で、シャクルトンの遺体はサウスジョージア島に埋葬された。スコットと同じく彼も、やはり倒れた地に留まる方がいいと考えたのかもしれない。それで確かに英雄時代に彼や多数の探検家たちを夢中にさせた南極の地との結びつきは永遠に切れないという見方もできるだろう。ただ、実はエミリーはシャクルトンに帰って来てほしくなかったのかもしれない。

シャクルトンは、エミリーと出会う前から女性関係が派手で、結婚後も変わることなく、かつての国王エドワード七世と同じように不倫を繰り返していた。相手はホープ・パターソンだけではなく次々に変わっていく。まるで、レビックが観察したアデリー・ペンギンのオスたちのような貪欲な行動である。エミリーは、後にアメリカで受けたインタビューの中で、子供向けのおとぎ話には「結婚して末永く幸せに暮らしました」で終わるものが多いけれど、あれは嘘だ、ああいうお話を繰り返し読んで聞かせると、女の子は、自分の人生には結婚以外の選択肢がないと思い込む、それは酷い間違いだと思う、とエミリーは言った(2)。

*

一九二二年三月三日、良いことか悪いことかはわからないが、キャサリン・スコットの人生は大きく変わった。彼女の目にはただ一人の人しか映らなくなった。キャサリンは再婚したのだ。相手はエドワード・ヒルトン・ヤング。初代ケネット男爵だ。二人には息子が一人生まれた。その息子、ウェイランド・ヒルトン・ヤングは、二代目のケネット男爵となり、父親と同じく政治家になった。彼の異父兄、つまりロバート・ファルコン・スコットとキャサリンの間に生まれたピーター・スコットは、成長して後に世界自然保護基金(WWF)を設立することになる。つまりキャサリンは、二人の息子であるドードゥルズを「博物学に興味を持つよう」育てて欲しい、という最初の夫の願いを確かにかなえたわけだ。一方、もう一人の息子、ウェイランドの行動にも、母キャサリンの明らかな影響が見られる。彼は、下院だった時に、『否定されたエロス（*Eros Denied*）』という著書を出した。これは、自分は「性の革命」の実現のために動くという明確な意思表示だった。レビックがペンギンにさえ許さなかった行動を、キャサリンの次男は良しとした。人間が自由奔放な性行動を取ることを積極的に認めようとしたのだ。ウェイランドはきっと、エミリー・シャクルトンと同意見だっただろう。「結婚だけが、一夫一婦制だけが、女性の唯一の選択肢だというのは酷い間違いだ」と彼も思っていたはずである。

ニューヨークを拠点とした作家、ブレンダ・ウェランドは、そういう考え方を体現した女性の一人だろう。本人によれば、彼女には三人の夫がいて、一〇〇人の恋人がいた。[3] 一九二九年に、当時三七歳だったウェランドは、六七歳のフリチョフ・ナンセンと出会い、恋人の一人に加えている。

ナンセンは、まさにウェイランドの著書『否定されたエロス』に書かれているままの行動を取っていたと言える。彼の妻、エヴァは一九〇七年の終わりに肺炎で死亡した。一九一九年一月一七日、ナンセンは、隣人の妻だった女性、シグルン・ムンテと結婚した。実は二人は、前妻エヴァの存命中から一四年にわたり不倫関係にあったのだ。しかし、新たな結婚生活は幸福なものではなかった。シグルンはナンセンの子供たちに嫌われていたし、ナンセンはキャサリンが再婚したことにショックを受け、惨めな気分で暮らしていたという。キャサリンの再婚と同じ一九二二年に、ナンセンは戦争中の難民救済活動が認められてノーベル平和賞を受けていたのだが、気は晴れなかった。若い女性たちとの不倫をやめられなかった原因はそこにもあるのかもしれない。

長身でブロンドの髪、粋な口ひげをたくわえ、刺すように鋭く青い目をしたナンセンが特に心奪われたのがブレンダ・ウェランドだった。ナンセンは、背もたれを倒した長いソファに裸で座る自分の写真を添え、ウェランドにラブレターを送った。

私のいる塔の窓からは、花嫁のベールのような可憐な樺の木が見え、それが暗い松林と良い対照をなしています。なぜかはよくわかりませんが、その樺の木を見ているとあなたに似ていると思うのです。あなたにも同じような可憐さがある――太陽が笑っているようです。その光で遠くに見えるフィヨルドは輝いています。何もかもが美しい(4)！

私はポルホグダにあるナンセンの自宅を訪ね、手紙に書かれている塔にも行ってみた。そこからは確かに彼の手紙のとおりに樺の木が見え、フィヨルドの青い水が日光で輝くのも見えた。ナンセンの自宅は今、公共のものになっているのだが、不思議にも敷地の隅に立つその赤レンガ造りの塔は立入禁止になっている。ナンセンが仕事場にしていた部屋や、その部屋に通じる狭い木の階段は、彼が生きていた時のまま保存されている。ドアを開けて中に入った時は、ロイズ岬でシャクルトンの小屋に入った時と同じような気持ちになった。

その部屋はナンセンを祀る聖地のようなものだった。まず何より目立つのは大きな木製の机で、机に向かうと、窓から樺の木とその向こうのフィヨルドを眺めることができる。床には大きなホッキョクグマの毛皮が敷いてあり、後ろの壁には本棚がある。棚に並んでいるのは北極関係の本がほとんどだ。ただ、私が最も興味を惹かれたのは、やはり机だ。机の上には古いタイプライターがあり、これもまた古い顕微鏡、インク瓶がある。机のところどころにはインクの染みがついていて、探検に長い時間を費やした人生で集めたこまごまとした物たちが置かれていた。私は椅子に座り、窓の外の樺の木を眺めた。彼はここからウェランドに手紙を書いたのだ。机の奥の方に木製のかごがあり、そこに手紙などの紙が入れられているのが目に入った。かごには、小さな写真の貼られた厚紙が立て掛けてある。写真は、若く美しい女性のポートレートである。彼女の豊かな黒髪は真ん中で分けられ、目はまっすぐにカメラを見ている。それはエヴァの写真だ。

彼は生前、何度も裏切った最初の妻に見つめられながら、愛人への手紙を書いていたのだ。何という矛盾だろうと思わざるを得ない。

ウェランドとの不倫から一年後、ナンセンはシャクルトンと同様、心臓発作で死亡した。一九三〇年五月一三日のことだ。六八歳だった。病床の彼を国王ホーコン七世が自ら見舞っている。

私生活での行状を思うと、ナンセンやシャクルトンのような男たちが、英雄として、貧しい庶民から国王まで、神以外のあらゆる人たちからいまだに尊敬されているのが奇妙なことに思える。一方で、レビックのように分別もあり、清く正しく生きた人は、そのことを褒め称えられるわけでもなく、彼の残した素晴らしい功績も正当な評価を得ているとは言えない。ナンセンやシャクルトンが生に対して貪欲だったのは間違いない。そして世界の見方がロマンティックだった。二人にとっては、ロバート・ブラウニングの詩や樺の木が、極点に到達するのと同じくらいに重要だったのだ。

レビックが英雄になる上で欠けていたのはそれだったのだろうか。彼がペンギンの研究であげた成果は、二人の生への貪欲さほどの価値もないということか。

＊

アムンゼンは、少年時代の英雄、ナンセンを騙したことをいつまでも気に病んでいた。埋め合わせのためもあり、彼は北極点への到達に執着した。南極点に到達しただけでは、まったく満足できなかったのだ。はじめはナンセンと同じ方法で北極点に向かおうとした。あえて海氷に閉じ込められ、その後は船が北極海を漂うに任せるという方法である。ただし、フラム号は使えず、モード号で行くことになった。第一次世界大戦が終わりに近づいていた一九一八年七月、モード号はクリスチャニアを出発して、シベリア沿岸を北上して行った。しかし、その年は例年よりも海が早く、しかも広範囲にわたって凍結したため、北極点近くまで漂流するのに必要な海流に乗れる地点まで到達することができなかった。いらだちを抱えながら船で三度の冬を過ごしたが、結局、アムンゼンはその探検を他人に任せて自分は船を離れた。彼はもはや、北極点に到達するのなら、空から行くしかないと思うようになっていた。

トリグヴェ・グランもアムンゼンと同様のことを考えていた。イギリスがドイツに宣戦布告をするわずか五日前に、グランは史上初めて、イギリスからノルウェーまでの飛行を成功させた。イギリス隊の南極遠征に参加したこともあり、大戦で彼はイギリスに肩入れをした。祖国のノルウェーは中立を宣言していたのだが、志願してイギリス陸軍航空隊に入って戦闘機に乗り、戦功十字勲章も得た。そして彼はちょうどアムンゼンと同じタイミングで飛行機での北極点到達を目論み、スピッツベルゲン諸島で準備をしていた。

アムンゼンの側も決してグランに手柄を譲るつもりはない。

一九二五年五月二一日、アムンゼンと五人の男たちは、北極圏にあるノルウェー領のスヴァールバル諸島から北極圏に向かって飛び立った。五人は、ドルニエ Do Jという大型の飛行艇二機に分かれて乗っていた。この飛行艇はゆっくりと氷の上に着陸した後に、再びゆっくりと空に飛び立つことができる。二機のエンジンは、支柱でコックピットや胴体の上に持ち上げられた主翼のさらに上に置かれ、二つのプロペラがそれぞれに機体の前、後ろを向いている。不格好な外見で、飛び方もどこかぎこちない。

二機には、N24、N25という名前がついていた。
　翌朝早く、海氷上への着陸を余儀なくされた。タンクに燃料を継ぎ足す必要があったからだ。ここで問題が起きた。まずN24が故障し、N25も離陸ができなくなったのだ。降り立った海氷が深さ一メートルの雪に覆われていたためである。凍える寒さの中、男たちは食料もわずかしか持っていなかった。フレデリック・クックは、ベルジカ号の乗組員たちに、爆薬で氷と氷の間を広げて水路を確保するよう命じたが、アムンゼンもそれと似たようなことをした。男たちに滑走路を作るよう命じたのだ。彼らは三週間以上をかけて五〇〇トンもの雪を移動し、長さ約四五〇メートルの滑走路を作った。一九二五年六月一五日、N25がどうにか離陸に成功した―偉大な極点探検家が苦境を脱したのである。
　アムンゼンはもう一つの苦境もすでに脱していた。彼のもとに来るのを一〇年間拒み続けていたキスが、ついに夫と別れ、ウラニエンボルグに来ると言ってくれたのだ。N24とN25が出発する直前、アムンゼンはキスへの手紙にこう書いている。

　私はひとまず北極へ行きますが、帰って来たら会いましょう。たった一つのことが私の心にやすらぎを与えてくれ、他のすべてのことがどうでもよくなります。それは、あなたが元気だということです。かわいいキス、あなたも知っているように、私は心からあなたを愛しています。そしてあなたも知っているように、あなたを自分のものにするという、ただ一つのことのために努力をしているのです。(5)

　だが、アムンゼンは、ナンセンを騙したのと同じように、彼女も騙していた。キスはもはや彼にとってすべてではなくなっていたのだ。アムンゼンはすでに次の相手と出会っていて、間もなく、その相手がキスに取って代わることになる。彼女の名前はベス・マギッズ。驚くほど美しいカナダ人女性で、身長は一六五センチメートルほど、黒い髪、黒い目をしていた。彼女はキスよりもさらに若く、アムンゼンよりも二六歳下だった。問題は、彼女も既婚者だったということだ。彼は、N25を離陸させるために雪を取り除いたのと同じように、自分の行く手からキスを排除しようとしていた。ベスに向かって飛び立つための滑走路はできあがっていた。

一九二六年五月一二日、アムンゼンと一五人の隊員たちは、飛行船ノルゲ号で北極点上空まで飛び、そこで高度を下げ、ノルウェー、イタリア、アメリカの国旗を、フレデリック・クック、ロバート・ピアリーの二人がいずれも到達したと主張する場所に落とした。これに対しては、アメリカの飛行士リチャード・バードが、まさにピアリーがクックにしたのと同じことをした。彼はアムンゼンよりも三日早く、北極点上空を飛んだと言うのである。だが、その後、バードの記録が精査され、彼の主張が嘘であることが発覚した。それから半世紀以上の時間を要したが、実はピアリーもバードと同じく虚偽の主張をしていたことがわかった。つまり、ロアルド・アムンゼンは、南極点に到達した最初の人類というだけではなく、北極点に到達した最初の人類でもあったということだ。

シグリットやキスとは違い、ベスはアムンゼンの要求を拒まなかった。すぐにでも夫を捨て、ウラニエンボルグの海のそばでアムンゼンと暮らす意思を示した。

一九二八年六月一七日。飛行船ノルゲ号でアムンゼンを北極点まで連れて行ったイタリア人飛行士、ウンベルト・ノビレが、イタリア号という別の飛行船で再び北極点に向けて飛行していた際、海氷に墜落する事故に遭う。ノビレの捜索隊は海上飛行機でスヴァールバルに向かったが、アムンゼンもトロムソでその飛行機に乗り込む。飛行機からの無線電信は午後六時で途切れ、その後はまったく沈黙してしまう。

トリグヴェ・グランの指揮でアムンゼンの捜索が行われたが、飛行機もアムンゼンも見つけることはできなかった。

アムンゼンの時間はそこで尽きてしまった。もう少しで、窓辺でマンドリンを弾くだけではなく、女神を奪い取れるところまで来ていたのだが、実際に奪い取ることはできなかった。彼はその時、五五歳だった。

＊

一九三四年四月二一日、アムンゼンの子供時代の友人、カルステン・ボルクグレヴィンクがオスロで死亡した。一九世紀の末、史上初めて南極大陸で越冬し、アダレ岬から帰還した後、ボルクグレヴィンクが脚光を浴びることはほとんどなくなっていた。スコットの擁護者でもあったイギリス王立地理学会のサー・クレメンツ・マーカムとその一派は、ボルクグレヴィンクを非難していた。彼の極地探検の報告書の内容はあまりに非科学的だというのである。

だがアムンゼンが旧友への誠実な態度を変えることはなかった。南極点到達を成功させ、フラム号で帰国した後も、アムンゼンはすぐにボルクグレヴィンクの先駆的な業績への敬意を表した。

広大な氷の世界に挑む時に実感するのは、南に向かう道を切り拓いてくれたのはボルクグレヴィンク氏だったということです。彼がまず大きな障壁を取り除いてくれたおかげで、後に続く探検家は楽に前に進むことができるようになりました。(6)

一九三〇年、王立地理学会はついにボルクグレヴィンクの極地探検への貢献を認め、学会のパトロンズ・メダルを授与した。

マレー・レビックに大きな影響を与えた三人のノルウェー人たちが六年の間に相次いで亡くなったことになる。レビックをアダレ岬へと導き、世界初のペンギン生物学者にさせた男たちはこれで全員が姿を消したわけだ。

＊

息子のロドニーが生まれたあとも、レビックは、ロンドンのセント・トーマス病院で電気療法を続けた。彼は院内では電気療法科の責任者を務め、同時にシェパーズ・ブッシュ整形外科病院でも同様の地位にあった。一九二三年、レビックは、サリー州ノース・チェイリーのヘリテージ・クラフト障害児学校の医長に指名された。ロンドンから真南に六〇キロメートルほど行った場所だ。

レンガ造りの住宅や建物が立ち並ぶ特に変わったところのない地域だが、レビックはその学校で身体、精神に複雑な障害を抱えた生徒たちと関わることにやりがいを感じていたようだ。力を入れていたのはリハビリテーションで、結核などの病気に苦しむ子供たちを回復させるべく様々な種類の治療を試みている。レビックは一九五〇年までそこで医長を続けた。

同時期には、チェルシーのヴィクトリア小児病院など別の場所でも働き、まだ始められて間もなかった光療法にも関わった。あくまで実践に重きを置くレビックの姿勢は、南極に行く前からその時までまったく変わっていなかった。彼は自分の持てる知識、技術を最大限活かして、患者のリハビリテーションに取り組んでいた。また、レビックは、視覚障害者にマッサージや理学療法の訓練を施すことにも熱心だった。訓練を受けた障害者たちは、戦争によるトラウマを抱えた人たちの治療に貢献することができた。まだ障害者の教育、訓練に偏見があった時代に、レビックはいち早く行動していたのである。

*

レビックに関しては、南極へ行く前の資料は少ないが、南極から戻ったあとの資料はかなり多く見つけることができた。その大半が、彼の医業、特にノース・チェイリーでの医業に関するもので、また、妻のオードリーのニュージーランド病院（イギリス、ウェーブリッジの病院）での仕事に関わる資料も多い。

イネクスプレシブル島の雪洞で越冬し、生還するというとてつもない体験を共にしたこともあり、その六人―アボット、ブラウニング、キャンベル、ディッカソン、レビック、プリーストリーの六人だ―の間には強い絆があったのではないかと私は考えた。普段から親しくつき合うほどではないにしても、時折再会して旧交を温めるくらいはしたはずだと考えたのだ。だが、実際にはそうではなかったらしい。確かにレビックの住所録に、テラノバ遠征の何人かの隊員の連絡先は載っている。しかし、彼が隊員たちの連絡先を積極的に知ろうとしていた形跡はほぼないし、反対に他の隊員たちが彼の連絡先を積極的に知ろうとした形跡もない。

キャンベルはキャサリン・スコットとの手紙のやり取りを続けていた。他の隊員たちとの交流に最も熱心だったのはおそらく、アプスリー・チェリー＝ガラードだろう。それは彼が罪の意識を抱えていたからかもしれない。チェリー＝ガラードは鬱病や心因性の疾患に苦しみ、それは一九五九年に死亡するまで生涯続いた。スコット、そしてビル、バーディーを救うのに十分なことができなかったという思いが原因になっていたらしい。ビルを称える意味もあって、彼はレビックと同じように、遠征で得られた科学的な記録を論文にまとめた。また同時に、テラノバ遠征に関する感動的な名著『世界最悪の旅』を書いた。この本が、子供の頃の私も含め、無数の人たちに多大な影響を与えることになったのだ。

チェリー＝ガラードは、大戦後、マッコーリー島を自然保護区にしようというダグラス・モーソンの運動に協力した。当時はまだニュージーランド人ジョセフ・ハッチによって、ペンギンを殺して脂を売るという野蛮な商売が続けられていたので、それをやめさせるのが主な目的だった。二人の運動をウォルター・ロスチャイルド男爵も後押しをした。ハッチは一九二〇年には商売をやめ、それ以後、ペンギンたちはその地で安心して繁殖ができるようになった。その後のモーソンは彼の本業である地質学者としての仕事に専念し—再度、南極への旅にも出たが—一九五八年一〇月一四日まで生きた。チェリー＝ガラードの死亡のわずか六ヶ月前だった。二人が世界史上でも最悪の旅の生き残りであることは間違いないが、その後もほぼ同じくらいの長い期間を生き延びることになったわけだ。

鬱病の状態が悪くない時のチェリー＝ガラード（友人たちには「チェリー」と呼ばれていた）は、愉快な人だったらしい。元来裕福な彼は頻繁に自宅でパーティーを開いていた。キャサリン・スコットやその息子、ピーターもよく参加していた。彼のそばには常に誰か美しい女性がいたが、チャンスがあればすぐにでも巣から出て新しいメスと交尾をしようとするアデリー・ペンギンのオスとは違っていたようだ。

一枚の写真が私の印象に強く残っている。一九二六年に撮られた写真だ。チェリー＝ガラードはその時、女友達とともにレビック夫妻を訪ねた。写真には、庭のベンチに座る四人が写っている。そしてそれは、謎の存在であるロドニーが写る数少ない写真のうちの一枚でもある。レビックとチェリー＝ガラードの間に、ランニングシャツを着た小さなロドニーがいる。サマー・ドレスを着た二人の婦人は、ベンチの両端の肘掛けに腰掛けているのだ。オードリーは口を開けて、歯を見せて満面の笑みを浮かべている。とても幸せそうだ。レビックはロドニーの身体に腕を回している。相手がロドニーであれ、他の何者であれ、彼がそのように親しみを表す仕草をしているのを私は一度も見たことがなかった。ロドニーも笑っている。写真をはじめて見た時は、本当に幸せそうな家族だと思った。だが、よく見ると、ロドニーは六歳の子供らしく決しておとなしく座ってはいないのだとわかった。脚を激しく動かしているためだろう、ぶれていてはっきりとは写っていない。レビックの手はロドニーの肩を押さえつけている。要するに、腕を回していたのは愛情表現ではなく、息子の動きを止めようとしていただけだったのだ。

チェリー＝ガラードはまったく笑っていない。洒落た服装をした彼はとてもハンサムだが、いぶかしげに横を見ていて、決して楽しそうではない。彼のパートナーは、何をしでかすのかが気になるのか、ロドニーを見ている。

私はその写真に何かがあるのを感じた。私の心にはロドニーへの共感が生まれた。そして自分が真のマレー・レビックを知るという最終目標に近づいているのを感じた。

第二三章　人間の鏡像

一九三二年、レビックはイギリス学校探検協会を設立した。協会の目的は、パブリック・スクール――イギリスの「パブリック・スクール」は「パブリック」と呼ばれるのに公立ではなく私立学校なのが紛らわしいのだが――の男子を学校から連れ出し、大自然の中で生き抜く方法を教え、身体の鍛錬をさせることだ。初期に実施された何回かの旅は、レビック自身が生徒たちを引率し、ニューファンドランドの自然の残る地域まで連れて行った。

協会は今も存続しているが、協会の主旨は少し変わり、それに伴って名称も「イギリス探検協会」とより包括的なものに変更されている。今では参加者が男子に限定されているわけではなく、パブリック・スクールの生徒である必要もない。学校の生徒である必要もなくなっている。しかし、基本的な使命は今も同じだ。若者たちを厳しい自然の中へと連れ出し、そこで試練に耐えさせることだ。南極の雪洞で越冬した自身の体験から、その試練により若者たちはより良い人間になれると信じていたのだろう。

協会のオフィスは、王立地理学会と同じ建物の中にある。ロンドンのケンジントン・ゴア通りとエキシビジョン・ロードの交わる地点、緑の美しいハイド・パークを見下ろすように立っている建物だ。だが、近づいて行った私は、そこで私を見下ろしている者の存在に目を奪われた。赤いレンガ造りの建物の白くなったくぼみに、シャクルトンの等身大の像が立っていたのだ。まさに南極探検に行った時の装備を身に着けた像である。バラクラバ帽と呼ばれる防寒用の帽子をかぶり、紐のついた大きな毛皮のオーバーミトンを肩から提げている。シャクルトンは南極点に到達したわけではない。だが、他の誰よりも称えられているように見える。ヨハンセンがこの像を見たら、辛い思いをしたのではないだろうか。あるいはスコットが見たらどう思うだろうか。

ただ、建物の内部は、少なくともイギリス探検協会のオフィスは、これといった目立つ特徴があるわけではない。狭い部屋の中に何人かが集まり、ダンボール箱などで散らかった中で仕事をしている。壁には何枚かの掲示板があり、名簿や地図、スケジュール表など、地球上の各地への遠征に関連したあらゆる書類が画鋲で留められている。目的地は、いずれも人里離れた僻地ばかりだろう。協会のアーキビストは、白髪も薄くなった愛すべき人物で、その体型からして、自身が実際に遠征に参加していたのはかなり前のことなのだろうと思った。確かにそのとおりで、彼はまだレビック本人が引率をしていた時代の参加者の一人だった。本物の、生きて呼吸をしているマレー・レビックに会ったことのある人物に私が遭遇したのはそれがはじめてだ。

かつてのように思い通りには動かない身体なのだろうが、私が古い文書の保管されている場所まで行けるよう、彼は精一杯、身を後ろに反らして道を開けてくれた。私が特に興味を惹かれていたのは、協会が実施したニューファンドランドへの遠征だった。その時、レビックはキャンベルに連絡を取ったのか、レビックとキャンベルが共にカナダを旅したことはあったのか、など知りたいことはたくさんあった。これはいわば探偵の勘なのだが、レビックのこの旅は息子のロドニーとの関係が深いのではないかと私は思っていた。

アーキビストは、レビックが協会の遠征に必ず持って行っていたというノートを出してくれた。一九三四年のニューファンドランドへの遠征について書かれた最初のページを開いた途端、私は衝撃を受けて少し背筋を伸ばした。レビックの亡霊が部屋に入って来たような気がしたのだ。目の前にあったのは、私にとってはすでにすっかり見慣れた文字だった。やや角張った小さな文字。ところどころ流れるように連なっている部分もある。アポストロフィーをほぼ使わない癖も同じだ。鉛筆の文字を見ていると、雪洞の中で彼が書いていた日記を思い出した。しかし、ノートにロドニーへの言及は一切なかった。公式の名簿には—アーキビストもそれが公式のものだと認めていた—確かにロドニーと妻のオードリーの名前があり、レビックとともに船に乗ってニューファンドランドに行ったのは間違いないのだが、ノートに息子のことは書かれていない。

しかし、一九三七年のノートはいくぶん様子が違っていた。他のノートと同様、そこでも遠征に参加した男の子たちの名前をアルファベット順に列挙している。一九三七年のノートに七七人の名前があるが、その中にロドニーの名前もあるのだ。当時のロドニーは間もなく一七歳。パブリック・スクールであるラグビー校の生徒だった。もう親に言われたのではなく自分の意思で遠征に参加してもおかしくない歳だ。ロドニーは参加者の中の最年少というわけではない。男の子たちの名前の横に、レビックは、その子がどういう子か、どのくらい勇敢かを少し詳しく書いていた。ほとんどの子について説明があるが、例外が二人いた。まず、息子のロドニーだ。ロドニーの名前の横には何も説明がない。彼については説明の必要を認めなかったらしい。ギリシャ文字の暗号を使って記述されているということもなかった。

もう一人、説明のない子がいるのが目に留まった。彼については、「ガーニー・E・R(・ハーロー)一八歳二ヶ月」と記され、その横にたった一言、「死亡」とだけつけ加えられていた。

この遠征で向かったのは、トラウト・リバー周辺の地域だった。ニューファンドランドの西側、セントローレンス湾に面した場所で、グロス・モーン国立公園に属する。このあたりの海岸線については、すでに二世紀前にキャプテン・クックが正確な地図を作っていた。そこは、メイソン・モス・ビートンが材木商を営んでいた場所のすぐそばでもある。

ノートを読み進めていくと、その少年、エドワード・ラルフ・ガーニーは、一九三七年八月一一日に崖から転落して死亡したことがわかった。エドワードはもう一人の少年とともに、許可なくキャンプを離れ、大きな滝の脇の岩肌を這い降りようとしたらしい。一緒にいた少年がキャンプまで戻り、エドワードが転落したことを知らせたが、レビックたちの捜索隊は彼の姿を見つけられず、夜になってしまった。翌朝、エドワードは遺体で発見された。

突然、亡霊だったレビックが血肉を持った人間となって自分の隣に座っているような気がし始めた。きっと彼がどういう人だったのかが、前よりもはっきりとわかるようになったせいだろう。私が強い衝撃を受けたのは、この出来事へのレビックの対応である。かわいそうなエドワード少年が人生の終わりに頭に受けたのに近い強い衝撃だったかもしれない。遠征はその後も何事もなかったかのように続行された。一行はトラウト・リバーそばの森の中でキャンプをし、ハイキングをして次の三週間を過ごした。レビックは、日記に少年たちの行動を記している。息子ロドニーと、エドワードについての記述はまったくない。ただし、彼は、エドワードの両親に打った電報の文章をすべてノートに書いている。私は身を震わせてそれを読んだ。受け取った両親はどう思っただろうか。

誠に心苦しいのですが、お知らせしなくてはなりません。昨日、ご子息が崖から転落し、死亡されました。即死でした。葬儀はここから最も近い教会のあるコーナー・ブルックという街で執り行う予定です。

司令官レビック、ニューファンドランド、ボン・ベイ、トラウト湖(1)

あまりにも素っ気ない。堅苦しく残酷な電報に思える。エドワードの遺体は、コーナー・ブルックの住宅地、カーリングの小さな墓地に埋葬された。海を見下ろせる場所だ。同じように転落死を遂げたチャールズ・ボナーと同様の場所というわけだ。似ていたのはそこだけではない。レビックは、墓を飾るトウヒのリースにこんな碑文を添えたのだ。

あなたの思い出のために
あなたの仲間たちより
一九三七年

これもやはり堅苦しく素っ気ない。テニスンやブラウニングの詩もない。シャクルトンよりもスコットに近いだろうか。これがヴィクトリア朝時代の人らしい慎みということかもしれない。マレー・レビックは自らが何度も死に直面した人であり、また多数の人の死を目の当たりにした人でもある。普通の人が一生で目にするよりもはるかに多い死を見てきた。それを考えてもやはり、彼のこの対応に私は身震いがする。熱情や他人への共感というものがまったく感じられないからだ。「あなたの思い出のために あなたの仲間たちより(2)」とは、あまりに酷いのではないか。もう少しましな言葉は思いつかなかったのだろうか。作家を志したこともある人間とはとても思えない。

私はニューファンドランドのセント・ジョンズにいた。私はレビックに対して怒っていたわけではない。怒ったというよりも、がっかりしたという方が正確だろう。彼は私にとって姿の見えないガイド、シェルパのような存在だった。だが、南極から帰還し、苦しい戦争の時代が終わったあと、彼が歩んだのは、私があとをついて行きたいと思えるような道ではなかったのだ。あの雪洞の中で計画し、キャンベルとともに長い時間話し合っていたとおり、レビックが本当にサスカチュワン川をカヌーで下っていたという証拠が見つかることを、私は密かに強く願っていた。そして実は、レビックはその旅についての本を書こうとしたのだが、ペンギンの性行動についての論文と同様、結局は出版されずに終わった、ということだったら、という期待もあった。レビックはいつの間にか、私にとって良き師であり、英雄であり、という存在になり始めていた。見栄えは良いが問題を抱えたチェリー＝ガラードよりも私にとってはレビックの方が英雄に思えた。チェリー＝ガラードは確かに、時に素晴らしい言葉を発する人ではあったが、残念ながら彼には科学の素養が欠けていた。チェリー＝ガラードのしたことに不満というのではないが、彼と共に旅をするのは困難だと思えたのだ。レビックは行動も尊敬できるし、共に旅をする相手としても素晴らしいのではないかと思っていた。彼は冒険家であると同時に科学者でもあった。そして、雪洞で夢見た旅はロマンティックだった。レビックの人生は二幕から成っている。だが、第一幕の終わりに、冬の南極の暗い雪洞の中で、そばにいたキャンベルとともに考えたことが、第二幕には活かされていないような気がした。

＊

セント・ジョンズは、歩いていると、すぐに海に落ちてしまいそうな気がする街である。街の端には、多数の船が並んで浮かんでいる。街の建物や人々と海との間を隔てるのは並んだ船だけだ。岬の突端から眺めると、埠頭が海岸と垂直に伸びてはおらず、海岸と平行になっていることがわかる。船が海岸に沿って多数並んでいるのはそのせいだ。波に揺られているので、ダンサーの列がこちらに向かって一斉におじぎをしているように見えることもある。

私は内陸に向かった。目的地は、ニューファンドランド・メモリアル大学の中に立つ平らな屋根の建物だ。その建物は大学図書館である。ヴィクトール・キャンベルは、自身の論文や記録資料などを、スコット極地研究所ではなく、その図書館に預けた。レイモンド・プリーストリーの設立した研究所を選ばなかったことから、二人の間には何か対立があったのかと邪推してしまう。長い時を共に過ごし、互いを悪く言うこともなかった二人が密かに敵対していたのだろうか。キャンベルは、妻のマリットとともにニューファンドランドに移り住んでからは、頻繁に釣りや狩猟をしていたようだ。だが、やはり、私にとって何より興味深かったのは、テラノバ遠征の時、特にあの雪洞の中で書かれた日記やノートである。紙には黒い指紋が多くついていたし、アザラシの脂のせいで黒い染みもできていた。鉛筆で書かれた文字は整っていて、レビックの字よりも大きく、丸く、そして間隔が空いていた。

キャンベルは意外にも二面性のある人のようだった。私たちニュージーランド人が、ラグビーにたとえて「二つのハーフがある」と言う類の人だ。彼の文章は要点だけを簡潔に書いていて、長々と感情について書き連ねたりはしない。形容詞を多用して何かの美しさや恐ろしさを表現することなどはほとんどない。実際には、美しさも恐ろしさも経験しているはずなのだが、文章には書いていないのだ。ところが、これも鉛筆を使って描かれている絵は、感情のこもったものになっている。言葉で言えないことを彼は線や影で表現したのかもしれない。中に一つ、特に興味を惹かれる絵があった。テラノバ遠征の隊員たちと、アムンゼン一行とのクジラ湾での会合を描いた絵だ。それ以後、東隊の運命は変わり、マレー・レビックは思いがけず世界初のペンギン生物学者になっていったのである。

資料を丹念に調べたが、キャンベルがカナダでレビックに再会したことを示す証拠は何も見つからなかった。当然、二人でカヌーに乗って旅をしたという証拠などない。しかし、それは不思議なことではないかと思う。南極の過酷な冬を力を合わせて乗り越え、未来の旅についても盛んに話し合っていた二人だ。その後、大戦があり、戦果のほとんどあがらないガリポリの戦いに参加するなど、悲惨な日々があったとはいえ、その後まったく会うこともなかったというのは考えにくい気もする。第一、レビックの義理の父はニューファンドランド在住だったのだ。しかも、レビックは協会の探検でこの地に何度も来ている。共に地獄の手前まで行って生還した旧友を訪ねるのは難しいことではなかったのではないか。

私はセント・ジョンズを離れてさらに内陸へと進んで行った。そうすることで、ニューファンドランドという土地を少しでも知ろうとしたのである。それでももしかすると、レビックがキャンベルに会うことがなかった理由がわかるかもしれないとも思った。

旅をしていてすぐに思ったのは、この地の手つかずの自然は、レビックにとっては「緑の南極」だったのではないかということだ。ところどころ岩肌の露出した平らな地面、何マイルも続く森林。私はテラノバ国立公園の中を通り過ぎた。ここにこの名前の公園があるのを奇妙だと感じる人もいるだろう。私ははじめ、スコットの乗った船にちなんでつけた名前なのだと思っていた。だがそうではない。テラノバは「ニューファンドランド」の古称だった。"Terra Nova"、つまり「新しい大地」という意味だ。

さらに北西に進み、グロス・モーン国立公園に到達した。そのあたりまで来る頃には、なぜレビックがこの巨大な森の広がる平らな土地に、この厳しい自然の中にわざわざ来たのかがよくわかるようになっていた。この極端な環境の中に身を置けば、少年は大人の男になれると彼は考えたのだ。無茶をしすぎて大人になれなかったエドワードは例外ということになるのだろう。他にも同じように無茶をした少年はいたのだろうか。レビックがノートでまったく言及しない息子のロドニーは果たしてどうだったのか。

レビックとロドニー、二人の写真を一枚見つけた。自宅の庭の小さな池のそばで撮った写真のようだ。サリー州オールド・オクステッド、ホワイト・バーンの自宅だ。ロドニーは母親そっくりの口をしている。少し前に出ていて、歯がこぼれ出そうな口だ。耳は父親に似ていて、黒いウェーブのかかった髪は母親に似ている。当時一八歳だが、六二歳だった父親よりも華奢で小さく見える。

レビックを父親に持つのは色々と大変だったのかもしれない。自由に動き回ろうとする息子に腕を伸ばして無理におとなしくさせる父親だ。彼は自分自身にも厳しく、科学者として仕事をする時にはその厳しさが大いに役立った。だが、親としてはどうだったのだろうか。

私はどうしてもロドニーを優しい目で見たくなる。多少の問題はあったのかもしれないが、他人の目から見れば、決して愚かな子ではなかったのだと思う。彼は軍の士官となるための訓練を受けているが、父親の圧力からそうしたことは間違いない。レビックは息子にも自分と同じ軍人の道を歩ませようとした。ちょうど第二次世界大戦が始まった頃だ。前の大戦ですべての戦争が終わるはずだったのだが、結局そうはならなかった。ロドニーは一九四〇年三月九日に訓練を終え、イギリス陸軍工兵隊の少尉となった。一八ヶ月後には中尉に昇進した。ロンドンがドイツ軍の激しい空襲に遭い、両親が結婚式を挙げたクライスト教会の建物が破壊されたすぐあとのことだ。

レビック本人も戦争が始まると海軍に呼び戻され、「トレーサー作戦」と名づけられた大胆な作戦に参加する特殊部隊の訓練をすることになった。部隊がジブラルタルの岩山の下にできた洞窟に何ヶ月にもわたって閉じこもり、ドイツ軍の艦船の動きを密かにさぐるという作戦だ。南極で冬の間、雪洞に閉じこもっていたレビックと同じようなことをするわけだ。結局、作戦が予定通り実施されることはなかったが、レビックは一九四三年にロッカイロート城で部隊の訓練にあたっている。彼は訓練の中で、厳しい状況でも生き残るための方法を教え、同時に、そういう状況を生き抜くことで人間が身体的にも精神的にも強くなると教えた。レビックはこの時の講義を『戦闘に備えての部隊の強化（*Hardening of Commando Troops for Warfare*）』と題した小冊子にまとめてもいる。

やはり、どう考えてもこういう人を父親に持つのは楽ではなかっただろうと私は思う。

＊

私はデボン州沿岸部のバッドリー・ソルタートンという小さな町に行った。レビックが人生最後の何年かを過ごしたところだ。彼が住んでいたのは町の外れで、かなりの田舎だ。草の生えた野原が広がり、その周りをオークや背の高いポプラの木々が取り囲んでいる。地面近くに低く垂れ込めた霧が柔らかな光に照らされていた。まだ朝霧が残っている時刻だったのだ。この世のものと思えない美しい光景だった。霧は地球が吐く息のようにも見えた。

海岸は長く、緩やかなカーブを描いて伸びていた。岸辺の淡い色をした岩の上には、色とりどりのゴムボートや小さなヨットが引き上げられていて、見ていると南極で見たウェッデルアザラシの群れを思い出した。海は穏やかで波はほとんどない。海の水はターコイズブルーに見えるところもあれば、少し紫に見えるところもあった。空に浮かぶ雲のせいだろうか。雲は次々に形を変えていくが、天気が崩れそうな不穏な雰囲気はない。私は最後にロイズ岬の小屋を訪れた時のことを思い出した。空はあの時と同じだ。

バッドリー・ソルタートンは美しいが、地味で静かな町だ。その地域では、「神の待合室」とも呼ばれている。それは、高齢の住民が多いせいだろう。平均年齢はおそらく七〇歳を超えている。マレー・レビックは、海岸から二〇キロメートルほど離れたピルトモア・ハウスという老人ホームで神に迎えられた。一九五六年五月三〇日にそこで人生を終えたのだ。前立腺癌だった。あと数週間で八〇歳の誕生日を迎えるはずだったが、それはかなわなかった。レビックより一四歳下だった妻のオードリーは、その後、バッドリー・ソルタートンで二四年間生きた。この町には、まだレビック夫妻のことを記憶している人たちがいる。ある医師は、オードリーは恐ろしい女性だったと話してくれた。外科手術を受ける時でも、医師のところに来るのではなく、往診をしてくれと頼むのだという。まるで誰にでもそうするのが当たり前だというように。彼女から電話がある度に医師は遠いところを駆けつけたらしい。

ただ、長年、マレー・レビックのように仕事に厳しく、頑丈な身体を持つ人と暮らしていたオードリーからすれば、そのくらいのことをするのは当たり前という感覚だったのかもしれない。

私はレビックがかつて暮らしていた町の田舎道を進んで行った。自宅は周囲の家よりも大きく、大邸宅と呼んでもいいくらいのものだ。二階建てで、壁は荒塗り仕上げ、グレーのスレート葺きの屋根だ。ほとんどすべての窓が八つに分割されており、そのおかげで家は昔ながらの典型的なイギリス風家屋に見える。家の周りの土地にはたくさんの植物が植えられている。入り口のところはアジサイの茂みになっており、青や紫、ピンクなど実に様々な色の花を咲かせている。

ロドニーは母親の死後も生き続けた。彼が亡くなったのは、一九九九年三月二八日だ。近所の人の話では、ロドニーは短気でいつも怒っていたという。ガレージの上の一室だけを使って一人で暮らし、家のその他の部分は荒れるに任せていた。パイプが破裂するなどしたために、父親が南極に行った時の思い出の品を含め、中にあった物たちはかなり損傷した。地所の周囲を裸で走り回る姿もよく目撃されたようだ。また、家から海岸まで自転車で行くタイムを何度も繰り返し計っていたという話もある。少しでもタイムを向上させようと必死になっていたらしい。

家からは淡い色の野原を見渡すことができる。野原の端には濃い緑の生け垣があり、木々が立ち並ぶ。遠くには少し青い海も見える。ライム湾だ。自転車で行くには遠すぎるように思える。何度もタイムを計るのも楽ではなかったはずだ。裸のロドニーが前屈みの姿勢で自転車に乗って、腕時計を見ながら海岸に向かい、戻ってくる姿を私は思い浮かべた。実際に見たわけではないのに、その光景が今も頭から離れない。レビックが生きていれば、当然、自身が観察したペンギンたちの行動と同じく、息子のこの行動も常軌を逸したものと考えたに違いない。いや、レビックでなくても、これは常軌を逸していると思う。父親がとてつもない忍耐力を持った人、そして大きな仕事を成し遂げた人だったので、その息子は普通に生きるのが難しかったのだろうか。

レビックがかつて暮らした家には、ロドニーからそこを買い取った人が今も住んでいる。ロドニーの資産の多くは、オークションで売却された。その時に、レビックの動物学ノートはロンドンの古書収集家に買われることになったわけだ。しかし、まだ家に残されている資産も多い。現在の持ち主が、レビックのスキーを出して私に見せてくれた。確かに彼のイニシャルが彫られている。まさに、キャンベルがアトキンソンに宛てて書いた「北隊は雪洞で越冬し、エヴァンズ岬までの旅も終えて全員無事だ」と伝える手紙をハット・ポイントまで届けるのに使ったあのスキーだろうと私は思った。アダレ岬で撮影されたアデリー・ペンギンの写真も見せてもらった。額に入った写真だ。彼の個人的なコレクションなのだろう。もしそれが居間の壁に誇らしげに飾られていたとしたら、私は不思議に感じたと思う。彼にとってそれは一種の猥褻物のはずだからだ。

中でも特に興味をそそられたのはレビックが実際に使っていたという椅子だ。背もたれの低い、クリーム色の布が張られた椅子である。現在の持ち主はその椅子をまだ居間に置いたままにしていた。私は見せられてすぐに座った。これで私とレビックの間には、物理的にもつながりが生じたのだと思った。ただし座り心地が良いとはとても言えなかった。幾多の苦難を耐え忍んだことに誇りを持っていた人にふさわしい椅子なのだろう。その時、不意に、ロドニーと同じく私もやはり、レビックの影の後ろを歩いてきた人間なのだと悟った。彼の後ろにいて、どうにか前に出たいと必死になってきたのだ。

ある意味では、私はレビックの前に出られたとは思う。ペンギンの性行動に関してマレー・レビックが密かに先に発見し、ギリシャ文字の暗号で記録していたことを、そうとは知らずに私は「再発見」した。そして私は、ペンギンについてレビックの知らなかったことも新たに発見することができたのである。ペンギンは、実は「売春」をするのだ。

＊

一九九〇年代半ば、フィオナ・ハンターと私は、バード岬で四度の夏を過ごし、アデリー・ペンギンの性行動を観察した。私たちは外国から来た従軍記者のようなものだった。ペンギンたちの「精子戦争」について報道するための従軍記者というわけだ。それだけの観察をすることになったのは、主にペンギンたちが求愛期間に頻繁につがいの相手を変えるとわかったことがきっかけだった。ペンギンの精子はメスの生殖器官の中で数日間は生き続けるので、オスのペンギンには、他のオスの子供を苦労して育てることになるリスクがある。仮にメスが途中でつがいの相手を変えたとしても、メスの卵は、新しいパートナーではなく前のパートナーの精子によって受精することが理論的にはあり得るのだ。だが、その場合も生まれてきた子を世話するのは新しくパートナーになったオスである。新しいパートナーにも対抗戦略はある。まるで巡洋艦バッカントがガリポリのトルコ軍の拠点を攻撃した時のように、精子の砲弾をメスに情け容赦なく浴びせるのだ。

優秀な従軍記者と同じく、私たちも、その砲撃の様子を目撃すべく神経を集中させた。交尾を目にした時にはそのすべてを正確に記録した。交尾はいつ行われたか。交尾をしたのはどの個体とどの個体か。オスの砲弾は標的に命中していたか。私たちはあとからメスの身体を見て、精子がどの程度、正しく標的に命中していたかを調べた。また、死骸やぬいぐるみをおとりに使い、そちらとも交尾するようオスを誘導したりもした。

その四回の夏の私たちほど、ペンギンの交尾を熱心に観察した研究者はいなかっただろう――レビックも私たちほどのことはしていない。そして従軍記者は皆そうなのだと思うが、私たちもまったく思いがけないものを目にすることになった。夢にも想像していなかったことが起き、まさかとは思ったのだが、それが実際に起きていることを示す証拠が積み重なっていったのだ。

私たちは多数のペンギンを観察したが、それによって本当に知ろうとしたことはただ一つである。どのオスからどのメスに精子が渡されたかということだ。目の前で実際に交尾が行われ、射精が起きた時にはすべて、それを観察対象として記録をした。どの個体に関しても、交尾の前の求愛行動など、他のあらゆる要素は無視して、射精だけを対象に観察したのである。

メスが一つ目の卵を生んでから、二つ目の卵を生むまでには約三日間を要する。その間には、主にメスのパートナーとなっているオスが卵を抱く（レビックはメスが抱くと勘違いしていたが）。オスが卵を温めている間、メスは巣を補強するための石を探しに行くことが多い。問題は、その頃になると近くにあって簡単に運べるような石は、ほとんど他のペンギンたちに使われてなくなってしまっているということだ。

その時、メスが石を獲得するために驚くべき戦略を採る場合があることを私たちは発見した。『ビートン夫人の家政読本』のペンギン版に忠実に従っているような、勤勉で貞淑なメスたちはサブコロニーの外に出て、遠くまで石を探しに行く。しかし、中には卑劣で罪深い方法を採るメスがいるのだ。近くの巣から石を盗むのである。もちろんそのことは、この時、「精子戦争」を観察する前からわかっていた。レビックも目撃していただろう。だから、それだけであれば、特に記録する必要もなかった。珍しくもないことを報道するのは従軍記者の仕事ではないからだ。

ところが、特に意識して見ていたわけではないのに、メスが石を手に入れるためにまた別の策略を講じていることがわかったのだ。何とメスは交尾をさせるふりをしてオスの気を引き、石から注意を逸らさせていた。まず、メスは、つがいの相手のいない独身のオスに近づいて行く。独身のオスは他にすることもないので、せっせと石を集めていて、誰もいない空の巣には相当な量の石が集められている。メスは、求愛の動作を見せながら、そういうオスに近づく。彼女はクチバシが地面につきそうになるほど深々とおじぎをする。オスはすぐにそれに反応する――レビックなら擬人化して「必死に」反応すると言ったかもしれない――同じように深々とおじぎをして、巣の外に出るのである。ここまで来れば、普通はすぐに交尾が始まる。メスはオスの巣の中で横たわり、オスはその上に乗る。ところがこの狡猾なメスは期待された行動を取らず、その隙に空になった巣から大量にある石のうちの一つを拝借し、自分の巣へと持ち帰るのだ。哀れなオスは、騙されて無駄に興奮させられ、挙げ句に苦労して大量に集めた石を奪い取られてしまうのだ。繁殖期間は短く、子孫を残す機会はすぐに失われてしまう。それだけに相手の決まらないオスには余裕がない。だからこそ、こうしてメスの思わせぶりな態度に繰り返し騙されることになる。私たちの見た範囲では、メスがわずか一羽のオスからこの手口で六二個もの石を奪い取った事例もある。

これは一種の「戦争犯罪」と言ってもいいが、私たちのまったく予期していなかった種類の犯罪だ。セックスをすると見せかけ、相手が油断した隙に盗みをはたらくのだ。以後、私たちはこの犯罪に注意を集中するようになった。オスたちがいかに愚かかを明らかにできると思った。同じ手口に立て続けに六二回も騙されるとは多すぎるようにも思えるが、おそらくもっと多く騙されるオスもいるのだろう。イギリス軍はバラロングという「おとり」の船でドイツ軍のUボートをおびき出す作戦を使ったがそれに少し似ている。

観察していると他にも驚くべき行動が見られた。メスが石をため込んでいるオスに近づき、オスの巣の中に入って交尾をさせてから、石を一つ持って元の自分の巣へと戻る、という事例が一〇回もあったのだ。その間、巣では、本来のパートナーであるオスが何も知らずに彼女の生んだ卵を抱き続けている。卵から孵った雛の世話をするのもそのオスである。

石はペンギンのコロニーの中で通貨のような役割を果たしているらしい。レビックは、石が雪解け水から卵を守るのに役立つことを確認していたが、ペンギンの世界ではそれ以上の価値を持つ。人間にとってのドル紙幣や家畜と同様の意味を持っているのだ。交尾をさせ、その代わりに石を受け取る。これはまさに「売春」ということになるだろう。

メスの誘いに乗るオスは一見、愚かだが、実はそうでもないのかもしれない。お互いに納得した上での「取引」という可能性もある。オスも石という通貨を支払って交尾を買っているということだ。

売春はよく「最古の職業」と言われる。私たちヒトやその直近の祖先が地球上に出現したのは、たかだか六〇〇万年ほど前である。だが、ペンギンは六〇〇〇万年前くらいから存在している。それほど昔から売春という職業はあったのだろうか。

サミュエル・ビートンなら、たとえペンギンがこのような行動を取っていたと知っても驚かなかっただろうが、マレー・レビックが知ったら大きなショックを受けたことは間違いない。私のようにそれを「戦争犯罪」と呼ぶことはなかっただろうが、罪深い行動と考えたのは確かだろう。

＊

私は、マレー・レビックという人物についてそれまでに知り得たことを思い出しながら、彼の椅子に長く座っていた。レビックは、あの検閲を受けた論文をはじめて見た時に私が考えていたよりも、はるかに複雑な人物だった。私はレビックを強く尊敬してはいたが、これほど熱心に彼のことを調べた理由は尊敬していたから、だけではなかったと思う。私は彼にそれ以上の存在になって欲しかったのだ。私を鼓舞する存在、自分にとってのもう一人のチェリー＝ガラードになって欲しかった。

もちろん、チェリー＝ガラードと同じである必要はない。チェリー＝ガラードは『世界最悪の旅』という本を書いたが、レビックにはむしろ『世界最高の旅』を書いてもらいたかった。ロッキー山脈からサスカチュワン川をカヌーで下る旅について書いた本だ。カヌーはエドモントンを通り過ぎ、生物科学ビルディングの窓辺も通り過ぎる。そこは、私がバード岬で過ごしたはじめての夏に収集したペンギンのデータを分析した場所だ。カヌーはさらに、オーウェン・ビーティーがフランクリン遠征参加者の遺体を解剖した研究室のそばも通り過ぎ、やがてウィニペグ湖へと到達する。

私は、あとで読み返すためにこれを書いている。私は旅に出なくてはならない。この旅をしなければ、きっと私は連行され、射殺されることになるだろう。

レビックはそう書いている。そんなふうに思っていたのだ。私はニューファンドランド・メモリアル大学に収蔵されていたキャンベルの日記と論文をすべて読んだ。ケンブリッジのスコット極地研究所や、ロンドンのイギリス探検協会で発見されたレビックの驚くほど詳細な日記、ケンジントンの豪華アパートで発見された動物学ノートは何度も読み返した。レビックの人生を知ることに少しでも役立つ資料ならば、とにかくすべてに目を通したのだが、彼とキャンベルが雪洞の中で思い描いた旅を実現させた証拠は何も見つからなかった。カヌーでサスカチュワン川を下ることはおろか、バイクで旅をした証拠すら何もないのだ。

イギリス探検協会のアーキビストは、海軍を退役しバンクーバーで暮らしていた人物が書いた手紙にマレー・レビックについての記述があると教えてくれた。手紙によれば、レビックは、その人の家の玄関先まで来たという。しかもその時の彼はバイクでカナダを横断する旅の途中だったというのだ。だが、それがマレー・レビック本人であったはずはない。一九五〇年代に書かれた手紙だからだ。レビックはすでに八〇歳近くで、もう死が近づいていた頃だ。バイクに乗って来たとすれば、息子のロドニー・

ビートン・マレー・レビックだろう。そうして父親の果たせなかった望みを叶えようとしたのだろうか。ロドニーが父親を乗り越えたいと思えば、そうするしか方法がなかったのかもしれない。

レビックの椅子に座り、彼の部屋を見回しながら、私は自分が自由になったのを感じていた。彼はもはや私にとってのアムンゼンではなかった。彼は私にとって単なる父親のような存在に変わっていた。ペンギン生物学者の大先輩というべきか。レビックはもちろん意識していたわけではないが、私がペンギンとその性行動に興味を持つようになったのは、レビックがいたおかげだ。彼がもし、私とともにこの部屋にいて、ゆっくりとパイプをくゆらせていたとしたら、ペンギンの性行動について私が驚くべき発見をしたことを喜んでくれるだろうか。そして、実の息子のロドニーが何かを成し遂げたとしたら、レビックはやはり同じように喜んだのだと私は思いたかった。

マレー・レビックは結局、この旅のはじめに私が思い描いたのとはまるで違う人物だった。彼は自らの手でそれを私に教えてくれたと言っていいだろう。ニューカッスル・アポン・タインで生まれ育ったとはいえ、彼はやはりヴィクトリア朝時代の人らしく生真面目で規律正しい人ではあった。その人間性のおかげで、特に動物学者としての訓練は受けていなくても、素晴らしい観察研究ができたのだろう。また、南極で生還がほぼ絶望的な状況でも六人の隊員たちが生き延びられたのは、レビックという人がそこにいたからこそだろうと思う。

私の知り得たマレー・レビックは、ウィルフレッド・ブルースをはじめとして、何人かが言っているような融通の利かない堅物ではなかった。ただ彼には、外からはどこか上の空に見えるところがあったらしい。レビックは自分の頭の中で生きていた。もしかすると、頭の中では現実とは違い、数多くの女性と寝ていたのかもしれないし、ヨーロッパやカナダなどあちこちをバイクで旅していたのかもしれない。ヴィクトリア朝時代に生まれ育ち、その時代にふさわしい人間性を身に着けたことで、彼は偉業を成し遂げられたが、同時にどこか抑圧されているところもあったと思う。同時代人であるウォルター・ロスチャイルドにも似て、レビックは常に周囲の雰囲気を気にしていた。また、自分が人からどう見られるかを気にしていた。鳥について知ることに没頭したのもそういう性格のせいかもしれない。私生活でレビックが感情を露わにすることはめったになかったし、大胆な行動に出たくてもそれを抑えていたようだ。しかし、どうしても自分が前に出なくてはいけない状況、他人から頼られる状況になれば、レビックはアムンゼンやスコットのようになった。彼の抜け目のなさ、細かいところに気づく繊細な神経がその時には役立った。また、同じ性質は、科学者にとっても重要である。その性質のおかげで、当時の他の科学者たちとは違い、感傷的にならずに冷静に対象を観察することができた。

レビックのそんな姿が何よりよくわかる資料がある。それは作られてから一世紀経って奇跡的に発見された資料だ。

二〇一二年、ニュージーランド南極研究プログラムの保存管理者が、エヴァンズ岬のスコットの小屋に一〇〇年以上にわたって降り積もった雪を除去した。そのままだと雪の重みで小屋が崩壊する恐れがあったからだ。その時、小屋の中から小さな茶色のノートが発見されたのである。

その中には、私がロンドンの豪華アパートの三階で最初に目にしたのと同じ、レビックの小さく整った字が書かれていた。まさしくレビックのノートだ。彼が「慌てず、しかし急いで」テラノバ号に乗り込んだ一九一三年一月一九日に置き去りにされたままになっていたのである。そこにはペンギンのことも、性行動のことも一切、記されていない。記されていたのは、レビックが撮影した写真に関する詳細な情報である。露出時間などの他、現像に関わることなども実に細かく書かれている。

バッドリー・ソルタートンの自宅でレビックの椅子に座る私が目にした額入りの写真からも、彼の人となりはよくわかる。レビックは、テラノバ遠征に同行していた写真家、ハーバート・ポンティングに写真のことを教えてくれるよう頼んだ。ポンティングは決して妥協をしない優れた写真家ではあったが、レビックにはあまり好感を抱いていなかった。そのためレビックは独学で写真の撮り方を覚えるしかなくなったのだ。はじめのうち、レビックの撮る写真は惨憺たるものだった。露出オーバーで色が飛んでいて、構図も良くなかった。しかし、レビックという人は一度、目標を定めると、粘り強く努力を重ねて必ずそれを達成してしまう。カルステン・ボルクグレヴィンクが放棄したアダレ岬の凍てつく小屋の中、レビックは、ジョージ・アボットがサンドバッグを叩いているすぐ横で写真の現像に取り組んでいた。茶色のノートにはその時のことが記録されている。努力のかいあって、レビックは、ポンティングと同じとは言わないが、それに近いくらいの腕の良いカメラマンになった。

私もカメラマンではあるので、家の現在の持ち主が私のために椅子の周りに置いてくれた写真たちをじっくりと眺めてみた。ほとんどはアデリー・ペンギンの写真だ。美しい。それは、彼が生まれたニューカッスル・アポン・タインの現在の姿のように、表面上はとにかく美しく見える。アデリー・ペンギンの姿を世界の人々に伝えることだけを目的にした写真のようだ。彼の写真には言葉による説明は何もいらないし、暗号を使って何かを秘密にする必要があるとも思えない。見た人は、自分の好きなように自由に写真を解釈できる。写真の背後に隠された秘密を知っているのはレビック本人だけだ。

レビックの椅子に座ったまま、私は彼が発見し、また覆い隠してしまったペンギンの性行動の秘密について考えを巡らせた。知らない間に彼の足跡をたどって私が再発見した秘密だ。ペンギンは長らく考えられていたような、一夫一婦制の美徳の模範となるような生物ではなかった。だが、その性行動を理由にペンギンという生物を低く評価していいものだろうか。ヴィクトリア朝時代の人であるレビックは明らかにそうだったようだが、それは果たして正しいのか。

ペンギンは当然のことながら環境の産物であり、その生態には必ず何かしらの理由がある。南極は環境が極めて厳しい場所である。ペンギンも人間もそこで生き抜こうとすれば、高い代償を要求されることになる。少し何かを失敗しただけで、少し動きが遅くなっただけで、少し食べ物が足りないだけで、羽毛や衣服が適切なものでないだけで、あるいは脂肪が少し足りないだけで、もう命取りになってしまうのだ。

調査の結果、ペンギンには同性愛、離婚、不倫、強姦、売春などが見られるとわかったが、そういう行動が決して進化的に見て良いわけではない。それはむしろ、進化の結果、進化の副産物と考えるべきだろう。繁殖を成功させるのが容易でない環境で長年生きてきた結果、そういう行動をするようになったということだ。自然選択とは、単に勝った者が生き延びることであり、良い手段を取ったから生き延びるわけではないのである。

ただ、人間の場合は少し事情が違う。人間は自然からは離れ、他の生物とは違った原理で生きている。人間は他の生物とは違い、宗教や社会の規範に沿って生きるようになった。人間は、成功したもの、生き延びたものを必ず良いと評価するわけではない。たとえば、犬やスキーなどの実績ある手段を駆使して見事、南極点に到達した者に厳しい目を向けたかと思えば、愚かにも十分な準備もないまま南極点に挑んで失敗した者を喜んで称賛することもある。

一九七七年の夏にはじめて南極に行った時、私は、レビックの著書も含めてペンギンの本を三冊持って行ったが、それに加えて何度も読み返した愛読書であるヘンリー・デヴィッド・ソローの全集と、ウォルト・ホイットマンの詩集『草の葉（有島武郎訳、岩波書店、二〇〇五年）』も持って行った。バード岬の小さな緑の小屋に着いた時、私はまず、ソローの日記の一節を書き抜いて、研究室の窓の上の壁に画鋲で留めた。

色は、詩人にとっての富であり、それがあまりに高価なために、ほとんどの人は輪郭だけ、鉛筆描きのスケッチだけで満足するか、科学の人になる。(3)

私がその詩を掲げたのは、窓の外の世界に存在する色を決して見失いたくないと思ったからだ。詩を見る度に注意が喚起されると思った。そして、私はレビックにもそういう人であって欲しいと願った。科学の人であり、同時にソローのような感受性を持った人であって欲しかった。レビック本人も、そういう人間でありたかったはずだと思う。人生の第二幕では作家になるつもりだったレビックだが、そういう未来は存在しなかった。レビックは社会の期待に拘束されて生きた人だった。生まれてすぐに植えつけられたヴィクトリア朝時代の道徳規範を彼は完全に受け入れていた。同じ道徳規範はスコットも拘束し、彼を失敗へと導いた。だが、ナンセンやシャクルトンは、たとえ社会がどのような規範を押しつけてこようと、自分の周囲の世界にある色を大切にして生きていた。アムンゼンですらそうだったのだ。

ある意味で、彼らはソローというよりもホイットマンに似た人たちだったとも言える。

一九七七年の時点ですでに私は、アデリー・ペンギンが交尾の相手を呼ぶ声が、ホイットマンの有名な長い詩、「私自身のうた」にあまりによく似ていることに気づいて驚いていた。オスのペンギンが石で作った巣に立ち、くちばしを空に向けて、世界に向かって叫ぶ。それはホイットマンと同じような

「自分自身のうた」である。ただ、レビックの椅子という素晴らしい場所にいた私には、両者の間のさらに深い類似も感じ取れた。ホイットマンは詩の終わりでこう書いている。

私には矛盾があるのだろうか？
なるほど、確かに私には矛盾があるのだろう
（私は大きく、その中には数多くのものを抱えている）[4]

この詩で彼が言っているのは、彼は―そして突き詰めればあらゆる人間は―良くも悪くも多数の矛盾の集まりだということだ。

私はレビックについて、そして、彼のペンギン研究について詳しく調べたが、その中でわかったのは、ホイットマンの言うことが人間にも、ペンギンにも同じように当てはまるということである。偶像たちは、決して私たちが思いたがるような道徳的に優れた存在ではない。いわゆる「英雄時代」を彩った探検家たちも、特別に誠実な人たちではなく、ときには誰かを騙し、裏切ることがあった。ノーベル賞を受賞した探検家も不倫をしていた。

バード岬ではじめて目にしたその日に私はペンギンに恋をした。ペンギンがあまりにも愛らしく魅力的だったからだ。愛らしい姿をしているにもかかわらず、とてつもなく厳しい環境で立派に生き抜いている姿に心惹かれたのだ。だが、そのような環境で生きているのだから、一面では冷酷で情け容赦のない生物でもある。当然のことだが、はじめのうち私はそれをまったくわかっていなかった。ペンギンた

ちは、隙さえあれば、つがいの相手ですら簡単に欺く。オスのペンギンは、相手が雛だろうが、死体だろうが関係なく交尾をしようとする。時には強姦することもある。

人間、そしてペンギンの抱える矛盾は、ホイットマンが想定していたよりもはるかに大きいのかもしれない。シャクルトン夫妻はきっと正しかったのだろう。二人は、お気に入りだったヴィクトリア朝時代の詩人、ロバート・ブラウニングの詩に、自分たちの疑問への答えではないにせよ、答えを得るための何らかのヒントを求めていた。

ブラウニングの詩で私がよく知っているものといえば、「ポーフィリアの恋人」くらいだ。学校でキャプテン・クックやジョゼフ・バンクスについて学んだ頃に覚えた。この詩の中では、嵐の吹き荒れる（南極の嵐と同じくらいに激しいものかもしれない）中、一人の若い女がある男のいる小屋に入って来る。やがて女は着ていた服を少しはだけさせ、男を誘惑し始めた。明らかに当時のヴィクトリア朝的道徳には反した行為だろう。それはマレー・レビックが子供の頃に叩き込まれ、生涯従っていた道徳に反している。ただし、ブラウニングの詩はそれだけに留まってはいない。男は、女自身の髪の毛で女の首を絞めた。その瞬間を永遠のものにするためだ。この詩の最後はこうなっている。

そして僕たちは今、共に座っている
そして一晩中、動かずにいた
そしてまだ神は何も言わない(5)

ブラウニングは、ヴィクトリア朝時代の社会の美、性、暴力がどういうものだったのかを私たちに伝えてくれる。それは決して単純なものではなかった。マレー・レビックが身をもって体験した南極や、彼自身の目で見つめたペンギンの社会と同じく、そう簡単にこうだと表現できるようなものではなかったのだ。ブラウニングはヴィクトリア朝時代の真実を私たちの前に提示し、私たちに判断を迫っている。長らく私たちを結びつけてきた宗教的な価値観では、この世界は神の手によって作られたとされてきたが、実際にはそうではなかった。善悪すら神が決めるのではなく、決めるのは私たち人間である。シドニー・ハーマーが、レビックが、ペンギンの奔放すぎる性行動に関する記述を削除せざるを得ないと判断したのは、果たして単に人々から非難されることを恐れたからだろうか。答えは間違いなく「ノー」である。

結局、確実に言えることはただ一つだ。道徳的に見て完璧とは言えないペンギンという生物は、私たち人間の鏡像のようなものだということである。チェリー＝ガラードは、私を南極に行かせ、ペンギン研究者にさせた著書『世界最悪の旅』にこう書いている。

世界中の人がペンギンを愛している。それは、ペンギンが色々な点で私たち人間に似ていて、また似ていると思いたがっている人が多いからだと私は思う。(6)

確かに、性行動に関して言えば、マレー・レビックと私が観察したとおり、そしてナンセン、シャクルトン、アムンゼンなどの人生からもわかるとおり、人間とペンギンは普通の人が想像するよりも似ているようだ。

だが、神はもちろんそれについて何も言っていない。

注

プロローグ

(1) George Murray Levick, *Zoological Notes Cape Adare Vol. 1.*(Unpublished)〔未発表〕).

(2) Captain R. F. Scott, *Scott's Last Expedition: Volume I, Being the Journals of Captain R. F. Scott, R.N., C.V.O.* (London: Macmillan and Co., Ltd., 1913).〔ロバート・スコット著、中田修訳『南極探検日誌』ドルフィンプレス、一九八六年〕

(3) George Murray Levick, diaries. (Scott Polar Research Institute, Unpublished).〔ジョージ・マレー・レビックの日記(スコット極地研究所、未発表)〕

第一部

第一章

(1) Douglas G. D. Russell, William J. L. Sladen, and David G. Ainley. "Dr. George Murray Levick (1876–1956): unpublished notes on the sexual habits of the Adélie penguin," *Polar Record* 48, no. 247 (2012): 387–393. doi:10.1017/S0032247412000216.

第二章

(1) Douglas Russell, recorded interview with author, Natural History Museum, Tring, July 22, 2013.〔ダグラス・ラッセルに対して行った録音インタビュー、トリングの自然史博物館にて、二〇一三年七月二二日〕

第三章

(1) Roald Amundsen, *The North West Passage: Being the Record of a Voyage of Exploration of the ship "Gjoa" 1903–1907* (London: Archibald Constable and Co., Ltd., 1908).〔(ロアルド・アムンゼン著、長もも子訳『ユア号航海記——北極西廻り航路を求めて』中公文庫、中央公論新社、二〇〇二年)〕

(2) Ibid.

(3) C. E. Borchgrevink, *First on the Antarctic Continent: Being an Account of the British Antarctic Expedition 1898–1900* (London: George Newnes Ltd., 1901).

(4) Roland Huntford, *Scott and Amundsen: The Last Place on Earth* (London: Little, Brown Book Group, 1979).

(5) Amundsen, *The North West Passage*.

第二部

第四章

(1) Borchgrevink, *First on the Antarctic Continent*.

(2) Louis Bernacchi, *To the South Polar Regions: Expedition of 1898–1900* (London: Hurst and Blackett, Ltd., 1901).

(3) Ibid.

(4) Ibid.

(5) Borchgrevink, *First on the Antarctic Continent*.

(6) Ibid.

(7) Scott, *The Voyage of the 'Discovery'*.

(8) Ibid.

(9) Ibid.

(10) Beau Riffenburgh, *Shackleton's Forgotten Expedition: The Voyage of the Nimrod* (New York: Bloomsbury, 2005).

(11) Scott, *The Voyage of the 'Discovery'*.

(12) Huntford, *Scott and Amundsen*.
(13) Scott, *The Voyage of the 'Discovery'*.

第五章

(1) Edward A. Wilson. *Appendix II. On the Whales, Seals, and Birds of Ross Sea and South Victoria Land*, in *The Voyage of the 'Discovery'* (London: Smith, Elder, & Co., 1905), 352–374.
(2) Huntford, *Scott and Amundsen*.
(3) Ibid.
(4) Amundsen, *The North West Passage*.
(5) Ibid.

第六章

(1) Peter Fitzsimons, *Mawson and the Ice Men of the Heroic Age: Scott, Shackleton and Amundsen* (Australia: William Heinemann, 2011).
(2) Robert Falcon Scott, letter to Ernest Shackleton, March 18, 1907, Scott Polar Research Institute, MS1456/23.〔ロバート・ファルコン・スコットからアーネスト・シャクルトンへの手紙、一九〇七年三月一八日、スコット極地研究所、MS1456/23〕
(3) James Murray, *Appendix One. Biology: Notes by James Murray, Biologist of the Expedition*, in *The Heart of the Antarctic: Being the Story of the British Antarctic Expedition 1907–1909* (London: William Heinemann, 1909).
(4) Ibid.
(5) Ibid.

第七章

(1) Huntford, *Scott and Amundsen*.
(2) Michael Smith, *Shackleton: By Endurance We Conquer* (Cork, Ireland: The Collins Press, 2014).
(3) Eleanor Harding, "*Shackleton's Secret Lover: Polar Explorer Was So Smitten He Named a Mountain after Her*," *Daily Mail*, November 12, 2011.
(4) Ibid.

第八章

(1) Diana Preston, *A First Rate Tragedy: Robert Falcon Scott and the Race to the South Pole* (Boston: Houghton Mifflin Co., 1998).
(2) *Los Angeles Times*, September 3, 1909, 14.
(3) Hugh Robert Mill, *The Life of Sir Ernest Shackleton* (London: William Heinemann Ltd., 1923).
(4) Boyce Rensberger, "National Geographic Reverses, Agrees Adm. Peary Missed North Pole," *Washington Post*, September 18, 1988.
(5) Ernest Shackleton, letter to Robert Falcon Scott, February 21, 1910, Scott Polar Research Institute, MS367/17/2.〔アーネスト・シャクルトンからロバート・ファルコン・スコットへの手紙、一九一〇年二月二一日、スコット極地研究所、MS367/17/2〕
(6) Victor Campbell, *The Wicked Mate: The Antarctic Diary of Victor Campbell, an Account of the Northern Party on Captain Scott's Last Expedition from the Original Manuscript in the Queen Elizabeth II Library, Memorial University of Newfoundland* (Alburgh, UK: Bluntisham Books/ Erskine Press, 1988).

(7) Huntford, *Scott and Amundsen*.
(8) Ibid.

第九章

(1) Katherine Lambert, *'Hell with a Capital H': An Epic Story of Antarctic Survival* (London: Pimlico, 2002).
(2) Edward Wilson, *Diary of the Terra Nova Expedition to the Antarctic 1910–1912* (London: Blandford Press, 1972).
(3) Tryggve Gran, *The Norwegian with Scott: Tryggve Gran's Antarctic Diary 1910–1913*, edited by Geoffrey Hattersley-Smith, translated by Ellen Johanne McGhie (London: HMSO Books, 1984).
(4) Ibid.
(5) George Murray Levick, *A Gun for a Fountain Pen: Antarctic Journal November 1910–January 1912* (Perth: Freemantle Press, 2013).
(6) Titus Oates, letter to his mother, November 23, 1910, Scott Polar Research Institute, MS1016/337/1.〔タイタス・オーツから母親への手紙、一九一〇年一一月二三日、スコット極地研究所、MS1016/337/1〕
(7) Campbell, *The Wicked Mate*.
(8) Ibid.
(9) Levick, *A Gun for a Fountain Pen*.
(10) Ibid.
(11) Ibid.
(12) Ibid.
(13) Lambert, *'Hell with a Capital H.'*
(14) Levick, *A Gun for a Fountain Pen*.
(15) Ibid.
(16) Meredith Hooper, *The Longest Winter: Scott's Other Heroes* (London: John Murray, 2010).
(17) Ibid.
(18) Levick, *A Gun for a Fountain Pen*.
(19) Lambert, *'Hell with a Capital H.'*
(20) Ibid.
(21) Levick, *A Gun for a Fountain Pen*.
(22) Ibid.
(23) Hooper, *The Longest Winter*.
(24) Levick, *A Gun for a Fountain Pen*.
(25) Roald Amundsen, *The South Pole, Volumes 1 and 2: An Account of the Norwegian Antarctic Expedition in the "Fram," 1910–1912. Translated from the Norwegian by A. G. Chater* (London: John Murray, 1912).〔ローアル・アムンセン著、中田修訳『南極点』朝日文庫、朝日新聞社、一九九四年〕
(26) Ibid.
(27) Campbell, *The Wicked Mate*.
(28) Raymond E. Priestley, *Antarctic Adventure: Scott's Northern Party* (London: T. Fisher Unwin, 1914).
(29) Ibid.
(30) Levick, *A Gun for a Fountain Pen*.
(31) Ibid.
(32) Ibid.

第三部

第一〇章

(1) Levick, *A Gun for a Fountain Pen*.

(2) Campbell, *The Wicked Mate*.
(3) Levick, *A Gun for a Fountain Pen*.
(4) Campbell, *The Wicked Mate*.
(5) Ibid.
(6) Priestley, *Antarctic Adventure*.
(7) Campbell, *The Wicked Mate*.
(8) Levick, *A Gun for a Fountain Pen*.
(9) Scott, *Scott's Last Expedition*.
(10) Ibid.
(11) Gran, *The Norwegian with Scott*.
(12) Huntford, *Scott and Amundsen*.
(13) Ibid.
(14) Apsley Cherry-Garrard, *The Worst Journey in the World: Antarctic 1910–1913* (London: Chatto & Windus, 1922). 〔アプスレイ・チェリー＝ガラード著、加納一郎訳『世界最悪の旅――スコット南極探検隊』中公文庫、中央公論新社、二〇〇二年〕
(15) Scott, *Scott's Last Expedition*.
(16) *Daily Mail*, March 28, 1911, 9.
(17) Cherry-Garrard, *The Worst Journey in the World*.

第一一章

(1) Levick, *A Gun for a Fountain Pen*.
(2) Cherry- Garrard, *The Worst Journey in the World*.
(3) Ibid.
(4) Ibid.
(5) Ibid.
(6) Ibid.
(7) Ibid.
(8) Ibid.
(9) Ibid.
(10) Ibid.
(11) Ibid.

第一二章

(1) Levick, *Zoological Notes*.
(2) Ibid.
(3) Harry Dickason, *Penguins and Primus: An Account of the Northern Expedition June 1910–February 1913* (Perth: Australian Capital Equity/Freemantle Press, 2013).
(4) Priestley, *Antarctic Adventure*.
(5) Levick, *A Gun for a Fountain Pen*.
(6) Huntford, *Scott and Amundsen*.
(7) Ibid.
(8) Ibid.
(9) Levick, *A Gun for a Fountain Pen*.
(10) Ibid.
(11) Levick, *Zoological Notes*.
(12) Borchgrevink, *First on the Antarctic Continent*.
(13) Priestley, *Antarctic Adventure*.
(14) Lambert, *'Hell with a Capital H.'*
(15) Priestley, *Antarctic Adventure*.
(16) Levick, *Zoological Notes*.
(17) Ibid.
(18) Ibid.
(19) Ibid.
(20) Hooper, *The Longest Winter*.

第一三章

(1) Huntford, *Scott and Amundsen*.
(2) Ibid.
(3) Titus Oates, Note, October 31, 1911, Scott Polar Research Institute, MS1317/2.〔タイタス・オーツのノート、一九一一年一〇月三一日、スコット極地研究所、MS1317/2〕
(4) Michael Smith, *I Am Just Going Outside: Captain Oates–Antarctic Tragedy* (Staplehurst, UK: Spellmount Ltd., 2008); but see Huntford, *Scott and Amundsen*, who quotes "seaboot" rather than "sea boat."〔Michael Smith, *I Am Just Going Outside: Captain Oates–Antarctic Tragedy* (Staplehurst, UK: Spellmount Ltd., 2008) による。〕
(5) Huntford, *Scott and Amundsen*.
(6) Levick, *Zoological Notes*.
(7) Ibid.
(8) Ibid.
(9) Ibid.
(10) Ibid.
(11) G. Murray Levick, *Antarctic Penguins: A Study of Their Social Habits* (London: William Heinemann, 1914).
(12) Levick, *Zoological Notes*.
(13) Ibid.
(14) Ibid.
(15) Ibid.
(16) Ibid.
(17) Ibid.
(18) Ibid.
(19) Ibid.
(20) Ibid.
(21) Levick, *Antarctic Penguins*.
(22) Ibid.
(23) Levick, *Zoological Notes*.
(24) Ibid.
(25) Ibid.
(26) Ibid.
(27) Ibid.
(28) Ibid.
(29) Ibid.

第一四章

(1) Huntford, *Scott and Amundsen*.
(2) Ibid.
(3) Ibid.
(4) Amundsen, *The South Pole*.
(5) Russell et al., "Dr. George Murray Levick (1876–1956)".
(6) Ibid.
(7) Levick, *Zoological Notes*.
(8) Cherry-Garrard, *The Worst Journey in the World*.
(9) Huntford, *Scott and Amundsen*.
(10) Ibid.

第一五章

(1) Levick, *Zoological Notes*.
(2) Levick, *Antarctic Penguins*.
(3) Ibid.
(4) Huntford, *Scott and Amundsen*.

(5) Amundsen, *The South Pole*.
(6) Scott, *Scott's Last Expedition*.
(7) Cherry-Garrard, *The Worst Journey in the World*.
(8) Ibid.
(9) Ibid.
(10) Scott, *Scott's Last Expedition*.
(11) Ibid.
(12) Levick, *A Gun for a Fountain Pen*.
(13) Campbell, *The Wicked Mate*.

第四部

第一六章

(1) Levick, *Zoological Notes*.
(2) Ibid.
(3) Ibid.
(4) Ibid.
(5) Ibid.
(6) John King Davis, *High Latitude* (Melbourne: Melbourne University Press, 1962).
(7) Priestley, *Antarctic Adventure*.
(8) Ibid.
(9) Ibid.
(10) Ibid.
(11) Scott, *Scott's Last Expedition*.
(12) Ibid.
(13) Ibid.
(14) Ibid.
(15) Cherry-Garrard, *The Worst Journey in the World*.
(16) Scott, *Scott's Last Expedition*.
(17) Levick, *Antarctic Penguins*.
(18) Ibid.
(19) Ibid.

第一七章

(1) Cherry- Garrard, *The Worst Journey in the World*.
(2) Ibid.
(3) Scott, *Scott's Last Expedition*.
(4) Ibid., and Cherry-Garrard, *The Worst Journey in the World*.
(5) Levick, diaries, Scott Polar Research Institute.〔レビックの日記、スコット極地研究所〕
(6) Ibid.
(7) Ibid.
(8) Ibid.
(9) Scott, *Scott's Last Expedition*.
(10) Ibid.
(11) Ibid.
(12) Ibid.
(13) Ibid.
(14) Campbell, *The Wicked Mate*.
(15) Levick, diaries, Scott Polar Research Institute.〔レビックの日記、スコット極地研究所〕
(16) Ibid.
(17) Scott, *Scott's Last Expedition*.
(18) Ibid.
(19) Ibid.
(20) Levick, diaries, Scott Polar Research Institute.〔レビックの

日記、スコット極地研究所〕
(21) Campbell, *The Wicked Mate*.
(22) Ibid.
(23) Priestley, *Antarctic Adventure*.
(24) Hooper, *The Longest Winter*.
(25) Ibid.
(26) Amundsen, *The South Pole*.
(27) Huntford, *Scott and Amundsen*.
(28) Ibid.
(29) Scott, *Scott's Last Expedition*.

第一八章

(1) Cherry-Garrard, *The Worst Journey in the World*.
(2) Ibid.
(3) Ibid.
(4) Ibid.
(5) Scott, *Scott's Last Expedition*.
(6) Ibid.
(7) Levick, diaries, Scott Polar Research Institute.〔レビックの日記、スコット極地研究所〕
(8) Ibid.
(9) Ibid.
(10) Scott, *Scott's Last Expedition*.
(11) Ibid.
(12) Ibid.
(13) Levick, diaries, Scott Polar Research Institute.〔レビックの日記、スコット極地研究所〕
(14) Ibid.
(15) Ibid.
(16) Ibid.
(17) Campbell, *The Wicked Mate*.
(18) Levick, diaries, Scott Polar Research Institute.〔レビックの日記、スコット極地研究所〕
(19) Scott, *Scott's Last Expedition*.
(20) Ibid.
(21) Ibid.

第一九章

(1) Priestley, *Antarctic Adventure*.
(2) Levick, diaries, Scott Polar Research Institute.〔レビックの日記、スコット極地研究所〕
(3) Cherry-Garrard, *The Worst Journey in the World*.
(4) Ibid.
(5) Ibid.
(6) Ibid.
(7) Levick, diaries, Scott Polar Research Institute.〔レビックの日記、スコット極地研究所〕
(8) Ibid.
(9) Priestley, *Antarctic Adventure*.
(10) Ibid.
(11) Ibid.
(12) Levick, diaries, Scott Polar Research Institute.〔レビックの日記、スコット極地研究所〕
(13) Ibid.
(14) Ibid.
(15) Ibid.

(16) Campbell, *The Wicked Mate*.
(17) Levick, diaries, Scott Polar Research Institute.〔レビックの日記、スコット極地研究所〕
(18) Lambert, *'Hell with a Capital H.'*
(19) Levick, diaries, Scott Polar Research Institute.〔レビックの日記、スコット極地研究所〕
(20) Ibid.
(21) Ibid.

第二〇章

(1) Levick, diaries, Scott Polar Research Institute.〔レビックの日記、スコット極地研究所〕
(2) Ibid.
(3) Ibid.
(4) Ibid.
(5) Ibid.
(6) Ibid.
(7) Ibid.
(8) Ibid.
(9) Cherry-Garrard, *The Worst Journey in the World*.
(10) Ibid.
(11) Sara Wheeler, *Cherry: A Life of Apsley Cherry-Garrard* (London: Jonathan Cape, 2001).
(12) Cherry-Garrard, *The Worst Journey in the World*.
(13) Lambert, *'Hell with a Capital H.'*
(14) Sir Douglas Mawson, *The Home of the Blizzard: Being the Story of the Australasian Antarctic Expedition, 1911–1914* (London: Ballantyne Press, 1915).
(15) Ibid.
(16) Ibid.
(17) Ibid.
(18) Cherry-Garrard, *The Worst Journey in the World*.
(19) Ibid.
(20) Mawson, *The Home of the Blizzard*.
(21) Ibid.
(22) Ibid.
(23) Ibid.
(24) Ibid.
(25) Ibid.
(26) Ibid.
(27) Cherry-Garrard, *The Worst Journey in the World*.
(28) Hooper, *The Longest Winter*.

第五部

第二一章

(1) Amundsen, *The South Pole*.
(2) Cherry-Garrard, *The Worst Journey in the World*.
(3) *Daily Mail*, February 11, 1913, 4.
(4) Kari Herbert, *Heart of the Hero: The Remarkable Women Who Inspired the Great Polar Explorers* (Glasgow: Saraband, 2013).
(5) Lady Kathleen Kennet, *Self-Portrait of an Artist: From the Diaries and Memoirs of Lady Kennet, Kathleen, Lady Scott* (London: John Murray, 1949).
(6) Ibid.
(7) Herbert, *Heart of the Hero*.

(8) Ibid and partially in 一部は Scott, *Scott's Last Expedition*.
(9) Herbert, *Heart of the Hero*.
(10) Murray Levick, letter to Mayson Beeton, The Keep, Sussex.〔マレー・レビックからメイソン・ビートンへの手紙〕
(11) Ibid.
(12) Ibid.
(13) Ibid.
(14) Ibid.
(15) Henry R. Guly, "George Murray Levick (1876–1956), Antarctic explorer," *Journal of Medical Biography* 24, no. 1 (2014): 4–10.
(16) Sir Ernest Shackleton, *South: The Story of Shackleton's 1914–1917 Expedition* (London: William Heinemann, 1919).〔アーネスト・シャクルトン著、木村義昌・谷口善也訳『エンデュアランス号漂流記』中公文庫、中央公論新社、二〇〇三年〕
(17) David Day, *Flaws in the Ice: In Search of Douglas Mawson* (Melbourne: Scribe, 2013).
(18) レイモンド・プリーストリー、一九五六年の英国科学振興協会での講義より。チェリー＝ガラードの著書『世界最悪の旅』の紹介をした。

第二二章

(1) Guly, "George Murray Levick (1876–1956), Antarctic explorer."
(2) Michelle Merrilees, "Lady Shackleton: The Full Story," 2017, https://womenofeastbourne.co.uk/wp-content/uploads/2017/11/Lady-Shackleton-the-full-story.pdf.
(3) Eric Utne, "Brenda, My Darling: The Love Letters of Fridtjof Nansen to Brenda Ueland," *Huffington Post*, March 10, 2012, https://www.huffpost.com/entry/great-love-letters_b_1192446.
(4) Eric Utne, ed. *Brenda My Darling: The Love Letters of Fridtjof Nansen to Brenda Ueland* (Minneapolis: Utne Institute, 2011).
(5) Tor Bomann-Larsen, *Roald Amundsen* (Stroud, UK: The History Press, 2011).
(6) Amundsen, *The South Pole*.

第二三章

(1) Murray Levick, Expedition Notebooks, Archives, London: British Exploring Society.〔マレー・レビックの遠征ノート、イギリス探検協会の公文書、ロンドン〕
(2) Ibid.
(3) Henry David Thoreau, Odell Shepard, ed., *The Heart of Thoreau's Journals* (New York: Dover Publications, Inc., 1961).
(4) Walt Whitman, *Leaves of Grass* (Philadelphia: David Mckay, 1892).〔ウォルト・ホイットマン著、有島武郎訳『草の葉』岩波文庫、岩波書店、二〇〇五年〕
(5) Robert Browning, *Dramatic Lyrics* (London: Browning, 1842).
(6) Cherry-Garrard, *The Worst Journey in the World*.

訳者あとがき

意外でも何でもないことだと思うが、私が本書の翻訳をすることになったのは、「相当なペンギン好き」だからである。交通系ＩＣカードは、絶対にSuicaだと決めているし、コウペンちゃん、Suicaペンギンなど、ペンギンキャラクターのグッズを数多く所有している。日本では二箇所（名古屋港水族館、南紀白浜アドベンチャーワールド）にしかいないエンペラー・ペンギンを見るためだけに突然、日帰りで名古屋に行ったりもする。水族館では、ペンギン水槽の前だけで一時間も二時間も過ごす。「ペンギン百科」、「ペンギン図鑑」の類が発売されれば、即、購入する。そして、そんな私が「ペンギンの本、ありますけど、やります？」と青土社の篠原氏に言われ、二つ返事で翻訳を引き受けたのが本書だ。

ペンギンは不思議な生物だ。鳥なのに飛べず（鳥だと知らない人も多い）、泳ぐのが得意。南半球にしかいないが、赤道直下から南極まで幅広い地域にいる。寒いところの生物だと思っている人もいるだろうが、実は暑いところにもいる。分け方によって一七種とも一八種とも一九種とも言われるが、ともかく種類は多くない。最も大きいのはエンペラー・ペンギン（コウテイペンギン）で、体長は一〇〇～一二〇センチメートルほど。ただし、すでに絶滅したが、過去には体長が一七〇センチメートル、体重一〇〇キログラムという巨大ペンギンもいたらしい。

本書は、このペンギン（主にアデリー・ペンギンとエンペラー・ペンギン）の生態、特に「性行動」について書いた*“A Polar Affair”*の全訳である。ただし、ペンギンのことだけを書いた本ではない。ペンギンと関わりの深い、南極探検の英雄たちの物語を書いた本でもある。主人公となるのは、「世界初のペンギン生物学者」である、ジョージ・マレー・レビックという人物だ。その名前を見ても、ピンと来る人は少ないだろう。だが、人類史上初の南極点到達を目指したあのロバート・ファルコン・スコットの探検隊の一員だったと言えば、興味を惹かれる人はいるはずだ。

南極点到達をめぐるスコットとアムンゼンの競争、そしてスコットを襲った悲劇の物語は有名だろう。私も子供の頃に知って強い感銘を受けた。スコットが命からがら、やっとの思いで南極点に着いてみると、そこにはすでにノルウェーの国旗があった。アムンゼンが競争に勝ち、初の南極点到達を成し遂げたのだ。失意の中、帰路についたスコット隊は、結局、途中で力尽き、全滅してしまう。見事、目的を果たしたのはアムンゼンなのだが、物語の主人公は失敗したスコットであるかのように語られていた。子供だった私も完全にスコットの側に肩入れしてしまった。しかし、少し考えただけで、これはどうにもおかしな話だとわかる。素晴らしいのは勝ったアムンゼンである。スコットの勇気と努力も確かに称えるべきではあるが、やはり本来、最も称えるべきはアムンゼンだろう。本書では、アムンゼンがどれほど用意周到だったか、反対にスコットがいかに準備不足で、向こう見ずだったかが明かされる。アムンゼンの勝利は必然であり、気の毒ではあるがスコットの敗北は自ら招いた結果と言われても仕方がないとわかる。

そして、問題はマレー・レビックである。著者がレビックに注目したのは、自分が発見したと思っていたペンギンの「奔放な」性行動を、実は一〇〇年近くも前に彼が発見していたと知ったからである。何らかの理由で未公開とされていた論文が発掘されるのだ。それをきっかけに著者は忘れられた世界初のペンギン生物学者、レビックのことを調べ始める。本人が言うとおり、その行動はまるで「探偵」のようで非常に興味深い。おそらく悔しかったに違いないし、自分の努力が否定されたように感じたと思うのだが、「転んでもただでは起きない」ところがいい。なぜ、レビックはせっかくの研究成果を発表しなかったのか、なぜ、彼の存在は歴史に埋もれ忘れ去られたのか、それを調べる過程で著者は数々の発見をする。実はレビックがスコットやアムンゼンに勝るとも劣らない冒険をし、生還していた事実も知るのである。

ペンギンは二本の足で立って歩くせいもあってか、擬人化されやすく、感情移入をされやすいところがあるらしい。人気の秘密もそこにあるとは思う。また、昔から一夫一婦で生涯、同じ相手と添い遂げる「貞淑」な生物というイメージもあったようだ。ところが本書ではそれが覆される。ペンギンには、不倫や売春、強姦、果ては屍姦まで、実に「自由闊達」な性行動が見られることが書かれている。ただ、そのすべては、南極という厳しい自然環境の中で子孫を残すための必然の行動だということもわかってくる。

そもそも私がペンギンにここまで強く惹きつけられたのは、冬のエンペラー・ペンギンの行動を知ったことだった。エンペラー・ペンギンはわざわざ南極の冬に繁殖をする。それも、餌場である海から遠く離れた何もない場所で。冬を前にメスは卵を一個だけ生み、海へと去っていく。残ったオスは日の昇らない極寒の（気温はマイナス六〇度に下がることもある）地で、足の間にはさんだ卵を二ヶ月間、ひたすら温め続ける。ようやく冬が終わり、久しぶりの日が昇った時、そちらに一羽一羽、顔を向けるペンギンたち。その姿を見て、私は「なんとすごい生き物だろうか」と感動したのだ。元はただかわいいから興味を持ったのだけれど、実はこれほどまでに強く美しい生き物だったのだと思った。それはエンペラー・ペンギンだけではなく、本書で多く取りあげられるアデリー・ペンギンも同じだ。厳しい自然の中を生き抜く気高い姿に著者は心を奪われ、生涯をペンギン研究に捧げることになった。

本書を読み、かわいいだけではないペンギンの素晴らしさと、忘れられた英雄、マレー・レビックの波乱の生涯について一人でも多くの人が知るようになれば、訳者としてこれ以上の喜びはない。

最後になったが、翻訳にあたっては、青土社の篠原一平氏、福島舞氏に大変お世話になった。この場を借りてお礼を言いたい。

二〇二一年三月

夏目大

索引

あ行

は行

ま行

A POLAR AFFAIR
Antarctica's Forgotten Hero and the Secret Love Lives of Penguins
by Lloyd Spencer Davis

Copyright © 2019 by Lloyd Spencer Davis

南極探検とペンギン
忘れられた英雄とペンギンたちの知られざる生態

2021 年 4 月 30 日　第一刷印刷
2021 年 5 月 10 日　第一刷発行

著　者　ロイド・スペンサー・デイヴィス
訳　者　夏目 大

発行者　清水一人
発行所　青土社

〒 101-0051　東京都千代田区神田神保町 1-29　市瀬ビル
［電話］03-3291-9831（編集）　03-3294-7829（営業）
［振替］00190-7-192955

印刷・製本　ディグ
装丁　大倉真一郎

カバーイラスト：*Report on the collections of natural history made in the Antarctic regions during the voyage of the "Southern Cross."*
カバー・表紙写真：ジョージ・マレー・レヴィック

ISBN978-4-7917-7377-0　Printed in Japan